개념찬

수학
사전

중학수학의 147개 핵심 개념으로
개념, 공식, 수학사를 단박에!

개념찬 수학 사전

강미선·송정화·백희수 지음

Humanist

머리말

수학 공부, 제대로 시작하고픈 이들에게

"대체 '도수분포표'가 무슨 말이야?"

"수학의 정의는 대부분 다 한자말로 되어 있어서 이해하기가 너무 어려워. 아무리 외워도 머릿속에 들어오지 않는다니까."

마음을 다잡고 수학 공부를 시작하려고 했는데, 수학 용어를 만나는 순간부터 숨이 턱 막히는 듯한 느낌을 받아본 적이 있나요? 《개념찬 수학사전》은 한자로 된 수학 용어의 뜻을 일상어와 비교해서 설명하고 있을 뿐만 아니라, 영어 용어의 어원이나 의미도 함께 밝혀두었습니다. 한자어를 잘 모르거나 외국에서 공부하고 있어 영어와 한국어를 모두 알아야 하는 학생들에게도 도움을 줄 것입니다.

"중학교 때 잠깐 수학을 놓았더니, 이젠 도저히 다시 시작할 수가 없어. 지금이라도 열심히 해서 좋은 대학 가고 싶은데, 어디서부터 시작해야 할지 막막하고 엄두가 안 나."

"내 아이의 중학교 수학 정도는 직접 가르치고 싶은데, 다 잊어버렸네. 꼭 짚고 넘어가야 할 수학 개념이 잘 정리된 책이 있으면, 독학해서 내 아이를 가르칠 수 있을 텐데 말이야."

《개념찬 수학사전》은 147가지 핵심 용어의 개념을 간결하게 설명하고, 관련 예제를 통해 그 의미를 되새기게 구성했습니다. 설명을 이해하고, 예제를 풀어보고, 주의점을 살펴보면, 배우고 가르치는 데 실제적인 도움이 될 것입니다.

"역사는 좋아하는데, 수학은 딱 질색이야."

"나도 그래. 역사에는 흐름도 있고 이야기도 있는데 수학은 재미도 없고 딱딱하기만 해. 숨어있는 재미있는 이야기가 전혀 없어."

"교사로서 학생들에게 수학의 역사를 들려주며 수학에 흥미를 갖게 해주고 싶은데, 수학사에 대해 아는 게 없어요."

학생들은 물론, 예비 교사들도 수학의 역사에 대해 잘 모르는 경우가 있습니다. 역사에 흥미가 많아 수학의 역사도 알고 싶은 마음에 마음먹고 수학사 책을 들여다보면, 너무 어렵게 쓰여 있어서 읽다가 말게 되는 일이 많습니다. 그렇다고 재미있는 이야기나 토막 상식처럼 소개하는 수학자 에피소드로는 수학 개념의 역사적 흐름을 알기에는 역부족이지요. 《개념찬 수학사전》은 용어마다 개념의 발생과 발달 과정에 대해 중·고등학교 수학의 수준에서 이해할 수 있도록 서술했습니다. 어려운 수학 공식이 어느 날 갑자기 생긴 게 아님을 이 책에서 확인할 수 있을 거예요.

수학은 그동안 원래 수학을 좋아했거나 잘했거나 하는 이과적인 성향을 지닌 사람들의 전유물처럼 여겨왔어요. 숫자와 기호가 잔뜩 있는 수학책은 문과 성향의 사람들에게 외면받을 수밖에 없었지요. 하지만 문과와 이과가 통합되는 시대에, "나는 문과 성향!"이라며 마냥 수학을 외면할 수는 없겠지요? 시험 점수를 올리기 위해 수학 공부를 하지만, 조금 넓고 멀리 세상을 보면 수학적 사고가 만들어낸 상상력이 원동력이 되어 미래를 풍요롭게 할 것이라는 걸 우리는 알고 있으니까요.

자라나는 우리 학생들이 수학의 견고함과 엄밀함에 미리부터 주눅 들지 않기를 바랍니다. 당당히 도전장을 내고, 자신의 호기심이 향하는 곳으로 한 발 한 발 나아가면 좋겠어요. 부디 이 책이 중등 수학의 개념을 깊이 있게 이해하고, 다양한 성향의 학생들에게 수학의 흥미를 높이는 데 조금이나마 도움이 되기를 간절히 바랍니다.

2016년 12월

강미선·송정화·백희수

이 책의 사용 설명서

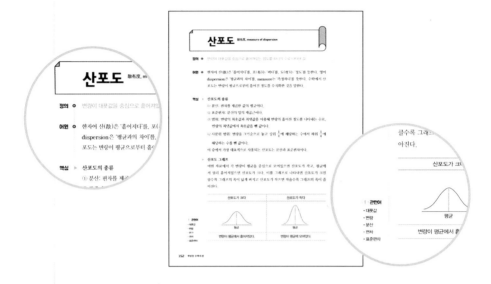

용어   중학교 수학 교과서에 나오는 수학 용어는 물론, 고등학교에서 배우는 용어 중에서 중학수학과 직접적으로 연결되는 수학 용어를 수록했습니다. 예를 들어, '복소수'는 중학교 수학 용어인 '실수'를 이해하는 데 도움이 되는 고등학교 용어입니다. 우리말 수학 용어뿐 아니라 한자어와 영어 용어도 표기하여, 그 뜻을 폭넓게 이해할 수 있도록 했습니다. 이는 해외에서 공부하는 학생들에게도 도움이 될 것입니다.

정의   모든 수학 용어의 정의는 중·고등학생들이 간단하고 이해하기 쉽게 정의했습니다. 수학 용어의 정의는 하나로 정해져 있는 것은 아니고, 교육과정에 따라 바뀌기도 하고 수학 교과서 저자에 따라 약간씩 다르게 표현될 수 있습니다. 이 책에서는 포괄적이면서 직관적으로 이해할 수 있도록 정의했습니다.

어원   수학 용어 각각에 대해 한자어와 영어의 어원을 설명했습니다. 특히, 일상어와 자주 혼동되는 용어에 대해 그 용어가 수학에서 어떤 의미로 사용되는지 분명히 알 수 있도록 했습니다. 순우리말 용어라서 한자 어원이 없거나, 처음부터 수학 용어로 만들어져서 어원이 없는 경우도 있습니다.

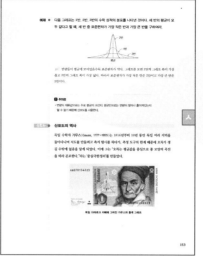

○ **핵심** 용어와 직접 연결되는 핵심 내용과 문제를 풀기 위해 꼭 알아야 할 수학적인 성질이나 법칙, 공식 등을 명료하게 설명했습니다. 개념 이해를 높일 수 있도록 시각 자료도 제시했습니다.

○ **예제** 그 개념이 수학 문제로 나온다면 어떤 유형의 문제가 나올 수 있는지를 알 수 있으며, 용어의 핵심을 잘 드러낼 수 있는 대표 예제를 제시했습니다.

○ **주의점** 문제 해결에 도움이 될 수 있도록 학생들이 자주 혼동하는 내용이나 대표적인 오개념을 제시하여 그 개념에 대한 이해를 높이도록 했습니다.

○ **수학사** 수학사를 통해 누가 그 용어나 기호를 처음 사용했고, 역사적으로 어떤 유형의 문제들이 있었으며, 개념의 발달에 공헌한 수학자는 누구인지를 알 수 있습니다. 수학사를 통해 하나의 수학 용어가 어떤 역사적 발달 과정을 거쳐 지금에 이르게 되었는지 보여줌으로써 풍부한 배경지식을 쌓도록 도와줍니다.

○ **관련어** 하나의 수학 용어를 이해하는 데 도움이 되는 관련어 목록을 통해 수학적 이해를 높일 수 있습니다.

차례

가감법 加減法, method of elimination by adding and subtracting

정의 ○ 일차방정식끼리 서로 더하거나 빼서 연립일차방정식의 해를 구하는 방법.

어원 ○ 한자어 가(加)는 '더하기'를, 감(減)은 '빼기'를 뜻한다. 영어 method of elimination by adding and subtracting은 '덧셈과 뺄셈으로 소거하는 법'을 뜻한다. 따라서 가감법은 더하거나 빼는 과정을 거쳐, 미지수의 개수를 줄여서 연립일차방정식의 해를 구하는 방법을 말한다.

핵심 가감법으로 연립일차방정식의 해를 구하는 과정은 다음과 같다.

[1단계] 연립일차방정식의 미지수 중에서 1개를 선택한다.

연립일차방정식 $\begin{cases} 3x-2y=1 & \cdots \ ㉠ \\ 2x+y=-3 & \cdots \ ㉡ \end{cases}$의 미지수 x, y 중에서 y를 선택한다.

[2단계] 각 방정식에 적절한 상수를 곱한다. 이때, 연립일차방정식을 이루는 각각의 일차방정식에서 이 미지수의 계수의 절댓값이 같아지도록 해야 한다.

$\begin{cases} 3x-2y=1 & \cdots \ ㉠ \\ 2x+y=-3 & \cdots \ ㉡ \end{cases}$의 ㉠에서 y의 계수는 -2이고 ㉡에서 y의 계수는 1이므로 두 수의 절댓값이 같아지도록 ㉡에 2를 곱한다.

$\begin{cases} 3x-2y=1 & \cdots \ ㉠ \\ 4x+2y=-6 & \cdots \ ㉡ \times 2 \end{cases}$

[3단계] 두 개의 방정식을 서로 더하거나 뺀다. 그러면 2개의 미지수 중에서 1개가 없어져서 미지수가 1개인 일차방정식이 남는다.

두 일차방정식을 서로 더하면 미지수 x만 남은 일차방정식이 된다.

$$\begin{array}{r} 3x-2y=1 \\ +) \ 4x+2y=-6 \\ \hline 7x \quad\quad =-5 \end{array}$$

[4단계] 이 일차방정식의 해를 구한다.

$7x=-5$에서 $x=-\dfrac{5}{7}$

[5단계] 나머지 미지수의 해를 구한다.

처음에 제시된 두 방정식 중에서 $3x-2y=1(㉠)$의 x자리에 $x=-\dfrac{5}{7}$를 대입하여 나머지 미지수인 y의 값을 구한다.

관련어
• 대입법
• 소거
• 연립방정식
• 연립일차방정식

$$3 \times \left(-\frac{5}{7}\right) - 2y = 1 \rightarrow -\frac{15}{7} - 1 = 2y \rightarrow y = -\frac{11}{7}$$

따라서 $x = -\frac{5}{7}$, $y = -\frac{11}{7}$

예제 ○ 가감법을 이용하여 연립일차방정식 $\begin{cases} 5x + 3y = 9 & \cdots \ \text{㉠} \\ -2x + 7y = -20 & \cdots \ \text{㉡} \end{cases}$ 의 해를 구하여라.

[풀이] 두 일차방정식에 있는 미지수 중에서 어느 미지수를 없애느냐에 따라 방법이 달라진다.

[방법 1] 계수의 부호가 다른 미지수 x를 소거하기 위해 덧셈 사용하기

㉠에는 2를 곱하고 ㉡에는 5를 곱한 후 서로 더하기

$$\begin{cases} 5x + 3y = 9 \\ -2x + 7y = -20 \end{cases} \rightarrow \begin{cases} 10x + 6y = 18 & \cdots \ \text{㉠} \times 2 \\ -10x + 35y = -100 & \cdots \ \text{㉡} \times 5 \end{cases}$$

두 식을 서로 더하면 $41y = -82$, $y = -2$

$y = -2$를 ㉠에 대입하면 $5x + 3 \times (-2) = 9$, $x = 3$

따라서 $x = 3$, $y = -2$

[방법 2] 계수의 부호가 같은 미지수 y를 소거하기 위해 뺄셈 사용하기

㉠에는 7을 곱하고 ㉡에는 3을 곱한 후 서로 빼기

$$\begin{cases} 5x + 3y = 9 \\ -2x + 7y = -20 \end{cases} \rightarrow \begin{cases} 35x + 21y = 63 & \cdots \ \text{㉠} \times 7 \\ -6x + 21y = -60 & \cdots \ \text{㉡} \times 3 \end{cases}$$

첫째 식에서 둘째 식을 빼면 $41x = 123$, $x = 3$

$x = 3$을 ㉠에 대입하면 $5 \times 3 + 3y = 9$, $y = -2$

따라서 $x = 3$, $y = -2$

🔔 주의점

- 두 연립일차방정식을 서로 더할 것인가 뺄 것인가 하는 선택은 미지수의 계수의 부호에 달려 있다. 계수의 부호가 서로 같을 때에는 뺄셈을 하고, 계수의 부호가 다를 때에는 덧셈을 한다.

수학사 ○ **가감법의 역사**

연립일차방정식의 해를 가감법의 원리로 구한 최초의 기록은 약 1세기 무렵에 쓰인 것으로 알려진 중국의 《구장산술, 九章算術》에 제시되어 있다. 당시에는 미지수를 나타내는 기호가 사용되지 않았다. 이 책에서는 '산가지'를 사용하여 연립일차방정식의 해를 구하는 방법이 나온다. 먼저 일차방정식의 계수를 산가지로 숫자를 만들어 늘어놓는다. 이때, 각 계수를 지금과 같이 가로로 늘어놓지 않고 오른쪽부터 세로로 늘어놓는다.

예를 들어, 《구장산술》에 제시된 문장제를 식으로 나타내면 [표1]과 같은 3개의 일차방정식이 연립된 연립일차방정식이 된다고 하자. 이것을 오른쪽부터 세로로 배열한 다음 산가지로 나타내면 [표2]와 같다.

$3x+2y+z=39$ ㉠	
$2x+3y+z=34$ ㉡	
$x+2y+3z=26$ ㉢	

[표1]

$1x$	$2x$	$3x$
$2y$	$3y$	$2y$
$3z$	$1z$	$1z$
26	34	39
㉢	㉡	㉠

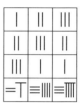

[표2]

이렇게 산가지를 나란히 늘어놓은 다음에는 가감법과 비슷한 과정을 거쳐 해를 구한다. 즉, 미지수 z를 소거하기 위해 ㉠과 ㉡에 각각 3을 곱하여 ㉢과 서로 뺀다. [표3]과 같은 과정을 거쳐 x와 y만 남기고, 마찬가지 과정을 거쳐 미지수를 1개만 남긴 다음, 그 미지수의 값을 구하고 계속해서 나머지 미지수들의 값을 구하면 된다.

$1x$	$6x$	$9x$
$2y$	$9y$	$6y$
$3z$	$3z$	$3z$
26	102	117
㉢	㉡×3	㉠×3

[표3]

한편, 지금과 같이 미지수를 사용한 가감법은 12세기경에 개발되었다. 그리고 이러한 가감법이 유럽에 전해진 것은 그로부터 500년이 더 지난 17세기경이었다.

각기둥 角기둥, prism

정의 ○ 두 밑면이 서로 평행이고 합동인 다각형이며, 옆면이 모두 직사각형인 다면체.

어원 ○ 각(角)기둥은 '각이 진 기둥 모양'을, 영어 prism은 '기둥 모양'을 뜻한다. 수학에서 각기둥은 다면체 중에서 두 밑면이 서로 평행이고 합동이며 옆면은 모두 직사각형인 도형을 가리킨다.

각기둥은 밑면과 옆면으로 구성되어 있다. 각기둥에서 두 밑면 사이의 거리를 '각기둥의 높이'라고 한다.

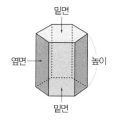

핵심 ▶ **각기둥의 종류**

각기둥의 이름은 밑면의 모양에 따라 밑면이 삼각형인 각기둥은 삼각기둥, 밑면이 사각형인 각기둥은 사각기둥, ⋯ 이라고 부른다.

| 삼각기둥 | 사각기둥 | 오각기둥 | 육각기둥 |

▶ **각기둥의 전개도**

각기둥을 펼친그림은 다음과 같다. 같은 도형이라도 펼치는 방법에 따라 전개도는 달라질 수 있다.

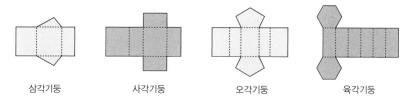

삼각기둥   사각기둥   오각기둥   육각기둥

관련어

- 각뿔
- 각뿔대
- 다면체
- 원기둥

▶ **각기둥의 겉넓이와 부피**

(각기둥의 겉넓이)＝(밑면의 넓이)×2＋(옆면의 넓이)

(각기둥의 부피)＝(밑면의 넓이)×(높이)

예제 ○ 오른쪽 각기둥의 전개도를 보고 부피를 구하여라.

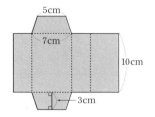

풀이 (각기둥의 부피)＝(밑면의 넓이)×(높이)

밑면은 사다리꼴이므로 그 넓이는

$(5+7) \times 3 \times \dfrac{1}{2} = 18(\text{cm}^2)$

사각기둥의 높이는 $10\,\text{cm}$

따라서 (각기둥의 부피)＝$18 \times 10 = 180(\text{cm}^3)$

주의점

• 각기둥은 다면체에 속한다. n각기둥의 옆면은 n개이고 밑면은 2개이므로 n각기둥은 $(n+2)$면체이다.

수학사 ○ **각기둥의 역사**

각기둥에 대해 고대 그리스의 유클리드(Euclid, BC 300년경)는《원론, Elements》제 11권에서 다음과 같이 정의했다.

각기둥이란 서로 반대 방향에 있는 두 도형들이 닮은꼴이며 크기가 같고 평행하고, 나머지 도형들은 평행사변형들인 그런 도형으로 둘러싸인 입체를 말한다(정의 13).

각뿔

角뿔, pyramid

정의 ❍ 밑면이 다각형이고 옆면이 모두 삼각형인 다면체.

어원 ❍ 각(角)뿔은 '각이 진 뿔 모양'을, 영어 pyramid는 '뾰족한 탑 모양'을 뜻한다. 수학에서 각뿔은 다면체 중에서 옆면이 모두 삼각형인 도형을 말한다.
각뿔은 밑면과 옆면으로 구성되어 있다.
각뿔에서 밑면과 각뿔의 꼭짓점 사이의 거리를 '각뿔의 높이'라고 한다.

핵심 ▶ 각뿔의 종류

각뿔의 이름은 밑면의 모양에 따라 밑면이 삼각형인 각뿔은 삼각뿔, 밑면이 사각형인 각뿔은 사각뿔, … 이라고 부른다.

| 삼각뿔 | 사각뿔 | 오각뿔 | 육각뿔 |

▶ 각뿔의 전개도

각뿔을 펼친그림은 다음과 같다. 같은 도형이라도 펼치는 방법에 따라 전개도는 달라질 수 있다.

| 삼각뿔 | 사각뿔 | 오각뿔 | 육각뿔 |

❗ 관련어
- 각기둥
- 각뿔대
- 다면체
- 원뿔

▶ 각뿔의 겉넓이와 부피

(각뿔의 겉넓이)＝(밑면의 넓이)＋(옆면의 넓이)

(각뿔의 부피)＝(밑면의 넓이)×(높이)×$\frac{1}{3}$

예제 ㅇ 오른쪽 각뿔의 부피를 구하여라.

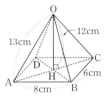

풀이 (각뿔의 부피)=(밑면의 넓이)×(높이)×$\frac{1}{3}$

밑면은 직사각형이므로 그 넓이는

$6 \times 8 = 48\,(\text{cm}^2)$

사각뿔의 높이는 $12\,\text{cm}$

따라서 (각뿔의 부피)$= 48 \times 12 \times \frac{1}{3} = 192\,(\text{cm}^3)$

■ 주의점

• 옆면이 모두 삼각형이라고 해서 항상 각뿔이 되는 것은 아니다. 다음 도형은 옆면이 모두 삼각형이지만 각뿔은 아니다.

• 각뿔은 다면체에 속한다. n각뿔의 옆면은 n개이고 밑면은 1개이므로 n각뿔은 $(n+1)$면체이다.

수학사 **ㅇ 각뿔 부피의 역사**

각기둥의 부피는 예로부터 알려져 있었다. 하지만 "임의의 각뿔은 자신과 같은 밑면과 높이를 가진 각기둥의 부피의 $\frac{1}{3}$이다."라는 것은 고대 그리스의 수학자 **에우독소스**(Eudoxos, BC 408~355)가 처음 발견했다.

기원전 3세기 고대 그리스 수학자 **유클리드**(Euclid, BC 300년경)는 에우독소스가 발견한 이런 내용을 자신의 책 《원론, Elements》에 잘 정리해 담았다. 각뿔에 대해 유클리드는 《원론》 제 11권에서 다음과 같이 정의했다.

각뿔이란 한 평면에서 한 점을 향해 만든 평면도형으로 둘러싸인 입체를 말한다(정의12).

또한, 《원론》 제 12권, 명제 7은 각기둥과 각뿔의 부피 관계에 대한 내용이다.

밑면이 삼각형인 각기둥은 밑면이 삼각형이며 부피가 같은 세 각뿔로 쪼갤 수 있다.

이것은 한마디로 "각뿔과 각기둥의 밑면과 높이가 같으면 각뿔의 부피는 각기둥의 부피의 $\frac{1}{3}$이다."라는 것이다.

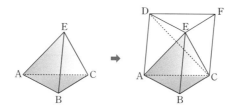

증명의 내용은 다음과 같다. 예를 들어, 위 그림과 같이 밑면이 삼각형 ABC이고, 꼭짓점이 E인 삼각뿔 E-ABC가 있다고 하자. 이때, 변 EB와 평행이고 길이가 같은 변 DA, FC와 변 DE, EF, DF를 그리면 삼각기둥 ABCDEF가 만들어진다. 삼각뿔 E-ABC의 높이를 h라고 할 때, 삼각기둥 ABCDEF의 높이도 h이다.

(ⅰ) 이 삼각기둥을 삼각뿔 E-ABC, 삼각뿔 E-CDF, 삼각뿔 E-CAD로 분해한다.

(ⅱ) 삼각뿔 E-ABC와 삼각뿔 E-CDF: 각각 삼각형 ABC와 삼각형 DEF를 밑면으로 보고 각뿔의 꼭짓점을 E와 C로 보면, 두 삼각뿔의 밑면은 서로 합동이고 높이가 같으므로 부피도 같다.

(ⅲ) 삼각뿔 E-ABC와 삼각뿔 E-CAD: 각각 삼각형 ABE와 삼각형 AED를 밑면으로 보고 각뿔의 꼭짓점을 C로 보면, 두 삼각뿔의 밑면은 서로 합동이고 높이가 같으므로 부피도 같다.

(ⅰ)~(ⅲ)에 의해 세 삼각뿔의 부피는 모두 같으므로, 삼각뿔 E-ABC의 부피는 삼각기둥 ABCDEF의 $\frac{1}{3}$이다.

각뿔대 角뿔臺, prismoid

정의 ○ 각뿔을 밑면에 평행한 평면으로 잘랐을 때 생기는 두 다면체 중에서 각뿔이 아닌 다면체.

핵심 ▶ 각뿔을 밑면에 평행한 평면으로 자르면 각뿔과 각뿔이 아닌 입체로 나뉜다. 각뿔이 아닌 입체를 '각뿔대'라고 한다.

각뿔대에서 서로 평행한 두 면을 밑면, 밑면을 제외한 나머지 면을 '옆면'이라고 한다. 이때, 각뿔대의 옆면은 사다리꼴이다.

각뿔대에서 두 밑면 사이의 거리를 '각뿔대의 높이'라고 한다.

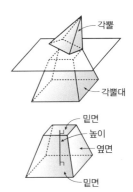

▶ **각뿔대의 종류**

각뿔대의 이름은 밑면의 모양에 따라 밑면이 삼각형인 각뿔대는 삼각뿔대, 밑면이 사각형인 각뿔대는 사각뿔대, …라고 부른다.

삼각뿔대

사각뿔대

오각뿔대

육각뿔대

▶ **각뿔대의 전개도**

각뿔대를 펼친그림은 다음과 같다. 같은 도형이라도 펼치는 방법에 따라 전개도는 달라질 수 있다.

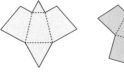
삼각뿔대

사각뿔대

오각뿔대

육각뿔대

관련어
• 각기둥
• 각뿔
• 다면체
• 원뿔대

▶ **각뿔대가 각뿔이나 각기둥과 다른 점**

각뿔대가 각뿔이나 각기둥과 다른 점은 다음과 같다.

① 밑면의 개수: 각뿔의 밑면은 한 개이지만 각뿔대의 밑면은 2개이다.

② 밑면의 모양: 각기둥의 두 밑면은 서로 합동이지만 각뿔대의 두 밑면은 합동이 아니다.

③ 옆면의 모양: 각뿔의 옆면은 삼각형, 각기둥의 옆면은 직사각형, 각뿔대의 옆면은 사다리꼴이다.

▶ **각뿔대의 겉넓이와 부피**

① (각뿔대의 겉넓이)＝(두 밑면의 넓이의 합)＋(옆면의 넓이)

② (각뿔대의 부피)＝(큰 각뿔의 부피)－(작은 각뿔의 부피)

예제 ○ 오른쪽 그림과 같은 입체도형의 부피를 구하여라.

[풀이] 이 도형은 각뿔대이다.

(각뿔대의 부피)＝(큰 각뿔의 부피)－(작은 각뿔의 부피)

큰 각뿔의 밑면의 넓이는 $4 \times 6 = 24(\text{cm}^2)$이고

높이는 6 cm이므로 큰 각뿔의 부피는

$24 \times 6 \times \dfrac{1}{3} = 48(\text{cm}^3)$

작은 각뿔의 밑면의 넓이는 $2 \times 3 = 6(\text{cm}^2)$이고

높이는 3 cm이므로 작은 각뿔의 부피는

$6 \times 3 \times \dfrac{1}{3} = 6(\text{cm}^3)$

따라서 각뿔대의 부피는 $48 - 6 = 42(\text{cm}^3)$

🔖 주의점

• 각뿔대의 옆면인 사다리꼴에서 평행하지 않은 두 변을 연장하면, 자르기 전의 각뿔의 꼭짓점에서 만난다.

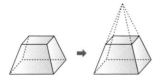

• 각뿔대는 다면체에 속한다. n각뿔대의 옆면은 n개이고 밑면은 2개이므로 n각뿔대는 $(n+2)$면체이다.

각뿔대의 부피를 구한 가장 오래된 기록은 기원전 1850년경의 것으로 추정되는 고대 이집트인들의 파피루스인 '모스크바 파피루스'에 있다. 여기에는 25개의 문제가 들어있는데, 그중 문제 14에는 다음과 같이 사각뿔대의 부피를 구하는 과정이 소개되어 있다.

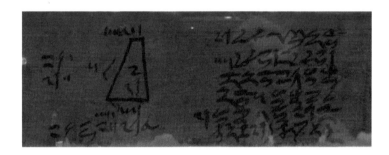

2와 4 각각의 제곱의 합에 2와 4의 곱을 더해서 28을 얻은 다음, 이 결과에 6의 $\frac{1}{3}$ 을 곱하면 정사각뿔대의 부피 56을 얻을 수 있다.

여기서 말하는 과정대로 구하면 $(2^2+4^2+2\times4)\times6\times\frac{1}{3}=56$ 이 된다. 이 문제에서 윗면과 아랫면의 정사각형의 한 변의 길이를 각각 a와 b라 하고, 높이를 h라고 하면 이는 현재 우리가 알고 있는 정사각뿔대의 부피를 구하는 공식인 $\frac{(a^2+ab+b^2)h}{3}$ 와 같다.

따라서 당시 이집트인들의 기하학적 지식의 수준이 상당히 높았음을 알 수 있다. 그럼에도 불구하고 고대 이집트인은 수많은 경험을 통해 계산 절차를 터득한 것일 뿐, 체계적인 공식으로 만들어내지는 못했다.

한편, 3세기경 중국의 유휘(劉徽, ?~?)는 《구장산술, 九章算術》의 주석에서 사각뿔대의 부피를 구하는 문제를 다루었다.

거듭제곱 power

정의 ○ 같은 수나 문자를 여러 번 곱한 것을 간단히 나타낸 것.

어원 ○ 순수한 우리말인 거듭제곱은 '여러 번 되풀이해서 곱하는 것'을, 영어 power는 '힘'을 뜻한다. 수학에서 거듭제곱은 같은 수나 문자를 여러 번 곱한 것을 간단히 나타낸 것을 말한다.

핵심 ▶ 거듭해서 곱한 수나 문자를 '밑', 곱해진 횟수를 '지수'라고 한다. 거듭제곱은 오른쪽과 같이 나타내며 'a의 n제곱'이라고 읽는다.

a^n ← 지수(곱하는 횟수)
↖ 밑(곱하는 수나 문자)

예 $2 \times 2 \times 2 = 2^3$: 밑은 2, 지수는 3

$\dfrac{1}{7} \times \dfrac{1}{7} = \left(\dfrac{1}{7}\right)^2$, 밑은 $\dfrac{1}{7}$, 지수는 2

$3 \times 3 \times 5 \times 5 \times 5 \times 5 = 3^2 \times 5^4$: 밑은 3과 5, 지수는 2와 4

▶ **거듭제곱과 소인수분해**

어떤 수를 소인수분해한 결과를 거듭제곱으로 나타낼 수 있다.

예 24를 소인수분해 → $2 \times 2 \times 2 \times 3 = 2^3 \times 3$

81을 소인수분해 → $3 \times 3 \times 3 \times 3 = 3^4$

▶ **거듭제곱과 제곱수**

어떤 수를 거듭제곱으로 나타냈을 때 지수가 짝수라면 그 수는 제곱수이다.

예 $5^4 = 5 \times 5 \times 5 \times 5 = (25)^2$

$2^{10} = 2 \times 2 \times 2 \times 2 \times 2 \times 2 \times 2 \times 2 \times 2 \times 2 = 32 \times 32 = (32)^2$

관련어
· 소인수분해
· 인수분해
· 지수

예제 ○ 다음 중 옳은 것은?

① $3^2 = 3 + 3$ ② $3^3 = 3 \times 3$ ③ $3^4 = 3 + 3 + 3 + 3$

④ $3^5 = 5 \times 5 \times 5$ ⑤ $3^6 = 3 \times 3 \times 3 \times 3 \times 3 \times 3$

[정답] ⑤

🔲 **주의점**
· 1을 거듭제곱한 결과는 항상 1이다. ➡ $1^1 = 1^2 = 1^3 = \cdots = 1^{100} = \cdots = 1$

거듭제곱의 역사

거듭제곱을 나타내는 기호는 3세기경에 처음 만들어졌지만, 거듭제곱의 개념은 그보다 오래되었다. 지금까지 고대 바빌로니아 지역에서 발견된 점토판 50만 개 중에 약 300개가 수학에 대한 것인데, 그중 200개에는 표가 있다. 이 중에는 이자 계산을 위해 사용한 것으로 보이는 지수표, n^2과 n^3에 대한 표, 그리고 이 둘을 합한 $n^2 + n^3$에 대한 표도 있다. 이 표는 삼차방정식 문제를 해결할 때 사용된 것으로 보인다. 또한, "어떤 수를 거듭제곱하여 주어진 수를 만들려면 몇 제곱을 해야 하는가?", "해마다 20%씩 늘어나는 돈이 2배가 되려면 몇 년이 걸리는가?"라는 문제도 있다.

고대 그리스의 수학자 유클리드(Euclid, BC 300년경)의 《원론, Elements》 제 7권에는 제곱수와 세제곱수에 대한 정의가 나온다.

- 제곱수는 같은 수와 같은 수를 곱해서 만든 수를 말한다. 또는 같은 수 둘로 구성된 수를 말한다(정의 18).
- 세제곱수는 같은 수에다 같은 수를 곱하고 또 같은 수를 곱해서 만든 수를 말한다. 또는 같은 수 셋으로 구성된 수를 말한다(정의 19).

또한, "완전수는 항상 2의 거듭제곱과 2의 거듭제곱에서 1을 뺀 수의 곱으로 나타낼 수 있다."라는 증명도 나온다. 예를 들면 다음과 같다.

$$6 = 2^1 \times (2^2 - 1), \quad 28 = 2^2 \times (2^3 - 1), \quad 496 = 2^4 \times (2^5 - 1)$$

유클리드가 설명한 완전수는 자기 자신의 약수 중에서 자신을 제외한 나머지 약수의 합이 자기 자신과 같은 수를 말한다. 완전수를 설명하며 거듭제곱을 사용한 것을 보면, 거듭제곱의 개념을 이미 고대 그리스시대부터 알고 있었다. 고대 그리스인은 처음에 완전수 4개(6, 28, 496, 8128)를 발견했다.

현대와 디오판토스의 거듭제곱 표기

의미	현대의 기호	디오판토스의 기호
미지수	x	ς
제곱	x^2	Δ^γ
세제곱	x^3	K^γ
네제곱	x^4	$\Delta^\gamma \Delta$
다섯제곱	x^5	ΔK^γ
여섯제곱	x^6	$K^\gamma K$

거듭제곱을 나타내는 기호를 처음 만든 사람은 3세기경에 알렉산드리아에서 활동한 **디오판토스**(Diophantos, 246?~330?)이다. 그는 제곱은 Δ^γ, 세제곱은 K^γ, 네제곱은 제곱의 제곱이라 하여 $\Delta^\gamma\Delta$, 다섯제곱은 세제곱과 제곱의 곱이라 하여 ΔK^γ로 나타냈다.

디오판토스의 《산학》

또한, 그는 "세 수를 더하여 나온 수가 제곱수이며, 세 수 중 두 수를 합한 것 또한 제곱수인 세 수를 찾아라."라는 문제를 내고는 그 답으로 "41, 80, 320"을 내놓았다.

실제로 세 수를 더하면 $41+80+320=441$이고 $441=21^2$이다. 두 수의 합을 생각해 보면 $41+80=121$, $121=11^2$이고, $41+320=361$, $361=19^2$이며 $80+320=400$, $400=20^2$이다.

거듭제곱과 관련하여 13세기 이탈리아 수학자 **피보나치**(Fibonacci, 1174?~1250?)의 일화도 있다. 그가 《산반서, Liber Abaci》로 유명해지자 피사를 방문한 당시 독일 황제 프리드리히 2세가 독일 학자를 시켜 수학 시합을 제안했다. 피보나치가 받은 문제는 "x^2+5, x^2-5를 모두 제곱수가 되게 하려면 x가 어떤 수가 되어야 하는가?"라는 것이었다. 놀랍게도 그는 그 자리에서 $x=3\frac{5}{12}$라고 답했고 이는 정답이었다.

1770년 프랑스 수학자 **라그랑주**(Lagrange, 1736~1813)는 모든 자연수가 4개 이하의 제곱수의 합으로 나타낼 수 있음을 증명했다. 예를 들면 다음과 같다.

$$12=3^2+1^2+1^2+1^2, \quad 99=9^2+2^2+2^2, \quad 123=9^2+5^2+4^2+1^2$$

이것을 '라그랑주의 4 제곱수 정리'라고 한다.

그 유명한 '페르마의 마지막 정리'도 거듭제곱과 관련 있다. 디오판토스의 《산학, Arithmetica》을 읽고 있던 **페르마**(Fermat, 1601~1665)는 그 책의 여백에 "임의의 n제곱수는 다른 두 n제곱수의 합으로 될 수 없다(즉, $a^n+b^n \neq c^n$, $n \geq 3$)."라는 것을 메모로 남겼는데, 증명을 다 쓰기에는 여백이 좁다며 자신의 결론만 써놓았다. 사실 페르마가 이런 식으로 남긴 정리는 이외에도 여러 가지인데, 후대에 대부분 증명되었다. 하지만 유독 이 정리만큼은 350년이 넘도록 증명되지 않아 '마지막 정리'로 불리곤 했다. 그러다 1994년 영국의 **와일즈**(Andrew Wiles, 1953~)가 마침내 이 정리를 증명해냈다. 여기에는 20세기의 첨단 수학 이론이 사용되었다.

결합법칙 結合法則, associative law

정의 ○ (세 수 이상의 계산 또는 세 항 이상의 식의 계산에서) 묶음을 바꾸어 계산해도 그 결과가 같다는 법칙.

핵심 ▶ 수의 연산에서의 결합법칙은 수의 위치는 그대로 두고 계산하는 순서, 즉 괄호로 묶는 부분을 바꾸 어 계산하는 것을 말한다. 묶음을 바꾸어 계산해 도 그 결과가 항상 변함이 없는 연산에 대해 '결합법칙이 성립한다.'고 하고, 계산 결과가 달라질 경우에는 '결합법칙이 성립하지 않는다.'고 한다.

$$(a*b)*c = a*(b*c)$$

▶ 실수의 사칙연산에 대해 결합법칙의 성립 여부를 살펴보면 다음과 같다.
① 덧셈: 결합법칙이 성립한다.
➡ $(a+b)+c = a+(b+c)$
$\{(+2)+(-3)\}+(+4) = (-1)+(+4) = 3$
$(+2)+\{(-3)+(+4)\} = (+2)+(+1) = 3$ ⟩ 같다.

② 곱셈: 결합법칙이 성립한다.
➡ $(a \times b) \times c = a \times (b \times c)$
$\{(-2) \times (+3)\} \times (-4) = (-6) \times (-4) = 24$
$(-2) \times \{(+3) \times (-4)\} = (-2) \times (-12) = 24$ ⟩ 같다.

③ 뺄셈: 결합법칙이 성립하지 않는다.
➡ $(a-b)-c \neq a-(b-c)$
$(10-2)-3 = 8-3 = 5$
$10-(2-3) = 10-(-1) = 11$ ⟩ 다르다.

④ 나눗셈: 결합법칙이 성립하지 않는다.
➡ $(a \div b) \div c \neq a \div (b \div c)$
$(12 \div 3) \div 2 = 4 \div 2 = 2$
$12 \div (3 \div 2) = 12 \div \frac{3}{2} = 12 \times \frac{2}{3} = 8$ ⟩ 다르다.

관련어
· 교환법칙
· 분배법칙

예제 ○ 다음 계산 과정의 (가), (나) 중에서 곱셈의 결합법칙이 쓰인 곳을 찾아라.

$$(-4) \times (-9) \times \left(-\frac{3}{2}\right) \times \frac{2}{3}$$

$$= (-4) \times \left(-\frac{3}{2}\right) \times (-9) \times \frac{2}{3} \quad \Big\} \text{ (가)}$$

$$= \left\{(-4) \times \left(-\frac{3}{2}\right)\right\} \times \left\{(-9) \times \frac{2}{3}\right\} \quad \Big\} \text{ (나)}$$

$$= 6 \times (-6)$$

$$= -36$$

[정답] **(나)**

🔲 **주의점**

• 결합법칙은 한 가지의 연산이 쓰인 계산에서 성립하는 법칙이다. 예를 들어 $12 \times (3+2)$와 같이 곱셈과 덧셈, 두 가지 연산이 쓰인 식에서는 결합법칙에 대해 논하지 않는다.

• 혼합 계산에서 '괄호'는 수와 연산기호가 나열된 순서와 상관없이 먼저 계산해야 하는 부분을 묶어두는 것이다. 결합법칙이 성립할 경우에는 괄호를 사용하지 않아도 된다.

수학사 ○ **괄호의 역사**

결합법칙은 '괄호'와 관련이 있다. 괄호는 혼합 계산에서도 자주 사용된다. 괄호를 처음 만든 사람이 누구인지 정확하지 않지만, 괄호 표기가 처음 등장한 것은 1544년이었고, 18세기 중반이 되면서부터 폭넓게 사용되었다. 특히, 대괄호 [ ]와 중괄호 { }는 1593년 무렵 프랑스의 **비에트**(Viete, 1540~1603)가 처음 사용했다.

경우의 수　

境遇의 數, number of cases

정의 ○　어떤 사건이 일어날 수 있는 가짓수.

어원 ○　한자어 경우(境遇)는 '놓여있는 조건'을, 영어 case는 '사례'를 뜻한다. 수학에서
경우의 수는 일어날 수 있는 모든 사건의 가짓수를 말한다. 한 번의 시행에서 일
어날 수 있는 사건이 n가지일 때, '경우의 수는 n이다.'라고 한다.

핵심 ▶　**합의 법칙**: 두 사건 A와 B가 동시에 일어나지 않을 때, 사건 A가 일어나는 경우
의 수를 m, 사건 B가 일어나는 경우의 수를 n이라고 하면 사건 A 또는 사건 B
가 일어나는 경우의 수는 $m+n$이다.

　예　빨간색 주사위와 파란색 주사위를 동시에 던질 때, 나오는 두 눈의 수의 합이 5의 배수가
되는 경우의 수를 구해보자.

두 눈의 수의 합이 5가 되는 사건을 A, 10이 되는 사건을 B라고 하면 두 눈의 수의 합이 5
가 되는 동시에 10이 되는 일은 일어나지 않으므로 두 사건 A와 B는 동시에 일어나지 않
는다.

사건 A가 일어나는 경우: $(1, 4)$, $(2, 3)$, $(3, 2)$, $(4, 1)$ → 4가지

사건 B가 일어나는 경우: $(4, 6)$, $(5, 5)$, $(6, 4)$ → 3가지

사건 A 또는 사건 B가 일어나는 경우(즉, 두 눈의 수의 합이 5의 배수가 되는 경우)
→ $4+3=7$(가지)

▶　**곱의 법칙**: 사건 A가 일어나는 경우의 수를 m, 사건 B가 일어나는 경우의 수를
n이라고 하면 사건 A와 사건 B가 동시에 일어날 경우의 수는 $m \times n$이다.

　예　1, 2, 3, 4가 적힌 네 장의 카드가 있다. 이 네 장의 카드를 이용해서 두 자리 자연수를 만
드는 경우의 수를 구해보자.

십의 자리에 올 수 있는 수를 A, 일의 자리에 올 수 있는 수를 B라고 하면

사건 A가 일어나는 경우: 1, 2, 3, 4 → 4가지

사건 B가 일어나는 경우: 일의 자리에 올 수 있는 숫자 카드는 십의 자리에 놓인 숫자 카드
를 뺀 나머지 3가지이므로 → 3가지

사건 A와 사건 B가 동시에 일어날 경우(즉, 두 자리 자연수를 만드는 경우)
→ $4 \times 3 = 12$(가지)

관련어　▶　**순열과 조합**: 서로 다른 n개 중 r개를 택하여 순서대로 나열하는 경우와 서로 다
·사건　　른 n개에서 순서를 생각하지 않고 r개를 택하는 경우가 있다. 이때, 순서가 중요
·확률

한 경우를 '순열'이라 하고, 순서와는 상관이 없는 경우를 '조합'이라고 한다.

(1) 순열

① n부터 1까지 한 줄로 세우기

서로 다른 n개를 모두 일렬로 배열할 때, 첫 번째 자리에 나열되는 것을 사건 A, 두 번째 자리에 나열되는 것을 사건 B, 세 번째 자리에 나열되는 것을 사건 $C\cdots$ 라고 할 때, n개를 모두 나열하는 경우의 수는 곱의 법칙에 따라 다음과 같다.

$$n(n-1)(n-2)\times\cdots\times3\times2\times1$$

1부터 n까지의 연속된 자연수의 곱을 'n계승(n 階乘, factorial)'이라 하고 기호로는 $n!$로 나타낸다(단, $0!=1$).

$$n(n-1)(n-2)\times\cdots\times3\times2\times1=n!$$

예 1부터 5까지 적힌 카드가 한 장씩 있을 때, 이것으로 다섯 자리 수를 만드는 경우의 수
$\rightarrow 5!=5\times4\times3\times2\times1=120$

② n개 중에 r개만 한 줄로 세우기

서로 다른 n개에서 r개를 택하여 한 줄로 나열한 것을 '순열(順列, permutation)'이라고 한다.

$$n(n-1)(n-2)\times\cdots\times(n-r+1)=\frac{n!}{(n-r)!}\ (단,\ 0<r\leq n)$$

예 1부터 5까지 적힌 카드가 한 장씩이 있을 때, 이것으로 세 자리 수를 만드는 경우의 수
$\rightarrow 5\times4\times3=\dfrac{5\times4\times3\times2\times1}{2\times1}=\dfrac{5!}{2!}=\dfrac{5!}{(5-3)!}=60(가지)$

(2) 조합

서로 다른 n개에서 순서를 생각하지 않고 r개를 택하는 것을 '조합(組合, combination)'이라고 한다. 순열에서는 순서가 다르면 다른 경우로 구별하지만 조합은 순서가 달라도 같은 경우로 본다. 즉, 순열에서 $(a,\ b)$와 $(b,\ a)$는 서로 다른 경우로 보지만, 조합에서는 $(a,\ b)$는 $(b,\ a)$와 같은 경우로 본다.

$$\frac{n(n-1)(n-2)\times\cdots\times3\times2\times1}{\{r(r-1)\times\cdots\times1\}\{(n-r)(n-r-1)\times\cdots\times1\}}=\frac{n!}{r!(n-r)!}\ (단,\ 0<r\leq n)$$

예 기호 1번부터 기호 5번까지의 후보가 있을 때, 이 중에서 3명의 대표를 뽑는 경우의 수
$\rightarrow \dfrac{5\times4\times3}{3\times2\times1}=\dfrac{5\times4\times3\times(2\times1)}{3\times2\times1\times(2\times1)}=\dfrac{5!}{3!\times2!}=\dfrac{5!}{3!\times(5-3)!}=10(가지)$

예제 ○ 어느 반의 학생 수가 30명일 때, 다음을 구하여라.

(1) 회장 1명, 부회장 1명을 뽑는 경우의 수

(2) 대표 2명을 뽑는 경우의 수

[풀이] (1) 회장과 부회장을 뽑을 때는 순서를 생각해야 하므로 순열이다.

30명 중에 두 명을 순서대로 나열하는 것이므로 $30 \times 29 = 870$(가지)

(2) 대표를 뽑는 것은 순서를 생각하지 않아도 되므로 조합이다.

30명 중에 대표 두 명을 뽑는 것이므로 $\dfrac{30 \times 29}{2 \times 1} = 435$(가지)

📌 주의점

• 여러 사건이 '모두' 일어나는 경우는 순서쌍을 사용해서 경우의 수를 구한다. 이때, '동 시에'라는 말은 시간에 있어서 동시를 뜻하는 것이 아니라, 순서쌍으로 묶을 수 있음을 뜻한다.

수학사 ○ **경우의 수의 역사**

모든 경우를 빠짐없이, 중복되지 않게 정리하는 것은 수학적 사고의 기본이다. 순열, 조합은 암호를 해독하고, 발전소에서 발전 시설을 어떻게 배치할지 등의 연구에 사용 되며, 모든 경우 중에서 최적의 경우를 찾는 데에도 이용된다. 경우의 수는 바로 이러 한 사고의 과정으로써 순열과 조합 등의 이론적 체계를 밟아 확률론의 기초가 되었다.

경우의 수를 찾고 순열과 조합을 처음으로 발견한 사람은 12세기 인도 수학자 **바스 카라**(Bhaskara, 1114~1185)로 알려져 있다. 바스카라는 n개의 원소를 갖는 집합에서 k개의 원소를 갖는 부분집합을 만드는 경우의 수가 $\dfrac{n(n-1)(n-2) \times \cdots \times (n-k+1)}{k(k-1) \times \cdots \times 2 \times 1}$ 이라는 사실을 알고 있었다고 한다. 또한, 그는 예술에서의 다양한 표현 방법 찾기를 비롯해서 건축의 틈새에서 변화의 수를 계산하기는 물론, 음악과 의학에서도 순열의 개념을 발견했다.

순열과 조합에 대하여 체계적으로 연구한 흔적은 1494년 **파촐리**(Pacioli, 1445~ 1517)가 지은 《산술, 기하, 비교 및 비례 개요, Summa》에서 발견할 수 있는데, 이 책 에는 사람들 몇 명이 탁자에 앉는 경우의 수를 구하는 방법을 소개하고 있다. 영국에서 는 **버클리**(Berkeley, 1685~1753)가 n개 중에서 r개를 택하는 순열의 경우에 대해 언 급했고, 1523년 이탈리아의 **타르탈리아**(Tartaglia, 1499~1557)는 주사위를 던진 경우에 대해 순열과 조합의 이론을 처음 적용했다.

이론적인 연구는 17세기 프랑스의 **파스칼**(Pascal, 1623~1662)과 독일의 **라이프니츠**(Leibniz, 1646~1716), 스위스의 **베르누이**(Bernoulli, 1654~1705) 등이 주도했다.

경우의 수에 대한 수학적 논의는 1654년에 있었던 파스칼과 **페르마**(Fermat, 1601~1665) 사이의 편지 왕래에서 시작되었다. 두 사람의 서신 왕래를 바탕으로 1657년 네덜란드의 **호이겐스**(Huygens, 1629~1695)가 확률에 대한 최초의 공식적인 논문을 썼는데, 이때 기댓값의 개념을 정의했다. 그 이후 베르누이, **드 무아브르**(De Moivre, 1667~1754), **오일러**(Euler, 1707~1783), **라그랑주**(Lagrange, 1736~1813), **라플라스**(Laplas, 1749~1827), **가우스**(Gauss, 1777~1855) 등이 연구해 확률론이 발전하게 되었다.

한편, '순열(Permutation)'이라는 용어를 처음 사용한 수학자는 베르누이이다. 라이프니츠는 'Variations'이라는 용어를, **월리스**(Wallis, 1616~1703)는 'Alternations'라는 용어를 사용했다.

순열과 조합을 좀 더 이론적으로 연구한 것은 17세기에 들어와서인데, 1634년 프랑스의 해리건이 처음으로 $_n\mathrm{C}_r = \dfrac{n(n-1)(n-2) \times \cdots \times (n-r+1)}{r!}$ 라고 했다.

'조합(Combination)'이라는 용어를 오늘날 조합의 의미로 사용한 사람은 파스칼과 월리스이다. 특히, 파스칼은 n개에서 r개를 택하는 방법의 수를 나타내는 '파스칼의 삼각형'을 만들었다.

계승을 나타내는 느낌표처럼 생긴 기호인 '!'은 1808년에 프랑스 수학자 **크람프**(Kramp, 1760~1826)가 처음 도입했다. 오늘날에는 계승을 나타내는 데 크람프의 기호만을 사용하지만, 그 당시에는 1827년에 영국의 **자레트**(Jarret, 1805~1882)가 도입한 $\{\,n\,\}$라는 기호도 사용했다. 그런데 이 기호는 인쇄하기 위해 활판을 짤 때 두 줄을 차지하기 때문에 매우 번거로웠다고 한다. 이에 크람프는 식자공의 수고를 덜기 위해 새로운 기호 '!'를 도입했다.

계급 階級, class

정의 ○ 변량을 일정한 간격으로 나눈 구간.

어원 ○ 한자어 계급(階級)과 영어 class는 '지위'나 '등급'을 뜻한다. 통계에서의 계급은 변량을 일정한 간격으로 나눈 것을 말한다.

핵심 ▶ 연속 변량으로 된 자료의 경우 모든 자료를 일일이 나열하기 어렵고, 이산 변량의 경우에도 낱낱이 살펴보기보다는 일정 구간으로 묶어서 살펴보는 것이 자료의 분포 상태를 파악하는 데 효율적이기 때문에 계급을 사용한다.

▶ **계급의 표현**

① 자료가 중복되지 않도록 계급의 시작 값과 끝 값에는 '이상', '미만' 등의 용어를 사용한다.

② '계급의 크기'란 하나의 계급을 이루는 구간의 너비를 말한다.

③ '계급값'은 계급의 양 끝 값의 평균으로 한다.

$$(계급값) = \frac{(계급의 \ 양 \ 끝값의 \ 합)}{2}$$

예를 들어 다음 자료의 변량을 $10\mu g/m^3$의 간격으로 나누어 6개의 계급을 만들면 아래 표와 같다.

우리 동네의 미세먼지 농도

(농도 범위: $\mu g/m^3$)

73	60	91	75	62	65	85
87	89	78	81	71	82	92
95	59	75	73	103	83	63
90	72	64	52	57	69	70

➡

미세먼지 농도($\mu g/m^3$)
$50^{이상} \sim 60^{미만}$
$60 \sim 70$
$70 \sim 80$
$80 \sim 90$
$90 \sim 100$
$100 \sim 110$

관련어
- 도수
- 도수분포표
- 변량

이때, 계급의 크기는 $10\mu g/m^3$이고, $100\mu g/m^3$ 이상 $110\mu g/m^3$ 미만의 계급값은 $\frac{100+110}{2} = 105(\mu g/m^3)$이다.

예제 ○ 오른쪽 표는 우리 반 학생이 일주일 동안 한 게임 시간을 조사한 것이다. 도수가 가장 큰 계급의 계급값을 구하여라.

시간(시간)	학생 수(명)
$0^{이상} \sim 1^{미만}$	3
1 ~ 2	7
2 ~ 3	6
3 ~ 4	4
4 ~ 5	3
5 ~ 6	2
합계	25

[풀이] 이 자료에서 도수는 '학생 수'이다. 도수가 가장 큰 것은 학생 수가 7일 때이고, 이때의 계급은 1시간 이상 2시간 미만이므로 계급값은 $\dfrac{1+2}{2}=1.5$(시간)

🔴 **주의점**

• 계급의 개수가 너무 적거나 너무 많으면 자료의 분포 상태를 파악하기 어려우므로 계급의 개수를 적당하게 정하는 것이 좋다. 이때, 다음과 같은 식을 사용할 수 있다.

$$2^k > n \text{를 만족하는 } k \text{ 중에서 최소인 수 } (n \text{은 자료의 개수})$$

예를 들어 자료의 수가 50개인 경우에 $2^k > 50$을 만족하는 k는 6, 7, 8, …이므로 $k=6$이 최소이다. 따라서 계급의 개수는 6개가 적당하다.

계수

係數, coefficient

정의 ○ 다항식에서 문자에 곱해진 수.

어원 ○ 한자어 계(係)는 '연결하다', '잇다'를, 영어 coefficient는 그 자체로 '계수'를 뜻한다. 수학에서의 계수는 문자와 곱셈으로 연결된 '수'를 말한다.

핵심 ▶ 단항식에서의 계수는 문자와 곱해진 '수' 부분이다.

예 $3x$, $3x^2y$, $3ab^3c^2 \rightarrow$ 계수는 $+3$

$-5x$, $-5x^2y$, $-5ab^3c^2 \rightarrow$ 계수는 -5

▶ 다항식에서는 각 항의 계수를 각각 구할 수 있다. 상수항은 문자 부분이 없으므로 상수항에 대해서는 계수를 말하지 않는다.

예 다항식 $-4x^3+\frac{2}{3}x^2-5x+8$에서

x^3항의 계수는 -4, x^2항의 계수는 $+\frac{2}{3}$, x항의 계수는 -5

▶ 계수가 $+1$인 경우에는 1을 생략한다. 즉, 항 앞에 따로 수가 곱해져 있지 않은 경우에는 그 항의 계수를 $+1$ 또는 -1로 보면 된다.

예 다항식 x^3-x^2+x+1에서

x^3항의 계수는 $+1$, x^2항의 계수는 -1, x항의 계수는 $+1$

관련어
· 다항식
· 단항식
· 차수
· 항

예제 ○ 다항식 x^2-2x-3에서 x^2항의 계수와 x항의 계수의 합을 구하여라.

풀이 x^2의 계수는 $+1$이고, x의 계수는 -2이므로 그 합은 $(+1)+(-2)=-1$

📌 주의점

· 다항식에서 각 항의 계수를 구할 때는 그 수의 부호도 같이 밝혀야 한다.

예를 들어 다항식 $-x^3-\frac{1}{2}x^2-6x-9$에서 x^3항의 계수는 -1, x^2항의 계수는 $-\frac{1}{2}$,

x항의 계수는 -6이다.

교각 交角, angle of intersection

정의 ○ 서로 다른 두 직선(또는 두 곡선, 두 평면, 평면과 직선)이 한 점(또는 한 직선)에서 만나서 생기는 각.

어원 ○ 한자어 교(交)는 '사귀다'를, 영어 intersection은 '가로지름'을 뜻한다. 수학에서 교각이란 서로 만나서 생기는 각을 말한다.

핵심 ▶ 교각이 생기는 경우는 다음과 같다.

① 직선과 직선이 만날 때
두 직선이 만날 때, 교점에서 4개의 교각이 생긴다.

② 곡선과 곡선이 만날 때
서로 다른 두 곡선의 교점에서 이 곡선의 접선들이 만드는 각이 두 곡선 사이의 교각이다.

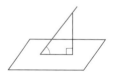

③ 평면과 직선이 만날 때
직선 위의 한 점에서 평면에 수선을 내려 이 수선과 평면이 만나는 점을 직선과 평면의 교점과 이으면 직각삼각형이 만들어진다. 이 직각삼각형의 빗변과 밑변이 이루는 각이 직선과 평면의 교각이다.

④ 평면과 평면이 만날 때
두 평면의 교선에서 각각 두 평면에 수선을 그린 다음, 이 두 수선을 이어 직각삼각형을 만든다. 이 직각삼각형의 빗변과 밑변이 이루는 각이 두 평면 사이의 교각이다.

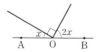

관련어
· 교선
· 교점

예제 ○ 오른쪽 그림에서 ∠AOB가 평각일 때, $\angle x$의 값을 구하여라.

[풀이] $\angle x + 90° + 2\angle x = 180°$이므로

$\angle x + 2\angle x = 90°$, $3\angle x = 90°$, $\angle x = 30°$

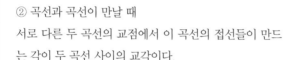

• 두 직선이 일치하면 교각은 0°이며, 두 직선이 평행하면 서로 만나지 않으므로 교각이
생기지 않는다.

수학사 ○ **각의 역사**

각에 대해 정확히 정의한 사람은 기원전 3세기 그리스 수학자 **유클리드**(Euclid, BC
300년경)이다. 그는 《원론, Elements》에서 "평면에 있는 두 선이 서로 만나고, 그들
이 한 직선에 놓여있지 않을 때, 그들이 서로 기운 정도를 각이라고 부른다(정의 8)."
라고 했다. 또한, "직선과 직선이 만나서 이루어진 인접한 두 각의 크기가 서로 같으
면 그 각을 직각이라고 한다. 이때 세운 직선은 원래 직선과 수직이다(정의 10)."라고
했으며, "둔각은 직각보다 큰 각이다(정의 11).", "예각은 직각보다 작은 각이다(정의
12)."라고 둔각과 예각도 정의했다. 공준 중 4번째는 "모든 직각은 같다."이다.

원의 중심각을 360°라고 한 것은 기원전 2세기 그리스 천문학자 **히파르코스**
(Hipparchus, BC 180?~125?)가 모든 각에 대해 호와 현의 비를 표로 만들면서부터
다. 그는 원둘레를 360등분했는데, 이는 하루를 360으로 나누던 고대 바빌로니아 천
문학의 영향을 받은 것이다.

한편, 각의 기호는 각의 '모양'에서 만들어졌다. 하지만 처음부터 지금의 기호를 사용했
던 것은 아니었다. 17세기와 18세기에 부등호를 나타내는 기호(<)와 혼용되기도 했고,
여러 가지 모양으로 나타내다가 1657년 **오트레드**(Oughtred, 1574~1660)가 '∠'를 사용
하면서 정착되었다.

육십진법에서 각도의 단위를 나타내는 기호(°)는
프톨레마이오스(Ptolemaeos, 85~165)가 사용한 그리
스 기호(μ)에서 유래되었는데, 이는 육십진법에서의
분수 단위 1을 의미한다. 이 기호는 1570년 카라무엘
이 쓴 저서에서 각의 크기를 표시하면서 사용되었다.

각은 위도와도 관련이 있다. 지구가 있을 때, 지구
의 중심과 북극을 연결한 직선(지구의 자전축)과 지구

천체를 관측하는 프톨레마이오스

의 중심과 나의 위치를 연결한 직선을 그린다면 두 직선 사이에 각이 생기는데, 이 각
의 크기가 위도를 결정한다. 지구 위에서 북극성과 북쪽 지평선을 바라본다면 두 시선
이 이루는 각이 나의 위도이다.

교선 交線, line of intersection

정의 ○ 면과 면이 만나는 선.

어원 ○ 한자어 교(交)는 '사귀다' 또는 '오고 가다'를, 영어 'intersection'은 '가로지름'을 뜻한다. 수학에서 교선은 면과 면이 만나서 생기는 선을 말한다.

핵심 ▶ 교선이 생기는 경우는 다음과 같다.

① 평면과 평면이 만날때

② 평면과 다면체가 만날 때

② 평면과 회전체가 만날 때

관련어
• 교각
• 교점

예제 ○ **오른쪽 그림과 같은 입체도형에서 면과 면이 만나서 생기는 교선의 개수를 구하여라.**

[풀이] 면과 면이 만나는 직선을 세어보면 모두 9개다.

🔖 주의점

• 두 평면이 서로 평행할 때에는 교선이 만들어지지 않는다.
• 다면체를 평면으로 자르면 그 단면은 다각형이 된다. 이때, 다면체의 면과 자르는 면이 만나면 교선이 생기고, 이 교선은 다각형의 '변'이 된다. 다면체에서 면과 면이 만나서 생기는 교선을 '모서리'라 한다.

교선의 역사

고대 그리스의 **유클리드**(Euclid, 기원전 300년경)가 지은 《원론, Elements》 제 1권에 나온 선의 정의는 다음과 같다.

선은 폭이 없이 길이만 있는 것이다(정의 2).

교선에는 직선도 있고 곡선도 있다. 유클리드는 직선을 선의 한 종류로 보고 다음과 같이 정의했다.

직선이란 모든 점이 평등하게 있는 선을 말한다(정의 4).

레코드의 《지혜의 숫돌》

곧은 선을 나타내는 선을 '직선(straight line)'이라고 부른 사람은 영국의 **레코드**(Record, 1510~1558)이다. 존경받는 수학 교사였던 레코드는 라틴어가 아닌 자신의 모국어로 수학책을 써서 일반 독자들도 수학 내용을 쉽게 읽을 수 있게 했다. 직선을 도입한 것은 《지혜의 숫돌, The Whetstone of Witte》이라는 책이었고, 이 외에도 점, 예각, 둔각, 정삼각형, 평행사변형을 자신 만의 용어로 정의했다. 하지만 큰 인기를 얻지는 못했다.

한편, 평면에서의 직선 개념과 곡면에서의 직선 개념은 서로 다르다. 곡면에서의 직선에 대한 개념은 비유클리드 기하학과 관련이 있다.

비유클리드 기하학을 발견한 수학자 중 한 명은 독일의 **리만**(Riemann, 1826~1866)인데, 그의 놀라운 연구는 27세였던 1853년에 괴팅겐 대학의 강사가 되기 위한 심사와 관련이 있다. 그는 자신이 제출한 3개의 주제 가운데 1개에 대해 공개 강의를 해야 했는데, 심사 위원이었던 **가우스**(Gauss, 1777~1855)는 리만이 가장 자신 없어 하는 세 번째 주제를 선정했다. 리만은 일종의 공황 상태를 겪었지만 이를 극복하고 1854년 6월에 심사에 참석해 구면이 어떻게 2차원 타원 공간으로 해석될 수 있는지를 설명했다. 리만은 고대 그리스의 유클리드가 정의한 점, 선, 면과는 다른 정의를 내렸다. 즉, '구의 표면'을 평면으로, 점은 '위치'로, 직선은 '구의 중심을 지나는 대원'으로 정의한 것이다. 그런데 직선의 정의를 이렇게 하면 유클리드의 《원론》에 나온 공리 중에서 "임의의 선분은 양쪽으로 무제한으로 연장될 수 있다."에 맞지 않는다. 원은 유한하기 때문이다. 리만은 이 심사에서 유클리드의 이 공리가 직선의 길이가 무한하다는 것이 아니라 직선에 끝이 없다는 것을 의미하며, 대원도 끝이 없으므로 이 공리가 성립한다고 주장했는데 이는 곧 그의 이론이 되었다.

교점 交點, intersection point

정의 ○ 선과 선 또는 선과 면이 만나서 생기는 점.

어원 ○ 한자어 교(交)는 '사귀다' 또는 '오고 가다'를, 영어 intersection은 '가로지름'을 뜻한다. 수학에서 교점은 선과 선이 만나거나 선과 면과 만나서 생기는 점을 말한다.

핵심 ▶ 교점이 생기는 경우는 다음과 같다.

① 선과 선이 만날 때

② 선과 면이 만날 때

▶ 삼각형에서 만들어지는 교점의 이름은 다음과 같다.

① 삼각형의 세 중선의 교점: 무게중심

② 삼각형의 세 변의 수직이등분선의 교점: 외심

③ 삼각형의 세 내각의 이등분선의 교점: 내심

④ 삼각형의 세 꼭짓점에서 각각의 대변에 내린 수선의 교점: 수심

⑤ 삼각형의 한 내각과 두 외각의 이등분선의 교점: 방심

▣ 관련어

• 교각
• 교선
• 무게중심
• 수선의 발
• 중점

예제 ○ 서로 평행하지 않은 직선 4개로 만들 수 있는 교점의 개수는 최대 몇 개인지 구하여라.

[정답] 6개

🔴 주의점

• 서로 다른 두 직선이 서로 평행할 때에는 교점이 만들어지지 않는다.
• 다각형에서 변과 변의 교점, 다면체에서 모서리와 모서리의 교점은 '꼭짓점'이라고 한다.

교환법칙 交換法則, commutative law

정의 ○ (세 수 이상의 계산 또는 세 항 이상의 식의 계산에서) 순서를 바꾸어 계산해도 그 결과가 같다는 법칙.

핵심 ▶ 수의 연산에서의 교환법칙은 두 수의 위치를 서로 바꾸어서 계산하는 것을 말한다. 위치를 바꾸어 계산해도 그 결과가 항상 변함이 없는 연산에 대해 '교환법칙이 성립한다.'고 하고, 계산 결과가 달라질 경우에는 '교환법칙이 성립하지 않는다.'고 한다.

$$a*b=b*a$$

▶ 실수의 사칙연산에 대해 교환법칙의 성립 여부를 살펴보면 다음과 같다.

① 덧셈: 교환법칙이 성립한다.

➡ $a+b=b+a$

$(+4)+(-7)=-3$
$(-7)+(+4)=-3$ ⟩ 같다.

② 곱셈: 교환법칙이 성립한다.

➡ $a \times b=b \times a$

$(-2) \times (+3)=-6$
$(+3) \times (-2)=-6$ ⟩ 같다.

③ 뺄셈: 교환법칙이 성립하지 않는다.

➡ $a-b \neq b-a$

$8-3=5$
$3-8=-5$ ⟩ 다르다.

④ 나눗셈: 교환법칙이 성립하지 않는다.

➡ $a \div b \neq b \div a$

$10 \div 2=5$
$2 \div 10=\dfrac{1}{5}$ ⟩ 다르다.

ⵑ 관련어
· 결합법칙
· 분배법칙

예제 ㅇ 다음 계산 과정의 (가), (나), (다) 중에서 덧셈에 대한 교환법칙이 쓰인 곳을 찾아라.

$$4+\left(-\frac{2}{3}\right)+2\times\left(5+\frac{1}{3}\right) \Bigg)\text{(가)}$$
$$=4+\left(-\frac{2}{3}\right)+2\times5+2\times\frac{1}{3}$$
$$=4+\left(-\frac{2}{3}\right)+10+\frac{2}{3} \Bigg)\text{(나)}$$
$$=4+10+\left(-\frac{2}{3}\right)+\frac{2}{3} \Bigg)\text{(다)}$$
$$=(4+10)+\left\{\left(-\frac{2}{3}\right)+\frac{2}{3}\right\}$$
$$=14+0=14$$

[정답] (나)

🔲 **주의점**

• 뺄셈은 덧셈으로, 나눗셈은 곱셈으로 바꾼 다음 교환법칙을 이용하면 좀 더 편리하게 계산할 수 있다.

$$\text{예} \quad 4-\frac{2}{3}-2=4+\left(-\frac{2}{3}\right)+(-2) \quad \leftarrow \text{뺄셈을 음수의 덧셈으로 고친다.}$$
$$=4+(-2)+\left(-\frac{2}{3}\right) \quad \leftarrow \text{덧셈의 교환법칙을 사용한다.}$$
$$=2+\left(-\frac{2}{3}\right)=\frac{4}{3}$$

수학사 ㅇ **공리의 역사**

"자연수에서는 덧셈의 교환법칙이 성립한다."라는 것은 증명이 필요없는 공리이다. 어떤 것을 증명하려면 그것을 증명하는 데 필요한 내용들이 먼저 증명되어야 한다. 이런 식으로 증명을 하다 보면 더 이상 증명될 수 없는 것에 맞닥뜨리게 되는데, 이것을 '공리'라고 한다. 공리는 증명하지 않고 참으로 받아들이는 것으로서, 수학에서 다른 정리들을 증명하는 데 사용된다.

구 球, sphere

정의 ○ 한 점에서 이르는 거리가 같은 점들로 이루어진 입체도형.

어원 ○ 한자어 구(球)와 영어 sphere는 '공'을 뜻한다. 수학에서 구는 반원을 한 직선 l을 회전축으로 하여 1회전할 때 생기는 입체이다.

구는 구의 중심과 구의 반지름으로 이루어져 있다.

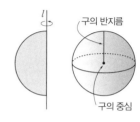

핵심 ▶ **구의 겉넓이와 부피**

구의 반지름이 r라고 하면 구의 겉넓이 S와 구의 부피 V는 다음과 같다.

$$S=4\pi r^2,\ V=\frac{4}{3}\pi r^3$$

구의 부피는 각뿔을 이용하여 구할 수 있다. 오른쪽 그림과 같이 구의 중심을 각뿔의 꼭짓점으로 하는 각뿔로 잘라내어 모두 합하면 구의 부피가 된다.

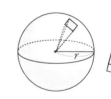

(구의 부피)$=\frac{1}{3}\times$(각뿔의 밑넓이의 합)$\times$(각뿔의 높이)

관련어
· 각뿔
· 원기둥
· 원뿔대
· 회전체

가 된다. 각뿔의 밑면을 아주 잘게 자르면 각뿔의 밑면의 합은 결국 구의 겉넓이와 같아지고 각뿔의 높이는 구의 반지름이다.

그러므로 (구의 부피)$=\frac{1}{3}\times(4\pi r^2)\times r=\frac{4}{3}\pi r^3$

예제 ○ **오른쪽 도형의 겉넓이와 부피를 구하여라.**

[풀이] 이 도형은 '반구'이다.

(1) (반구의 겉넓이)$=$(구의 겉넓이)$\times\frac{1}{2}+$(원의 넓이)

$$=4\pi\times(12\times12)\times\frac{1}{2}+12\times12\times\pi=432\pi\,(\mathrm{cm}^2)$$

(2) (반구의 부피)$=$(구의 부피)$\times\frac{1}{2}$

$$=\frac{4}{3}\times\pi\times12\times12\times12\times\frac{1}{2}=1152\pi\,(\mathrm{cm}^3)$$

■ 주의점

• 구는 회전체에 속한다.

수학사 **구의 역사**

고대 이집트인이 반구의 겉넓이를 알았던 것으로 보이지만 구의 겉넓이가 대원의 4배
라는 것을 증명한 사람은 고대 그리스의 **아르키메데스**(Archimedes, BC 287?~BC 212)
이다. 청년 시절에 이집트의 알렉산드리아로 유학을 갔다가 시라쿠사에 돌아와서 여러
동료학자들과 편지를 주고받았던 그는 지구 둘레를 잰 것으로 유명한 **에라토스테네스**
(Eratosthenes, BC 273?~BC 192?)와 친했다고 한다. 아르키메데스는 주로 곡선으로
둘러싸인 평면도형의 넓이나 곡면으로 둘러싸인 입체의 겉넓이와 부피를 구하는 연구
에 몰두했는데, 그가 쓴 《구와 원기둥에 관하여》 1권의 내용은 다음과 같다.

(1) 구의 겉넓이는 구의 중심을 가로지르는 대원의 넓이의 4배이다.

(2) 구의 대원을 밑면으로 하고 구의 지름을 높이로 하는 원기둥의 부피는 그 구의 부
피의 $\frac{2}{3}$ 이다.

(3) 구의 대원을 밑면으로 하고 구의 지름을 높이로 하는 원기둥의 겉넓이는 그 구의
겉넓이의 $\frac{2}{3}$ 이다.

아르키메데스는 구의 부피에 대해 "나는 원의 넓이가 원의 둘레를 밑변으로 하고 반
지름을 높이로 하는 삼각형의 넓이와 같은 것처럼, 구의 부피는 구의 겉넓이를 밑면으
로 하고 반지름을 높이로 하는 원뿔의 부피와 같을 것이라고 생각했다."라고 했다. 그
는 구의 중심을 꼭짓점으로 하는 작은 원뿔들이 모여 구가 되었다고 생각하고, 구의 겉
넓이인 $4\pi r^2$ 을 밑넓이로 하고 높이가 r 인 원뿔의 부피인 $\frac{1}{3} \times 4\pi r^2 \times r = \frac{4}{3}\pi r^3$ 이 구의
부피라고 한 것이다.

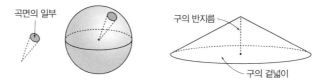

곡면의 일부

구의 반지름

구의 겉넓이

그는 구와 원기둥에 대해 자신이 발견한 이 내용을 묘비에 새겨달라고 했는데, 100
년 후 로마의 키케로가 시라쿠사에 왔다가 성문 근처에 있는 아르키메데스의 묘비를

발견했을 때는 황폐한 상태였다. 이를 안타깝게 여긴 키케로는 묘비를 다시 복원했다지만, 지금은 그 무덤을 찾을 수 없다.

한편, "두 공간도형을 서로 평행한 평면으로 자른 단면의 넓이의 비가 항상 $m : n$으로 일정하면 두 도형의 부피의 비도 $m : n$이다."라는 '카발리에리의 원리'를 발견한 17세기 이탈리아 수학자 **카발리에리**(Cavalieri, 1598~1647)는 구의 부피를 다음과 같이 구했다.

반지름과 높이가 모두 r인 원기둥 안에 반지름과 높이가 r인 원뿔을 거꾸로 놓은 것과 반지름이 r인 반구가 있다고 하자.

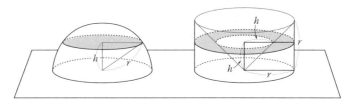

임의의 높이 h에서 구의 단면과 원기둥에서 원뿔을 뺀 단면의 넓이는 같다. 피타고라스 정리에 의하면 반구에서의 단면의 넓이는 $(r^2 - h^2)\pi$이고, 원기둥에서 원뿔을 뺀 단면의 넓이는 $r^2\pi - h^2\pi$인데, $(r^2 - h^2)\pi = r^2\pi - h^2\pi$이기 때문이다. 따라서 반구의 부피는 원기둥에서 원뿔을 뺀 부피와 같다. 원기둥의 부피는 $r^3\pi$이고 원뿔의 부피는 $\frac{1}{3}r^3\pi$이므로, 반구의 부피는 $r^3\pi - \frac{1}{3}\pi r^3 = \frac{2}{3}\pi r^3$이다. 그러므로 구의 부피는 반구의 2배인 $\frac{4}{3}\pi r^3$이다.

기원전 3세기의 아르키메데스가 구한 방법과 2000년 후인 17세기에 카발리에리가 구한 방법이 서로 다르긴 했지만 그 결과는 똑같음을 확인할 수 있다.

근의 공식 根의 公式, quadratic formula

정의 ○ 이차방정식 $ax^2+bx+c=0(a\neq0)$의 근을 구하는 공식.

$$x=\frac{-b\pm\sqrt{b^2-4ac}}{2a}$$

이차방정식의 근을 구하기 위해 완전제곱식을 이용하여 공식으로 만든 것을 '근의 공식'이라고 한다.

핵심 ▶ 이차방정식 $ax^2+bx+c=0\,(a\neq0)$ 의 근의 공식을 구하는 과정은 오른쪽과 같다.

$$x^2+\frac{b}{a}x+\frac{c}{a}=0$$
$$\rightarrow x^2+\frac{b}{a}x=-\frac{c}{a}$$
$$\rightarrow x^2+\frac{b}{a}x+\left(\frac{b}{2a}\right)^2=-\frac{c}{a}+\left(\frac{b}{2a}\right)^2$$
$$\rightarrow \left(x+\frac{b}{2a}\right)^2=-\frac{c}{a}+\frac{b^2}{4a^2}=\frac{b^2-4ac}{4a^2}$$
$$\rightarrow x+\frac{b}{2a}=\pm\frac{\sqrt{b^2-4ac}}{2a}$$
$$\rightarrow x=\frac{-b\pm\sqrt{b^2-4ac}}{2a}$$

▶ 이차방정식의 근의 공식에서 근호 안의 값인 b^2-4ac로부터 이차방정식의 근의 개수를 판별할 수 있다.
이때, b^2-4ac를 '판별식'이라고 한다.

① $b^2-4ac>0$이면, 이 이차방정식은 서로 다른 두 실근을 갖는다.

　예 $x^2-4x+3=0$에서 $b^2-4ac=(-4)^2-4\times1\times3=4>0$(서로 다른 두 실근)

② $b^2-4ac=0$이면, 이 이차방정식은 중근을 갖는다.

　예 $x^2-6x+9=0$에서 $b^2-4ac=(-6)^2-4\times1\times9=0$(중근)

관련어
· 방정식
· 이차방정식
· 중근
· 해(근)

③ $b^2-4ac<0$이면, 이 이차방정식은 실근을 갖지 않는다.

　예 $x^2-2x+4=0$에서 $b^2-4ac=(-2)^2-4\times1\times4=-12<0$(실근을 갖지 않음)

예제 ○ **근의 공식을 이용하여 이차방정식 $2x^2-3x-5=2x-1$의 근을 구하여라.**

[풀이] 주어진 식을 (x에 대한 이차식)$=0$의 꼴로 정리하면
$2x^2-3x-5-2x+1=0$, 즉 $2x^2-5x-4=0$
근의 공식을 이용하여 해를 구하면

$$x=\frac{-(-5)\pm\sqrt{(-5)^2-4\times2\times(-4)}}{2\times2}=\frac{5\pm\sqrt{57}}{4}$$

● 주의점

· $ax^2+bx+c=0\,(a\neq0)$에서 b가 짝수인 경우$(b=2b')$ 근의 공식은 다음과 같다.

$$x=\frac{-b'\pm\sqrt{b'^2-ac}}{a}$$

이 공식을 이용하여 $x^2-8x+5=0$의 근을 구하면

$$x=-(-4)\pm\sqrt{(-4)^2-1\times5}=4\pm\sqrt{11}$$

수학사 ○ **근의 공식의 역사**

이차방정식은 고대 이집트나 바빌로니아 문명에서도 다루어졌지만, 근을 구할 때 지금과 같이 일정한 공식을 사용했던 것은 아니었다. 고대 바빌로니아인은 문제에 대한 풀이 과정을 식이 아니라 말로 썼다. 'BM13901'라는 점토판에는 다음과 같은 문장이 있다.

> 정사각형의 한 변의 길이를 7배한 값을 그 넓이에
> 11배한 값과 더했더니 6.25가 되었다.

이것을 식으로 나타내면 $11x^2+7x=6\frac{1}{4}$이다. 이 점토판에는

점토판 'BM13901'

> $6\frac{1}{4}$에 11을 곱하라. 그리고 7을 2로 나눈 후 제곱하라.
> 이 둘을 더한 다음에 제곱근을 구하라. 그다음 $\frac{7}{2}$을 빼라. 이것을 11로 나누면 답은 $\frac{1}{2}$
> 이다.

라는 말이 쓰여 있는데, 해를 구하는 과정을 식으로 쓰면 지금의 근의 공식과 같다.

이차방정식을 풀기 위해 근의 공식을 이용하기 시작한 것은 인도 수학자들이었다. 628년경 **브라마굽타**(Brahmagupta, 598~668)는 이차방정식 $ax^2+bx+c=0$ $(a, b, c$는 정수)의 일반적인 해법을 최초로 소개했다. 그는 $ax^2+bx=-c$의 해를 $x=\frac{-b\pm\sqrt{b^2-4ac}}{2a}$로 나타냈는데, 이로써 판별식 $D=b^2-4ac$와 방정식의 근의 관계를 설명할 수 있게 되었다. 하지만 브라마굽타도 이차방정식의 해를 음수의 해까지 확장하지는 못했다.

현재 우리가 사용하는 근의 공식은 9세기경 인도 수학자들이 사용한 근의 공식과 같다. 단, 당시에는 음수의 제곱근(허근)을 인정하지 않았다. 12세기 인도 수학자 바스

카라(Bhaskara, 1114~1185)의 《비자가니타, Bijaganita》에는 방정식의 해법이 들어있다. 그는 이차방정식 $x^2-45x=250$의 근으로 $x=50$, $x=-5$를 구했지만 $x=-5$는 음수라는 이유로 근으로 인정하지 않았다. 당시에 음수가 실용화되지 않았기 때문이다. 이처럼 인도 수학자들이 지금과 같은 이차방정식의 풀이 방법을 만들고 이것이 '근의 공식'으로 정립된 것은 16세기에 이르러서다.

삼차방정식과 사차방정식의 근의 공식도 16세기에 이르러 해결되었다. 이탈리아의 **타르탈리아**(Tartaglia, 1499~1557)와 **카르다노**(Cardano, 1501~1576)가 삼차방정식의 일반적인 해법을 찾았고, 카르다노의 제자 **페라리**(Ferrari, 1522~1565)가 곧바로 사차방정식의 일반적인 해법을 찾아냈다. 그 이후 **오일러**(Euler, 1707~1783)와 **라그랑주**(Lagrange, 1736~1813), **가우스**(Gauss, 1777~1855) 등 많은 수학자가 오차방정식의 일반적인 해법을 찾으려 노력했으나 실패를 거듭했다. 이탈리아의 의사였던 **루피니**(Ruffini, 1765~1822)가 계수의 사칙연산과 근호만으로는 오차방정식의 해를 찾을 수 없다고 주장했지만 증명이 복잡했고 오류도 있었다.

약 300년 동안 그 해법이 발견되지 않다가 노르웨이의 수학자인 **아벨**(Abel, 1802~1829)이 1826년에 "5차 이상의 방정식은 일반적으로 대수적으로 풀 수 없다."라는 정리를 증명했다. 이때, 대수적으로 풀 수 없다는 것은 방정식의 계수의 사칙연산이나 제곱근을 사용해서 근의 공식을 구할 수 없다는 것을 말한다. 이로써 방정식의 일반적인 해를 찾고자하는 노력은 끝을 낼 수 있었다.

비슷한 시기 프랑스 수학자 **갈루아**(Galois, 1811~1832)가 "어떤 방정식을 대수적으로 풀 수 있는지 아닌지는 근에 대한 치환군(아벨군)의 군론적 구조에 따라 명백해진다."라는 것을 밝혀냈다. 이것을 '갈루아의 군론(群論)'이라고 하며, 이런 그의 생각은 현대 수학에 막대한 영향을 끼쳤다. 갈루아가 체계화한 대수학(代數學) 이론에 따르면 모든 5차 이상 방정식의 해를 구할 수 없는 것은 아니며, 알맞은 함수를 잘 활용하면 오차방정식의 근의 공식을 만들 수도 있다. 군론에 대해서는 대학교에서 다룬다. 공교롭게도 아벨과 갈루아 모두 20대에 요절한 비운의 수학자다.

한편, 다항식으로 이루어진 방정식의 근의 공식을 살펴보면 해는 계수들끼리의 사칙연산이나 근호로 이루어진다. 근과 계수 사이의 이러한 관계를 발견한 사람은 스코틀랜드의 **그레고리**(J. Gregory, 1638~1675)이다. 그는 오차방정식의 해를 구하려다 이런 관계를 찾아냈다.

기울기 slope

정의 ○ 일차함수에서 x값의 증가량에 대한 y값의 증가량의 비율.

어원 ○ 기울기는 순우리말로 '기울어진 정도'를, 영어 slope는 '경사면', '기울어진 정도'를 뜻한다. 수학에서 기울기는 x값의 증가량에 대한 y값의 증가량의 비를 말한다.

$$(기울기) = \frac{(y값의 증가량)}{(x값의 증가량)}$$

핵심 ▶ 일차함수 $y = ax + b$에서 a의 값의 의미

일차함수 $y = ax + b$에서 x의 계수 a는 일차함수를 그래프로 나타냈을 때 직선의 기울기이다.

$a > 0$	$a < 0$
오른쪽 위를 향하는 직선	오른쪽 아래를 향하는 직선
예 일차함수 $y = 4x - 1$의 기울기는 4 → x가 1만큼 증가하면 y는 4만큼 증가	예 일차함수 $y = -3x + 5$의 기울기는 -3 → x가 1만큼 증가하면 y는 3만큼 감소 → x가 1만큼 증가하면 y는 -3만큼 증가

▶ 두 점을 지나는 직선의 기울기 구하기

두 점 $A(x_1, y_1)$와 $B(x_2, y_2)$가 주어졌을 때, 이 두 점을 지나는 직선의 기울기를 구하는 식은 다음과 같다.

$$\frac{y_2 - y_1}{x_2 - x_1} \ \ 또는 \ \ \frac{y_1 - y_2}{x_1 - x_2}$$

관련어
· 일차함수
· 직선의 방정식
· 함수

예를 들어 두 점 $A(-3, -5)$와 $B(1, 3)$을 지나는 직선의 기울기는

$$\frac{(y값의\ 증가량)}{(x값의\ 증가량)} = \frac{3-(-5)}{1-(-3)} = \frac{8}{4} = 2$$

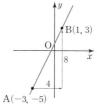

두 점 $A(-2, 4)$와 $B(1, -2)$를 지나는 직선의 기울기는

$$\frac{(y값의\ 증가량)}{(x값의\ 증가량)} = \frac{(-2)-4}{1-(-2)} = \frac{-6}{3} = -2$$

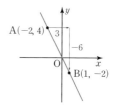

▷ **일차함수의 기울기와 두 직선의 위치 관계**

두 일차함수의 기울기가 같으면 두 그래프는 서로 평행하거나 일치하고, 두 일차함수의 기울기가 다르면 두 그래프는 한 점에서 만난다.

기울기는 같고 y절편은 같지 않을 때	기울기와 y절편이 같을 때	기울기가 같지 않을 때
$ax+by=c$ $a'x+b'y=c'$	$ax+by=c$ $a'x+b'y=c'$	$ax+by=c$ $a'x+b'y=c'$
평행 ➡ 교점은 0개	일치 ➡ 교점이 무수히 많다.	한 점에서 만남 ➡ 교점은 1개

■ 주의점

• 일차함수의 그래프에서 기울기가 양인지 음인지에 따라 그래프의 방향이 달라진다.

꼬인 위치 꼬인 位置, skew position

정의 ○ 공간에서 두 직선이 서로 만나지도 않고 평행하지도 않을 때의 위치.

어원 ○ 꼬인은 '꼬여 있음'을 뜻하는 우리말이고, 영어 skew는 '비스듬한'을 뜻한다. 수학에서 '꼬인 위치'는 서로 만나지도 않고 평행하지도 않은 두 직선의 위치 관계를 말한다.

핵심 ▶ **평면의 결정 조건**

평면이 만들어지려면 다음과 같은 조건이 필요하다.

한 직선 위에 있지 않은 세 점	한 직선과 그 직선 밖의 한 점	한 점에서 만나는 두 직선	서로 평행한 두 직선

▶ **점과 직선의 위치 관계**

점 A가 직선 l 위에 있는 경우	점 A가 직선 l 위에 있지 않은 경우
A ─── l	•A ─── l
직선 l이 점 A를 지난다	직선 l이 점 A를 지나지 않는다

▶ **공간에서 두 직선의 위치 관계**

일치한다	평행하다	일치하지도 평행하지도 않는다	
		한 점에서 만난다 (평면)	꼬인 위치에 있다 (공간)
$l=m$	l m	l m	l m

▶ **점과 평면의 위치 관계**

점 A가 평면 α 위에 있는 경우	점 A가 평면 α 위에 있지 않은 경우
평면 α가 점 A를 지난다	평면 α가 점 A를 지나지 않는다

▶ **평면에서의 두 직선의 위치 관계**

교점이 생기는 경우는 다음 중 평행하지도 일치하지도 않은 관계일 때이다.

일치한다	평행하다	일치하지도 않고 평행하지도 않다
모든 점에서 만난다	만나지 않는다	한 점에서 만난다 → 교점

▶ **공간에서의 직선과 평면의 위치 관계**

교점에 생기는 경우는 다음 중 포함되지도 평행하지도 않은 관계일 때이다.

포함된다	평행하다	포함되지도 평행하지도 않다
모든 점에서 만난다	만나지 않는다	한 점에서 만난다 → 교점

▶ **공간에서의 두 평면의 위치 관계**

교선이 생기는 경우는 다음 중 일치하지도 평행하지도 않은 관계일 때이다.

일치한다	평행하다	일치하지도 않고 평행하지도 않다
모든 점에서 만난다	만나지 않는다 → 두 평면 사이의 거리를 구할 수 있다.	한 직선에서 만난다 → 교선

예제 ○ 오른쪽 그림과 같은 직육면체에서 모서리 AD와 꼬인 위치에 있는 모서리의 개수를 구하여라.

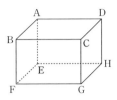

풀이 꼬인 위치에 있는 모서리를 구하려면 전체 모서리 중에서 모서리 AD와 만나는 모서리와 평행한 모서리를 제외하면 된다.

$\overline{AD}$와 만나는 것: $\overline{AB}$, $\overline{DC}$, $\overline{AE}$, $\overline{DH}$

$\overline{AD}$와 평행한 것: $\overline{BC}$, $\overline{EH}$, $\overline{FG}$

그러므로 $\overline{AD}$와 꼬인 위치에 있는 모서리는 $\overline{BF}$, $\overline{CG}$, $\overline{EF}$, $\overline{HG}$로 모두 4개이다.

🔲 **주의점**

• 꼬인 위치는 평면이 아닌 공간에서의 두 직선의 위치 관계이다.

내각 內角, internal angle

정의 ○ 다각형에서 이웃하는 두 변으로 이루어진 내부의 각.

어원 ○ 한자어 내(內)와 영어 internal은 모두 '안', '내부'라는 뜻이다. 따라서 내각이란 다각형에서 내부에 있는 각을 말한다. 이때, n각형의 내각은 n개 있다.

예

핵심 ▶ 다각형의 내각의 크기의 합
(1) (삼각형의 내각의 크기의 합)=180°
(2) n각형의 내각의 크기의 합

다각형의 내각의 크기의 합은 삼각형의 내각의 크기의 합을 이용해서 구한다.

① 대각선을 이용한 공식

다각형의 한 꼭짓점에서 대각선을 그어 다각형을 여러 개의 삼각형으로 나눈 다음, 이 삼각형들의 내각의 합을 모두 더하면 다각형 전체의 내각의 합이 된다. 이때, n각형은 $(n-2)$개의 삼각형으로 나뉘므로 다음 공식이 성립한다.

$$(n각형의 내각의 크기의 합)=(n-2)\times180°$$

예 사각형   오각형   육각형

$180°\times2=360°$ $180°\times3=540°$ $180°\times4=720°$

② 다각형 내부의 점을 이용한 공식

다각형 내부의 한 점에서 각 꼭짓점까지 선분을 그려 다각형을 여러 개의 삼각형으로 나눈 다음 이 삼각형들의 내각의 합을 모두 더한 것에서 가운데 모인 각(360°)을 빼면 다각형 전체의 내각의 합이 된다. 이때, n각형은 n개의 삼각형으로 나뉘므로 다음 공식이 성립한다.

관련어
• 교각
• 외각

$$(n\text{각형의 내각의 크기의 합}) = n \times 180° - 360°$$

예

사각형	오각형	육각형
$4 \times 180° - 360° = 360°$	$5 \times 180° - 360° = 540°$	$6 \times 180° - 360° = 720°$

(3) 정 n각형의 한 내각의 크기

정 n각형은 내각의 크기가 모두 같은 다각형이다. 정 n각형의 한 내각의 크기는 다음과 같이 구한다.

① 정 n각형의 내각의 크기의 합을 n으로 나누면 된다.

$$(\text{정 } n\text{각형의 한 내각의 크기}) = \frac{(n-2) \times 180°}{n}$$

예 정팔각형의 내각의 총합을 구하면 $(8-2) \times 180°$이고, 정팔각형의 내각의 크기는 모두 같으므로 정팔각형의 한 내각의 크기는

$$\frac{(8-2) \times 180°}{8} = \frac{6 \times 180°}{8} = 135°$$

② 한 내각의 크기와 그와 이웃하는 외각의 크기의 합이 180°이므로 180°에서 한 외각의 크기를 빼면 된다.

$$(\text{정 } n\text{각형의 한 내각의 크기}) = 180° - \frac{360°}{n}$$

예 정팔각형의 한 외각의 크기는 $\frac{360°}{8} = 45°$

따라서 정팔각형의 한 내각의 크기는 $180° - 45° = 135°$

예제 ◑ **오른쪽 그림의 다각형에서 $\angle x$의 크기를 구하여라.**

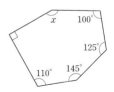

[풀이] 이 다각형은 육각형이므로 전체 내각의 크기의 합을 구한 다음 이미 알고 있는 각의 크기를 빼면 된다.

전체 내각의 크기의 합은 $(6-2) \times 180° = 4 \times 180° = 720°$

따라서 $\angle x + 90° + 110° + 145° + 125° + 100° = 720°$

$\angle x + 570° = 720°$, $\angle x = 150°$

■ 주의점

• 다각형(볼록다각형)에서 한 내각의 크기는 항상 180°보다 작다.

수학사 ○ 내각의 합의 역사

삼각형의 내각의 합이 항상 2직각(180°)과 같다는 것은 기원전 6세기에 활동한 그리스 수학자 탈레스(Thales, BC 624?~548?)도 알고 있었다. 하지만 이것을 증명한 것은 피타고라스학파가 처음이었다. 피타고라스학파는 엇각의 성질을 이용했다. 삼각형의 한 꼭짓점을 지나면서 밑변과 평행한 직선을 그리면, 이 꼭짓점으로 이루어진 각 이외의 나머지 두 각의 엇각이 생긴다.

평행선에서 엇각의 크기는 같고, 이 3개의 각은 한 데 모여 평각(2직각)이 된다. 따라서 삼각형의 내각의 합은 180°이다.

고대 그리스 수학자 유클리드(Euclid, BC 300년경)의 《원론, Elements》에는 "모든 삼각형의 내각의 합은 평각이다."라는 증명이 나온다(제1권 명제 32).

이러한 유클리드 《원론》에 들어있는 기하학은 평면 위에서만 성립하기 때문에 '평면기하학'이라고 한다. 즉, 평면기하학에서는 삼각형의 세 내각의 합이 180°이다. 하지만 실제 우리가 사는 지구는 곡면이고, 지구에서는 삼각형의 내각의 합은 180°보다 크다. 예를 들어, 북극에서 서로 직각으로 만나는 두 경도선과 적도가 만나 이루는 삼각형의 내각의 합은 270°가 된다.

(내각의 합)=180°   (내각의 합)>180°   (내각의 합)<180°

한편, 프랑스 수학자 파스칼(Pascal, 1623~1662)은 수학을 따로 배우지 않았음에도 12살 때 독학으로 삼각형의 내각의 합이 180°임을 알아냈고, 이에 감동한 그의 아버지가 수학 공부를 해도 좋다고 허락했다고 한다.

내심 内心, incenter

정의 o 내접원의 중심.

어원 o 한자어 내심(内心)은 '내접원의 중심'을 줄인 것이다. 영어 incenter는 내접원의
중심이라는 뜻의 'center of inscribed circle'의 줄임말이다. 따라서 내심은
내접원의 중심을 말한다.

핵심 ▶ 삼각형의 내심과 내심의 성질

① 삼각형의 내접원의 중심

② 삼각형의 내심에서 세 변에 이르는 거리가 모두 같다.

$$\overline{ID}=\overline{IE}=\overline{IF}$$

▶ 삼각형 내심의 작도

삼각형 세 내각의 이등분선의 교점을 작도하면 내심의 위치를 알 수 있다.

[증명] 먼저 △AID와 △AIF를 살펴보면 두 삼각형은 직각삼각형이
고 두 각이 같으므로 나머지 한 각도 같다. 또한, $\overline{AI}$는 공통변이다.

△AID≡△AIF

(RHA합동: 빗변의 길이와 한 예각의 크기가 각각 같음)

따라서 $\overline{ID}=\overline{IF}$

마찬가지 방법으로

△BID≡△BIE(RHA합동), △CIE≡△CIF(RHA합동)

따라서 $\overline{ID}=\overline{IE}=\overline{IF}$

점 I에서 △ABC의 세 변에 이르는 거리가 모두 같으므로 점 I는 내접원의 중심, 즉 내심
이다.

관련어
· 내접
· 외심

▶ **삼각형 내심의 활용**

△ABC의 내심을 I라고 하면 다음이 성립한다.

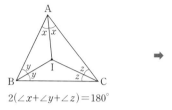

$2(\angle x + \angle y + \angle z) = 180°$

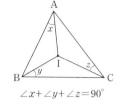

$\angle x + \angle y + \angle z = 90°$

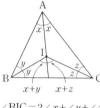

$$\angle BIC = 2\angle x + \angle y + \angle z$$
$$= \angle x + (\angle x + \angle y + \angle z)$$
$$= \angle x + 90°$$

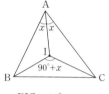

$$\angle BIC = 90° + \angle x$$
$$= 90° + \frac{1}{2}\angle A$$

예제 ○ 오른쪽 그림에서 점 I가 △ABC의 내심일 때, $\angle x$의 크기를 구하여라.

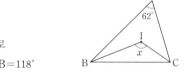

[풀이] [방법 1] 삼각형의 세 내각의 합은 180°이므로

$\angle ABC + \angle ACB + 62° = 180°$, $\angle ABC + \angle ACB = 118°$

점 I가 내심이므로 선분 BI와 선분 IC는 ∠ABC와 ∠ACB의 크기를 이등분하는 선분이다.

즉, $\angle IBC + \angle ICB = \frac{1}{2}(\angle ABC + \angle ACB) = \frac{1}{2} \times 118° = 59°$

따라서 $\angle x = 180° - (\angle IBC + \angle ICB) = 180° - 59° = 121°$

[방법 2] 공식에 의하여 $\angle BIC = 90° + \frac{1}{2}\angle A = 90° + \frac{1}{2} \times 62° = 121°$

🔴 **주의점**

• 삼각형의 내심은 삼각형의 모양과는 상관없이 항상 삼각형의 내부에 위치한다.

내접 内接, inscription

정의 ○ 도형이 다른 도형과 안쪽에서 접하는 것.

어원 ○ 한자어 내(內)는 '안쪽'을, 접(接)은 '교차하다'를, 영어 inscription은 '새기다'를 뜻한다. 수학에서 내접은 어떤 도형이 다른 도형의 안쪽에 있으며 바깥 도형이 안쪽 도형의 경계를 이룰 때 안쪽 도형을 일컫는 말이다.

핵심 ▶ **원이 다각형에 내접할 경우**

한 원이 다각형의 모든 변에 접할 때, 이 원을 내접원이라고 한다. 이때, 내접원의 중심을 내심이라고 한다.

▶ **원에 내접하는 사각형의 성질**

① 한 쌍의 대각의 크기의 합이 180°이다.

증명 오른쪽 그림에서 $\angle A = \alpha + \beta$, $\angle C = \gamma + \delta$라고 하면 원주각의 성질에 의하여

$\angle B = \alpha + \delta$, $\angle D = \beta + \gamma$

이때, $\angle A + \angle B + \angle C + \angle D = 2(\alpha + \beta + \gamma + \delta) = 360°$

→ $\alpha + \beta + \gamma + \delta = 180°$

따라서 $\angle A + \angle C = 180°$, $\angle B + \angle D = 180°$

② 한 외각의 크기가 그 내대각의 크기와 같다.

증명 오른쪽 그림에서 $\angle A + \angle BCD = 180°$

이때, $\angle BCD + \angle BCE = 180°$

따라서 $\angle A = \angle BCE$

∥ 관련어

· 내심
· 원주각
· 외접
· 접선

▶ **삼각형의 넓이**

삼각형의 넓이를 구할 때 내접원을 활용할 수 있다. 삼각형의 세 변의 길이를 a, b, c라 하고 내접원의 반지름을 r이라고 하면

$$\triangle\text{ABC}=\frac{1}{2}r(a+b+c)$$

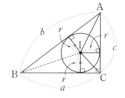

▶ **삼각형의 내접원과 접선의 길이**

원의 접선의 성질에 의해 다음이 성립한다.
$$\overline{\text{AD}}=\overline{\text{AF}},\ \overline{\text{BD}}=\overline{\text{BE}},\ \overline{\text{CE}}=\overline{\text{CF}}$$

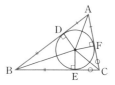

예제 ○ 사각형이 원에 내접할 때, $\angle x$의 크기를 각각 구하여라.

(1) 　　　　(2)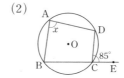

[풀이] (1) 사각형 ABCD가 원에 내접하므로 $\angle x+80°=180°$

따라서 $\angle x=100°$

(2) 사각형 ABCD가 원에 내접하므로 $\angle x=\angle\text{DCE}$

따라서 $\angle x=85°$

🔶 **주의점**

• 모든 삼각형은 반드시 내접원이 존재한다. 하지만 어떤 n각형($n\geq4$)은 내접원이 존재할 수도 있고 존재하지 않을 수도 있다.

수학사 ○ **내접의 역사**

내접에 대한 수학적인 정의는 고대 그리스의 **유클리드**(Euclid, BC 300년경)가 쓴 《**원론, Elements**》의 제 4권에 나온다.

한 다각형의 각각의 각들이 원둘레에 놓여져 있으면 그 다각형은 원에 내접하고 있다(정의 3).

어떤 원의 둘레가 어떤 다각형의 각각의 변들과 접하고 있으면 그 원은 그 다각형에 내접하고 있다(정의 5).

다면체

多面體, polyhedron

정의 ○ 다각형인 면으로만 둘러싸인 입체도형.

어원 ○ 한자어 다(多)와 영어 poly는 '많다'는 뜻이다. 수학에서 다면체는 여러 개의 면으로 둘러싸인 입체도형을 말한다. 이때의 면(面)은 곡면이 아닌 평면이며, 평면 중에서도 다각형을 말한다.
다면체는 꼭짓점, 모서리, 면으로 이루어져 있다.

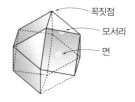
꼭짓점
모서리
면

핵심 ▶ **다면체의 종류**

다면체는 면의 개수에 따라 사면체, 오면체, …라고 부른다.

사면체 　　　오면체 　　　팔면체 　　　십사면체

▶ **다면체의 단면**

다면체와 평면이 만나서 생기는 단면의 모양은 다각형이다. 예를 들어 정육면체의 단면의 모양을 살펴보면 다음과 같다.

관련어
• 각기둥
• 각뿔
• 각뿔대
• 교선
• 정다면체
• 회전체

정삼각형 　　　직사각형 　　　마름모 　　　정오각형 　　　정육각형

예제 ○ **다음 다면체는 몇 면체인지 알아보고 모서리와 꼭짓점은 각각 몇 개인지 구하여라.**

①

②

③

[풀이] ① 오면체. 모서리의 개수는 8개, 꼭짓점의 개수는 5개

② 육면체. 모서리의 개수는 12개, 꼭짓점의 개수는 8개

③ 팔면체. 모서리의 개수는 18개, 꼭짓점의 개수는 12개

● 주의점

· 다면체는 구부리거나 잡아당기고 비틀어서 구와 같은 모양으로 만들 수 있다.
· 입체를 이루는 면이 다각형이 아닌 경우(원기둥, 원뿔, 구)는 다면체가 아니다.

수학사 ● 다면체의 역사

정다면체에 대해서는 고대인도 알고 있었지만 다면체를 체계적으로 분류하는 방법은 17세기에 이르러서 만들어졌다.

1639년 프랑스 수학자 데카르트(Descartes, 1596~1650)는 다면체의 면, 모서리, 꼭짓점에 대한 흥미로운 특징을 발견했는데, 다면체의 꼭짓점의 개수를 v, 모서리의 개수를 e, 면의 개수를 f라고 하면 모든 다면체에 대해서 $v-e+f$의 값은 항상 2가 된다는 것이었다. 하지만 그는 이런 내용을 발표하지는 않고 자신의 노트에 적어두기만 했다. 이를 증명한 수학자는 1752년 스위스 수학자 오일러(Euler, 1707~1783)이다. 따라서 이것을 '오일러의 공식'이라고 부른다.

오일러가 다면체의 이런 특성에 관심을 갖게 된 것은 입체도형을 분류하는 과정에서였다. 그는 입체도형에 생긴 터널의 개수에 따라 $v-e+f$의 값이 달라진다는 것을 발견했는데, 터널 구멍이 없는 다면체의 경우에는 항상 $v-e+f=2$이지만, 도넛처럼 터널이 1개 있는 입체도형은 $v-e+f=0$이고, 터널이 2개 있는 입체도형은 $v-e+f=-2$임을 알게 된 것이다. 즉, 터널의 개수가 k개라면 $v-e+f=2-2k$이다.

오일러 공식은 어떤 입체도형에 대해 면과 모서리와 꼭짓점의 개수 중 한 가지를 알수 없을 때 유용하게 쓰인다. 예를 들어 자르거나 붙이지 않고도 구와 같은 모양으로 만들 수 있는 어떤 다면체가 있을 때, 이 다면체의 면의 개수가 9개이고 모서리의 개수가 16개라면 $v-e+f=2$가 성립하므로 꼭짓점의 개수는 9개이다.

한편, 오일러는 러시아에 있을 때 발견한 '쾨니히스베르크의 다리 문제'를 통해 어떤 도형을 그릴 때 연필을 떼지 않고 한 번에 그리려면 짝수점만 존재하거나 홀수점이 2개만 있어야 한다는 것도 알아냈다. 이는 그래프 이론과 위상수학의 발전에 기초가 되었다.

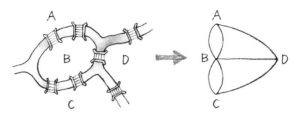

쾨니히스베르크의 다리

자르거나 붙이지 않으면서 같은 모양으로 만들 수 있을 때 '위상적으로 동형이다.'고 하고, 위상적으로 동형인 도형들을 연구하는 분야를 '위상수학'이라고 한다.

그 후 프랑스 수학자 **코시**(Cauchy, 1789~1857)는 다면체의 면을 1개 없애고 평면 위에 펼치면 $v-e+f=1$이라는 것을 증명했다.

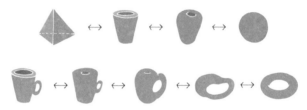

위상적으로 동일한 도형들

다항식 多項式, polynomial

정의 ○ 한 개 이상의 단항식의 합으로 이루어진 식.

어원 ○ 한자어 다(多)는 '많은'을, 영어 polynomial은 그리스와 라틴어가 합쳐진 것으로 '여러 이름을 가진'이라는 뜻이다. 수학에서 다항식은 여러 개의 항으로 이루어진 식을 말한다.

핵심 ▶ 다항식은 항의 개수에 따라 항이 1개인 다항식, 항이 2개인 다항식, 항이 3개인 다항식, …으로 분류할 수 있다.

예 $\dfrac{x^2}{2}$, $\dfrac{7}{5}x$, -3 → 항이 1개인 다항식(단항식)

$\dfrac{x^2}{2}+\dfrac{7}{5}x$ → 항이 2개인 다항식

$\dfrac{x^2}{2}+\dfrac{7}{5}x-3$ → 항이 3개인 다항식

▶ 다항식에서 그 다항식을 이루는 여러 항 중에서 차수가 가장 큰 항의 차수를 그 '다항식의 차수'라고 한다.

예 다항식 $2x-3y+6$의 차수 → 1차

다항식 $2x^2-3y+6$의 차수 → 2차

▶ 다항식은 최고차항의 차수에 따라 일차식, 이차식, 삼차식, … 이라고 부른다.

예 $x+4$, $-3y$, $\dfrac{z-5}{2}$, $2x-3y+8$, $x+3^2$ → 일차식

x^2-3x-4, $-3x^2-1$, $\dfrac{1}{2}a^2-5a+1$ → 이차식

▶ 다항식끼리 사칙연산을 할 수 있다.

① 다항식의 덧셈과 뺄셈: 동류항끼리 묶어서 계산한다.

② 다항식의 곱셈: 수는 수끼리 문자는 문자끼리 계산한다.

③ 다항식의 나눗셈: 역수를 사용하여 곱셈으로 고쳐서 계산한다.

관련어
• 단항식
• 분배법칙
• 인수분해
• 차수
• 항

(다항식)+(다항식)
괄호를 풀고 동류항끼리 모아서 계산한다.

→

예 $(2a-3b)+(4a-2b)$
$=2a-3b+4a-2b$
$=(2a+4a)-(3b+2b)$
$=6a-5b$

(다항식)−(다항식)
괄호를 풀고 동류항끼리 모아서 계산한다.

➡

예 $(3a^2-4a+5)-(2a^2-5a+7)$
$=3a^2-4a+5-2a^2+5a-7$
$=(3a^2-2a^2)-(4a-5a)+(5-7)$
$=a^2+a-2$

(다항식)×(단항식)
분배법칙을 이용하여 전개한다.

➡

예 $-2a(6a-5)$
$=-2a\times6a-2a\times(-5)$
$=-12a^2+10a$

(다항식)÷(단항식)
역수를 사용하여 곱셈으로 바꾼 다음, 분배법칙을 이용하여 전개한다.

➡

예 $(6a^3b-15ab^2)\div3ab$
$=(6a^3b-15ab^2)\times\dfrac{1}{3ab}$
$=6a^3b\times\dfrac{1}{3ab}-15ab^2\times\dfrac{1}{3ab}$
$=2a^2-5b$

▶ 다항식끼리의 곱셈은 다음과 같은 공식으로 만들 수 있다. 이러한 곱셈 공식은 이차방정식의 근을 구하기 위한 인수분해를 할 때 매우 유용하다.

① 합의 제곱 공식 ➡ $(a+b)^2=(a+b)\times(a+b)=a^2+2ab+b^2$

　예 $(x+3)^2=x^2+6x+9$

② 차의 제곱 공식 ➡ $(a-b)^2=(a-b)\times(a-b)=a^2-2ab+b^2$

　예 $(x-3)^2=x^2-6x+9$

③ 합·차 공식 ➡ $(a+b)(a-b)=a^2-b^2$

　예 $(x+3)(x-3)=x^2-9$

④ x의 계수가 1이 아닐 때 ➡ $(ax+b)(cx+d)=acx^2+(ad+bc)x+bd$

　예 $(2x+1)(3x+4)=6x^2+(2\times4+1\times3)x+4=6x^2+11x+4$

⑤ x의 계수가 1일 때 ➡ $(x+a)(x+b)=x^2+(a+b)x+ab$

　예 $(x+3)(x-4)=x^2+(3-4)x-12=x^2-x-12$

▶ 곱셈 공식을 다음과 같이 변형할 수 있다.

① 합의 제곱 공식의 변형 ➡ $a^2+b^2=(a+b)^2-2ab$

　예 $a^2+b^2=5$, $ab=2$일 때, $(a+b)^2=(a^2+b^2)+2ab=5+4=9$

② 차의 제곱 공식의 변형 ➡ $a^2+b^2=(a-b)^2+2ab$

　예 $a^2+b^2=5$, $ab=2$일 때, $(a-b)^2=(a^2+b^2)-2ab=5-4=1$

③ 제곱 공식의 변형 ➡ $(a+b)^2=(a-b)^2+4ab$, $(a-b)^2=(a+b)^2-4ab$

　예 $a+b=3$, $ab=2$일 때, $(a-b)^2=(a+b)^2-4ab=9-8=1$

예제 ○ $(4x^2-2xy)\div(-2x)-4y(2x-3)$을 계산하여라.

[풀이] 나눗셈을 역수를 사용하여 곱셈으로 바꾼 다음 분배법칙을 이용한다.

$$(4x^2-2xy)\div(-2x)-4y(2x-3)=(4x^2-2xy)\times\left(\frac{1}{-2x}\right)-4y(2x-3)$$

$$=4x^2\times\left(\frac{1}{-2x}\right)-2xy\times\left(\frac{1}{-2x}\right)-4y\times2x-4y\times(-3)$$

$$=-2x+y-8xy+12y=-2x+13y-8xy$$

주의점

• 분모에 문자가 들어있는 것은 다항식이 아니다.

예 $\frac{2}{x^2}+1$, $\frac{4}{x-2}$, $\frac{1}{2x}+5x$, $\frac{1}{4x^2}+6x$, $\frac{1}{x}+x$ → 다항식이 아니다.

수학사 ○ ## 대수의 역사

다항식이라는 용어는 16세기 프랑스의 수학자 **비에트**(Viete, 1540~1603)가 처음 사용했다. 다항식은 덧셈, 곱셈과 같은 기본적인 규칙을 만족하는 '대수적 체계'를 따르는데, 이때 대수(代數)란 수 대신 문자를 사용하여 합, 곱, 거듭제곱을 조작하는 것을 말한다. 대수는 계산 방법과 방정식의 표현 방법에 따라 다음 순서로 발달했다.

언어적 대수 → 생략적 대수 → 기호적 대수

'언어적 대수의 단계'는 기호를 사용하지 않으며 미지수나 계산의 전체적인 과정을 말로 설명하는 단계를 말하며, 고대 이집트나 바빌로니아 수학이 이에 해당한다.

'생략적 대수의 단계'는 풀이 방법을 말로 설명하기는 하지만 자주 사용되는 개념이나 계산을 축약적 기호로 나타내는 단계를 말하고, 가장 대표적인 예는 **디오판토스**(Diophantos, 246?~330?)가 거듭제곱을 나타낼 때 알파벳을 이용한 기호를 사용한 것이다.

'기호적 대수의 단계'는 현재처럼 식이나 연산을 말이 아닌 수학적 기호로 나타내는 단계를 말한다. 기호적 대수를 발달시켜 수학적인 문제를 일반적이고 형식적인 방법으로 다룰 수 있게 한 사람은 **데카르트**(Descartes, 1596~1650)이다.

단항식 單項式, monomial

정의 ○ 다항식 중에서 한 개의 항으로 이루어진 식.

어원 ○ 한자어 단(單)은 '오직 한 개'를 뜻하고 영어 mono도 '한 개'를 뜻한다. 수학에서 단항식은 수 또는 문자의 곱으로만 이루어진 식을 말한다.

핵심 ▶ 단항식끼리 사칙연산을 할 수 있다.
① 단항식의 덧셈과 뺄셈: 동류항끼리 묶어서 계산한다.
② 단항식의 곱셈: 수는 수끼리 문자는 문자끼리 계산한다.
③ 단항식의 나눗셈: 역수를 사용하여 곱셈으로 고쳐서 계산한다.

(단항식)+(단항식)
계수끼리 더한 다음 문자 앞에 쓴다. ➡ (예) $2x^2 + 5x^2 = (2+5) \times x^2 = 7x^2$

(단항식)−(단항식)
계수끼리 뺀 다음 문자 앞에 쓴다. ➡ (예) $2x^2 - 5x^2 = (2-5) \times x^2 = -3x^2$

(단항식)×(수)
단항식의 계수와 수를 곱한 다음 문자 앞에 쓴다. ➡ (예) $2x^2 \times 5 = (2 \times 5) \times x^2 = 10x^2$

(단항식)÷(수)
나누는 수의 역수를 단항식의 계수와 곱한 다음 문자 앞에 쓴다. ➡ (예) $2x^2 \div 5 = 2 \times x^2 \times \dfrac{1}{5}$
$$= \left(2 \times \dfrac{1}{5}\right) \times x^2 = \dfrac{2}{5}x^2$$

(단항식)×(단항식)
계수는 계수끼리, 문자는 문자끼리 곱한다. ➡ (예) $2x^2 \times 5y^3 = (2 \times 5) \times (x^2 \times y^3)$
$$= 10x^2y^3$$

(단항식)÷(단항식)
나눗셈을 곱셈으로 바꾼 다음, 계수는 계수끼리, 문자는 문자끼리 곱한다. ➡ (예) $2x^2 \div 5xy^3 = 2x^2 \times \dfrac{1}{5xy^3}$
$$= \left(2 \times \dfrac{1}{5}\right) \times \left(x^2 \times \dfrac{1}{xy^3}\right)$$
$$= \dfrac{2x}{5y^3}$$

관련어
• 다항식
• 차수
• 항

예제 ○ $a^3b^2 \times 6a \div 3a^2b$를 간단히 하여라.

[풀이] 나눗셈을 역수를 사용하여 곱셈으로 바꾸어 계산한다.

$$a^3b^2 \times 6a \times \frac{1}{3a^2b} = 6 \times \frac{1}{3} \times a^3b^2 \times a \times \frac{1}{a^2b} = 2a^2b$$

🔖 주의점

- 문자가 다른 두 단항식의 덧셈의 결과는 단항식이 아니지만 곱셈의 결과는 단항식이다. 예를 들어 $2x + 3y$는 서로 다른 항 2개가 덧셈으로 연결되어 있으므로 단항식이 아니다. 그러나 $2x \times 3y$는 계산 결과가 $6xy$이므로 단항식이다.
- 상수항은 단항식이다.

닮음 similarity

정의 ○ 한 도형을 일정한 비율로 확대하거나 축소했을 때 다른 도형과 합동이 되는 경우.

어원 ○ 우리말 닮음과 영어 similarity는 모두 '비슷한'을 뜻한다. 수학에서 닮음은 한 도형을 일정한 비율로 확대하거나 축소했을 때 다른 도형과 합동이 되는 경우를 말한다. 서로 닮은 도형을 나타낼 때는 기호 ∽를 사용한다.

예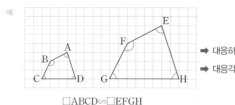

➡ 대응하는 선분의 길이의 비는 1 : 2이다.
➡ 대응각의 크기는 같다.

□ABCD∽□EFGH

핵심 ▶ 닮음의 성질

(1) 평면도형

① 대응하는 선분의 길이의 비가 일정하다.

$$\overline{AB} : \overline{DE} = \overline{BC} : \overline{EF} = \overline{AC} : \overline{DF}$$

② 대응하는 각의 크기는 서로 같다.

$$\angle A = \angle D, \ \angle B = \angle E, \ \angle C = \angle F$$

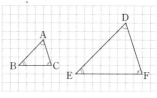

△ABC ∽ △DEF

(2) 입체도형

① 대응하는 선분의 길이의 비가 일정하다.

$$\overline{AB} : \overline{A'B'} = \overline{AC} : \overline{A'C'} = \overline{AD} : \overline{A'D'}$$
$$= \overline{BC} : \overline{B'C'} = \overline{CD} : \overline{C'D'}$$
$$= \overline{BD} : \overline{B'D'}$$

② 대응하는 면이 서로 닮은 도형이다.

$$△ABC ∽ △A'B'C'$$
$$△ABD ∽ △A'B'D'$$
$$△ACD ∽ △A'C'D'$$
$$△BCD ∽ △B'C'D'$$

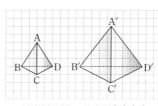

사면체ABCD∽사면체A'B'C'D'

∷ 관련어
• (도형의)대응
• 삼각형의 닮음 조건
• 합동

▶ **닮음비**

닮은 두 도형에서 대응하는 선분의 길이의 비를 '닮음비'라고 한다. 닮은 도형에서는 대응하는 각의 크기가 동일하므로 닮음비는 대응변의 길이의 비와 같다.

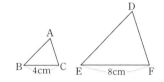

예 오른쪽 그림에서 △ABC와 DEF는 닮음이다. $\overline{BC} : \overline{EF} = 4 : 8 = 1 : 2$이므로 두 도형의 닮음비는 1 : 2이다.

▶ **닮음비와 넓이의 비**

닮음비가 $m : n$일 때 넓이의 비는 $m^2 : n^2$이다.

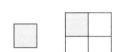

예 닮음비가 1 : 2일 때 넓이의 비는 1 : 4

▶ **닮음비와 부피의 비**

닮음비가 $m : n$일 때 부피의 비는 $m^3 : n^3$이다.

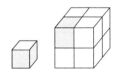

예 닮음비가 1 : 2일 때, 부피의 비는 1 : 8

예제 ○ 오른쪽 그림의 △ABC와 △DEF가 서로 닮음일 때, $\overline{EF}$의 길이와 ∠F의 크기를 구하여라.

풀이 △ABC와 △DEF가 서로 닮음이므로 두 도형에서 대응하는 변의 길이의 비는 서로 같다.

$\overline{AB} : \overline{DE} = 4 : 6 = 2 : 3$이므로 $\overline{BC} : \overline{EF} = 2 : 3$이다.

$\overline{EF} = x$라고 하면 $\overline{BC} = 7\,$cm이므로 $7 : x = 2 : 3$, 따라서 $x = \overline{EF} = 10.5\,(\text{cm})$

닮은 도형에서는 대응하는 각의 크기가 서로 같으므로 ∠F = ∠C = 35°이다.

🔖 주의점

• 모든 원과 구는 서로 닮음이다.
• 합동도 닮음에 포함된다. 두 도형이 서로 합동일 때에는 1 : 1 닮음이라고 한다.

 닮음의 역사

고대 바빌로니아인은 두 직각삼각형이 닮은 도형일 경우 대응변이 비례하다는 것을 알고 있었다. 하지만 닮음에 대해 수학적으로 정의한 최초의 수학자는 고대 그리스의 유클리드(Euclid, BC 300년경)이다. 그는 《원론, Elements》 제 6권에서

> 닮은꼴 다각형이란 두 다각형의 각들이 서로 크기가 같고 변들의 길이가 비례한다는 것을
> 말한다(정의 1).

라고 했다.

닮음은 고대 그리스인의 유리수 개념과 관련이 깊다. 그들은 유리수를 이용하면 어떤 길이든 나타낼 수 있다고 생각했다. 즉, 임의의 두 선분은 반드시 공통 선분을 갖게 된다는 것이다. 그리고 이 공통 선분을 많이 연결시키면 어떤 선분도 만들 수 있다고 생각했다. 이렇게 생각하면 닮은 도형에 대한 이론도 간단해진다. 대응하는 선분의 길이 사이에 비가 성립하면 닮은 도형에서도 이 비가 성립하기 때문이다. 또한, 닮음은 유클리드의 《원론》에 있는 다섯 개의 공준 중에서 다섯 번째인 평행선 공준과도 관련이 있다.

> 한 직선이 두 직선과 만나서 생기는 같은 쪽의 내각의 합이 두 직각(즉, 180도)보다 작을
> 때, 두 직선은 그쪽에서 만난다.

수천 년 동안 수학자들은 이 공준이 증명을 필요로 하는 것인가 아닌가에 대해 연구를 계속했다. 그중 영국 수학자 **월리스**(Wallis, 1616~1703)는 닮은 삼각형을 이용하여 유클리드의 '평행선 공준'이 다음과 동치임을 밝혔다.

> 임의의 삼각형과 그 삼각형의 한 변에 대하여, 그 삼각형을 늘이거나 줄여서 그 변을 원하
> 는 임의의 길이로 만들면서 각들은 그대로 유지할 수 있다.

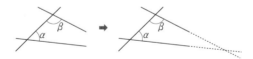

한마디로, "만약 평행선 공리가 지켜지지 않는 공간이 있다면, 그 공간에는 닮은 삼각형들이 존재할 수 없다."라는 것이 된다. 실제로 지구와 같은 곡면 공간에서는 삼각형이 커지면 커질수록 선이 휘어져서 닮은 모양이 유지되지 않는다.

한편, 닮음을 나타내는 기호 ∽은 독일의 수학자 **라이프니츠**(Leibniz, 1646~1716)가 발명했다. 하지만 처음에는 지금 우리가 쓰는 기호 ∽와 방향이 달랐다. 1619년에 라이프니츠는 a와 b가 닮았다는 것을 기호 '$a \sim b$'로 나타냈다. 이 기호 '∼'은 similar라는 뜻의 라틴어 similis의 첫 글자 S를 옆으로 눕힌 것이었다.

대각 對角, opposite angle

정의 ㅇ 다각형에서 한 변이나 한 각과 마주보는 각.

어원 ㅇ 한자어 대(對)는 '마주하다'를, 영어 opposite는 '반대의', '맞은편'을 뜻한다. 따라서 대각은 '반대편에서 마주보는 각'을 말한다.

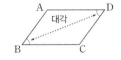

핵심 ▸ 다각형에서 한 각에 대해 서로 이웃하지 않은 각은 모두 대각이므로 어떤 각의 대각은 여러 개가 될 수 있다.

∠B의 대각: ∠D와 ∠E

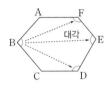

∠B의 대각: ∠D, ∠E, ∠F

▸ 대각의 성질

① 평행사변형의 대각은 크기는 서로 같다.

[증명] 평행사변형 ABCD에서 대각선 AC를 그으면 △ABC와 △CDA에서 $\overline{AC}$는 공통변이고, $\overline{AD} /\!/ \overline{BC}$이므로
∠BAC=∠DCA, ∠BCA=∠DAC (엇각)
그러므로 두 삼각형은 ABC, CDA는 합동이고 대응각인
∠B와 ∠D의 크기는 서로 같다.
마찬가지 방법으로 ∠A와 ∠C의 크기도 서로 같다.

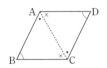

② 어떤 사각형의 대각의 크기가 서로 같으면 그 사각형은 평행사변형이다.

③ 원에 내접하는 사각형에서 대각의 합은 180°이다.

▸ 대각선의 개수

대각선은 대각끼리 서로 연결한 선이다.

관련어
• 내접
• 대변

① (n각형의 한 꼭짓점에서 그릴 수 있는 대각선의 개수)$=(n-3)$(개)

② (n각형의 대각선의 총 개수)$=\dfrac{n(n-3)}{2}$(개)

예 육각형의 한 꼭짓점에서 그릴 수 있는 대각선의 개수: $6-3=3$(개)

육각형의 대각선의 총 개수: $\dfrac{6\times(6-3)}{2}=9$(개)

예제 ○ 오른쪽 그림의 평행사변형에서 $\angle x$, $\angle y$의 크기를 구하여라.

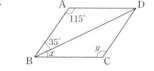

[풀이] 평행사변형에서는 대각의 크기가 같으므로

$\angle A=\angle C$이다. 따라서 $\angle y=115°$

$\angle CBD$와 $\angle ADB$은 서로 엇각으로 크기가 같으므로 $\angle ADB=\angle x$

$\triangle ABD$에서 $115°+35°+\angle x=180°$이므로 $\angle x=30°$

■ **주의점**

• 삼각형에서는 대각을 '한 변과 마주 보는 각'이라고 정의한다.

삼각형 ABC에서

$\overline{BC}$의 대각은 $\angle A$

$\overline{AC}$의 대각은 $\angle B$

$\overline{AB}$의 대각은 $\angle C$

대변 對邊, opposite side

정의 　다각형에서 한 변이나 한 각과 마주보는 변.

어원 　한자어 대(對)는 '마주하다'를, 영어 opposite는 '반대의', '맞은편'을 뜻한다. 따라서 대변은 '반대편에서 마주보는 변'을 말한다.
오른쪽 그림에서 $\overline{BC}$와 $\overline{AD}$는 대변, $\overline{AB}$와 $\overline{DC}$는 대변이다.

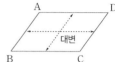

핵심 ▶ 대변의 성질

① 평행사변형의 대변의 길이는 서로 같다.

[증명] 평행사변형 ABCD에서 대각선 AC를 그으면 △ABC와 △CDA는 합동이다. 따라서 대응변의 길이가 같다.

즉, $\overline{BC}=\overline{AD}$, $\overline{AB}=\overline{DE}$이다.

② 어떤 사각형에서 대변의 길이가 서로 같으면 그 사각형은 평행사변형이다.

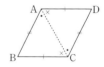

| 관련어
• 대각

예제 　오른쪽 그림의 평행사변형에서 ∠B의 이등분선과 $\overline{CD}$의 연장선의 교점을 E라고 할 때, $\overline{DE}$의 길이를 구하여라.

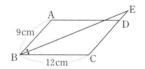

[풀이] $\overline{AB}/\!/\overline{DC}$이므로 ∠ABE와 ∠BEC는 엇각으로 크기가 같다.

그러면 △CBE는 두 밑각이 같으므로 이등변삼각형이다.

그러므로 $\overline{AB}=\overline{CE}=12\,cm$

평행사변형의 대변의 길이는 같으므로 $\overline{AB}=\overline{DC}=9\,cm$

따라서 $\overline{DE}=\overline{CE}-\overline{CD}=12\,cm-9\,cm=3\,cm$

◆ 주의점

• 삼각형에서는 대변을 '한 각과 마주보는 변'이라고 정의한다.

　삼각형 ABC에서

　　∠A의 대변은 $\overline{BC}$

　　∠B의 대변은 $\overline{AC}$

　　∠C의 대변은 $\overline{AB}$

(도형의) 대응
對應, correspondence

정의 o 서로 짝짓는 것.

어원 o 한자어 대응(對應)은 '어떤 관계에 의하여 짝을 짓는 것'을, 영어 correspondence
는 '함께 응하다'를 뜻한다. 수학의 기하 영역에서의 대응은 다음 두 가지를 말한다.
① 합동: 두 도형을 완전히 포개었을 때 포개어지는 꼭짓점과 꼭짓점, 변과 변, 각
과 각을 짝짓는 것을 대응이라고 한다.
② 닮음: 두 도형을 확대 또는 축소했을 때 포개어지는 꼭짓점과 꼭짓점, 변과 변,
각과 각을 짝짓는 것을 대응이라고 한다.

핵심 ▶ **대응점, 대응각, 대응변**
서로 대응하는 점은 대응점, 대응하는 각은 대응각, 대응하는 변은 대응변이라고
한다.
합동인 삼각형 ABC와 삼각형 DEF에서
① 대응점: 점 A와 점 D, 점 B와 점 E,
점 C와 점 F
② 대응변: $\overline{AB}$와 $\overline{DE}$, $\overline{BC}$와 $\overline{EF}$, $\overline{CA}$와 $\overline{FD}$
③ 대응각: ∠A와 ∠D, ∠B와 ∠E, ∠C와 ∠F

관련어
· 닮음
· 삼각형의
  합동 조건
· 합동

▶ **도형의 합동, 닮음과 대응**
두 도형이 합동이면 대응변의 길이와 대응각의 크기가 같고, 두 도형이 닮음이면
대응변의 길이의 비가 같고 대응각의 크기가 같다.

예제 o **오른쪽 그림의 △ABC와 △EBD가 서로 닮음일 때,
변 BC의 대응변과 ∠CAB의 대응각을 구하여라.**

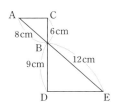

풀이 대응점을 찾은 후 대응각을 찾는다.
대응점: 점 A와 점 E, 점 C와 점 D
따라서 변 BC와 대응변은 변 BD이고, ∠CAB와 대응각
은 ∠DEB이다.

• 대응하는 두 도형 사이의 관계를 나타낼 때에는, 서로 대응하는 순서를 맞추어 꼭짓점을 쓴다. 예를 들어 두 삼각형 ABC, DEF에 대하여 대응점이 점 A와 점 D, 점 B와 점 E, 점 C와 점 F일 때, △ABC≡△DEF 또는 △ABC∽△DEF와 같이 나타낸다

대응의 역사

고대에는 양이 몇 마리인지 셀 때 조약돌 사이의 대응 관계를 사용했다. 그 예로 고대 그리스의 시인 **호메로스**(Homeros, BC 800?~750)의 작품인 《오디세이, Odyssey》에 다음과 같은 이야기가 나온다.

오디세우스에 의해 장님이 된 외눈박이 거인 폴리페모스는 자신의 양을 관리하기 위해 동굴 입구에서 양들이 나갈 때마다 작은 돌을 하나씩 집어서 동굴 밖으로 옮겨 놓았다. 그리고 저녁이 되어 양들이 돌아오면 조약돌을 다시 하나씩 집어 동굴 안으로 들여놓았다.

폴리페모스가 장님이 되어서도 양들을 잘 관리할 수 있었던 것은 그가 대응 개념을 알고 있었기 때문이다. 양치기 한 사람이 키울 수 있는 양의 수는 유한하다. 따라서 몇 마리의 양이 도망갔다면 전체 양의 수는 줄어들게 된다.

다소 원시적으로 보이는 이러한 대응 개념을 자연수 집합처럼 무한한 집합에 적용시킨 수학자는 19세기 독일의 **칸토어**(Cantor, 1845~1918)이다. 그는 짝수와 자연수를 1 : 1로 대응시키는 방법으로 자연수의 부분집합인 짝수가 자연수 전체 집합과 동등하게 무한대임을 밝혔다.

$$
\begin{array}{cccccccc}
1 & 2 & 3 & 4 & 5 & 6 & 7 & 8 \cdots \\
\downarrow & \downarrow & \downarrow & \downarrow & \downarrow & \downarrow & \downarrow & \downarrow \\
2 & 4 & 6 & 8 & 10 & 12 & 14 & 16 \cdots
\end{array}
$$

이와 같은 방식으로 하면 소수의 개수가 무한대임도 밝힐 수 있다. 그 후 1874년에 칸토어는 무한대라고 다 똑같은 것이 아니라는 주장을 펼쳤다. 무한대에도 크기가 있다는 것이다. 예를 들어 유리수와 무리수는 모두 무한집합인데 각각 1 : 1 대응시키면 무리수가 남는다. 따라서 무리수 집합은 유리수 집합보다 더 큰 무한대라는 것이다. 당시 이러한 칸토어의 생각을 이해할 수 없었던 동료 학자들은 그를 맹렬히 비난했고 칸토어는 결국 우울증을 앓다가 세상을 떠났다. 하지만 얼마 후 그의 이런 독창적인 생각은 높이 평가받았고, 칸토어의 동료 수학자 **힐베르트**(Hilbert, 1862~1943)는 "칸토어

는 우리를 위해 낙원을 창조하고 떠났다. 누구도 우리를 이 낙원에서 쫓아낼 수 없을 것이다."라고 말했다.

한편, 힐베르트는 일명, '힐베르트의 호텔'이라고 하는 무한개의 객실이 있는 호텔의 예를 들어 무한대의 개념을 설명한 독일 수학자이다. 무한개의 방이 있는 호텔이라면 객실이 모두 찼다고 해도, 어느 날 새로운 손님이 와도 걱정할 게 없다. 이 호텔의 객실이 무한대

힐베르트

이므로 기존의 손님이 각각 바로 옆방으로 이동하면 된다. 무한대에다 1을 더해도 여전히 무한대이기 때문이다. 그런데 여기에 무한명의 손님이 또 왔다고 해도 걱정할 필요가 없다. 기존 손님이 각자 자신의 객실에 2를 곱한 번호의 객실로 이동하면 된다. 무한대에 무한대를 더해도 여전히 무한대이고, 무한대에 2를 곱해도 여전히 무한대이기 때문이다.

대입 代入, substitution

정의 ○ 문자 대신 그 자리에 수나 식을 넣는 것.

어원 ○ 한자어 대(代)는 '대신하다'를, 입(入)은 '넣는다'를, 영어 substitution은 '교환'을 뜻한다. 따라서 대입은 문자를 대신하는 다른 것을 교환하여 넣는 것을 말한다. 수학에서 대입을 하는 이유는 식의 결과를 수로 구하거나 식을 간단히 만들기 위해서이다.

핵심 ▶ **수 대입하기**

문자에다 수를 대입하면 그 결과가 수로 나온다. 이때, 계산되어 나온 결과를 '식의 값'이라고 한다.

예 $3x-4y$에서 $x=2$, $y=-3$ 대입하기

$x=2$ 대입

$3x-4y=3\times2-4\times(-3)=6+12=18$ ← 계산 결과가 수로 나온다.

$y=-3$ 대입

▶ **식 대입하기**

문자에다 식을 대입하면 그 결과가 문자를 포함한 식이 된다. 이때, 처음 식에 있던 문자가 사라지거나 처음 식보다 간단해진다.

예 $3x-2y$에 $y=2x-1$ 대입하기

$3x-2y=3x-2\times(2x-1)=3x-4x+2=-x+2$ ← x에 대한 식

$y=2x-1$ 대입

x와 y, 두 개의 문자로 이루어진 식에서 y자리에 x가 들어간 식을 대입하면, y가 사라지고 x만 남아 'x에 대한 식'이 된다.

예 $3x-2y$에 $x=2y-1$ 대입하기

$3x-2y=3\times(2y-1)-2y=6y-3-2y=4y-3$ ← y에 대한 식

$x=2y-1$ 대입

x와 y, 두 개의 문자로 이루어진 식에서 x자리에 y가 들어간 식을 대입하면, x가 사라지고 y만 남아 'y에 대한 식'이 된다.

예 $3x-2y$에 $x=a+2b$, $y=3a-2b$ 대입하기

$x=a+2b$ 대입

$3x-2y=3\times(a+2b)-2\times(3a-2b)=3a+6b-6a+4b=-3a+10b$ ← a, b에 대한 식

$y=3a-2b$ 대입

관련어
• 다항식
• 대입법
• 등식

예제 ○ $a=-3$일 때, 다음 식의 값을 구하여라.

(1) $-2a+4$ (2) $\dfrac{a}{4}-1$ (3) $(-a)^2+5$ (4) $-a^3+a$

[풀이] (1) $-2a+4=(-2)\times(-3)+4=10$

(2) $\dfrac{a}{4}-1=\dfrac{(-3)}{4}-1=-\dfrac{7}{4}$

(3) $(-a)^2+5=\{-(-3)\}^2+5=9+5=14$

(4) $-a^3+a=-(-3)^3+(-3)=-(-27)+(-3)=24$

📕 주의점

• 곱셈이나 나눗셈 기호가 생략된 식에서는 생략되었던 곱셈 기호나 나눗셈 기호를 다시
 쓰고 수나 문자를 대입하면 계산 실수를 줄일 수 있다.
• 문자에 음수나 식을 대입할 때에는 먼저 괄호를 하고 그 괄호 안에 음수나 식을 대입해
 야 한다.

수학사 ○ 대입의 역사

대입에 대한 최초의 기록은 기원전 250년경 알렉산드리아에서 활동한 그리스 수학자
디오판토스(Diophantos, 246?~330?)가 정수해와 관련된 100여 개의 방정식 문제와
그 풀이 과정, 해답을 쓴 《산학, Arithmetica》으로 알려져 있다. 이 책의 제 2권 문제 8
번에 "어떤 수의 제곱을 다른 두 수의 제곱의 합으로 나타내라(즉, $x^2+y^2=a^2$)."라는
문제에 "a에 4를 대입했다."라고 적은 기록이 있기 때문이다.

알렉산드리아 대도서관에 소장되었던 이
책은 기원전 47년에 로마의 카이사르가 알
렉산드리아를 침공했을 때, 다른 수십만 권
의 책과 함께 불에 탔다. 이 도서관은 중세
시절에 기독교도에게 공격받기도 했으며,
서기 642년에는 이슬람인이 침공해 "코란
에 위배되는 책은 모두 불사르라."라는 오마
르의 명령으로 소장된 책이 거의 불에 타버
렸다. 다행히 디오판토스의 책 중에서 여섯
권의 복사본은 남을 수 있었다.

고대 이집트의 알렉산드리아 도서관 상상도

대입법 代入法, method of substitution

정의 ○ 한 일차방정식을 다른 방정식에 대입하여, 연립일차방정식의 해를 구하는 방법.

어원 ○ 한자어 대입(代入)은 '대신하여 넣는다'를, 영어 method of substitution은 '교환하는 방법'을 뜻한다. 따라서 대입법은 연립일차방정식의 해를 구하는 방법 중 하나로, 한 일차방정식을 다른 일차방정식에 넣어서 연립일차방정식의 해를 구하는 방법이다.

핵심 ▶ 대입법으로 연립일차방정식의 해를 구하는 과정은 다음과 같다.

[1단계] 연립일차방정식 중 하나를 선택한다.

연립일차방정식 $\begin{cases} 3x-2y=1 & \cdots \ \text{㉠} \\ 2x+y=-3 & \cdots \ \text{㉡} \end{cases}$ 에서 ㉡을 선택한다.

[2단계] 이 일차방정식을 $x=(y$에 대한 식) 또는 $y=(x$에 대한 식)으로 만든다.

$2x+y=-3$을 $y=(x$에 대한 식)으로 만든다.

$y=-2x-3$

[3단계] 이 일차방정식을 나머지 일차방정식에 대입한다. 그러면 미지수가 1개인 일차방정식이 남는다.

$y=-2x-3$을 $3x-2y=1(\text{㉠})$의 y자리에 대입한다.

$3x-2\times(-2x-3)=1$

[4단계] 이 일차방정식의 해를 구한다.

$3x+4x+6=1 \rightarrow 7x=-5 \rightarrow x=-\dfrac{5}{7}$

[5단계] 나머지 미지수의 해를 구한다.

2단계에서 구한 식 $y=-2x-3$에 x값을 대입한다.

$y=-2x-3$에서 $y=-2\times\left(-\dfrac{5}{7}\right)-3=-\dfrac{11}{7}$

따라서 $x=-\dfrac{5}{7}$, $y=-\dfrac{11}{7}$

관련어
- 가감법
- 소거
- 연립방정식
- 연립일차방정식

예제 ○ 대입법을 이용하여 연립일차방정식 $\begin{cases} 4x-2y=6 & \cdots \ \text{㉠} \\ y=-3x+2 & \cdots \ \text{㉡} \end{cases}$ 의 해를 구하여라.

[풀이] ㉡이 $y=(x$에 대한 식)으로 되어 있으므로 이 식을 ㉠에 대입한다.

$$4x-2(-3x+2)=6 \rightarrow 4x+6x-4=6 \rightarrow 10x=10 \rightarrow x=1$$

$x=1$을 ⓒ에 대입하면 $y=-3 \times 1+2=-1$

따라서 $x=1$, $y=-1$

■ 주의점

• 연립일차방정식의 해를 구하는 방법에는 가감법과 대입법이 있다. 위의 예제와 같이
두 일차방정식 중에서 $x=(y$에 대한 식$)$ 또는 $y=(x$에 대한 식$)$의 꼴이 있는 경우,
대입법을 사용하는 것이 편리하다.

수학사

대입법의 역사

연립일차방정식의 해를 구하기 위한 방법으로 수학자들이 대입법을 언제부터 사용했
는지는 정확히 알 수 없다. 다만, 《산학계몽, 算學啓蒙》을 쓴 중국의 주세걸(朱世傑,
1249~1314)이 방정식 문제 해결에 대입법을 사용했다는 기록이 있다.

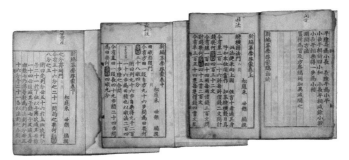

《산학계몽》

대푯값 代表값, representative vale

정의 ○ 자료 전체의 중심적인 특징을 대표적으로 나타낸 값.

어원 ○ 한자어 대표(代表)는 '전체를 표시할만한 것'을, 영어 representative는 '대표적인'을 뜻한다. 따라서 대푯값은 자료 전체를 대표하는 값을 말한다.

핵심 ▶ 대푯값으로 사용되는 것은 평균, 중앙값, 최빈값이다. 이때, 대푯값으로 가장 많이 쓰이는 것은 (산술)평균이다. 만약 자료들 중에서 유난히 크거나 유난히 작은 극단적인 값이 있을 때에는 평균보다는 중앙값을 대푯값으로 사용한다. 자료가 수치가 아닐 때에는 최빈값을 대푯값으로 주로 사용한다.

▶ **대푯값과 그래프**

좌표평면에서 가로축에는 자료의 값, 세로축에는 자료들이 나오는 횟수로 하여 그래프를 그리면 그 개형은 다음과 같다. 이때, 최빈값은 그래프에서 가장 높은 곳에 해당하는 가로축의 값이고, 중앙값은 최빈값과 평균 사이에 있다.

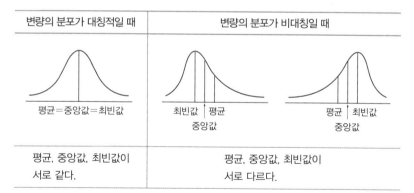

변량의 분포가 대칭적일 때	변량의 분포가 비대칭일 때	
평균=중앙값=최빈값	최빈값 ┊ 평균 　　중앙값	평균 ┊ 최빈값 　　중앙값
평균, 중앙값, 최빈값이 서로 같다.	평균, 중앙값, 최빈값이 서로 다르다.	

관련어
· 도수분포표
· 변량
· 산포도
· 중앙값
· 최빈값

예제 ○ 다음 자료를 보고 평균, 중앙값, 최빈값 중에서 어느 것이 이 자료의 대푯값으로 적절한지 답하여라.

| 26 | 43 | 65 | 23 | 35 | 150 | 54 | 50 | 30 | 42 | 65 | 60 |

[풀이] 자료를 크기순으로 다시 나열하면 다음과 같다.

23 26 30 35 42 43 50 54 60 65 65 150

이 자료에서 150은 다른 값들과 동떨어진 극단적인 값이다. 따라서 이렇게 극단적인 값이 있을 경우 평균은 이 자료의 대푯값으로 적당하지 않다. 또한, 65가 두 번 나오므로 최빈값은 65인데 최빈값보다 큰 변량은 150밖에 없으므로 65가 이 자료를 대표한다고 보기 어렵다.

따라서 이 자료에서 대푯값으로 적절한 것은 중앙값이다. 그런데 자료의 수가 짝수이므로 중앙값은 가운데 있는 두 값 43과 50의 평균 $\dfrac{43+50}{2}=46.5$이다.

◀ 주의점

- 자료의 성격을 잘 말해주는 것을 대푯값으로 사용해야 한다. 자료 중에서 극단적으로 크거나 작은 값이 있을 때에는 평균보다는 중앙값이나 최빈값을 대푯값으로 하는 것이 좋다. 체조나 피겨스케이팅 같은 스포츠에서는 최고점과 최저점을 제외한 나머지 점수의 평균으로 점수를 계산하기도 한다.

수학사 ○ 대푯값의 역사

모든 종류의 측정에는 반드시 오차가 있다. 이에 18세기 과학자들은 여러 개의 측정값을 통해 참값을 유추하는 방법을 찾기 위해 매우 많은 노력을 했다. 그리하여 들쭉날쭉한 측정값을 대표하는 가장 안전한 방법은 (산술)평균이라고 생각했다. 대표적으로, 1756년 **토마스 심슨**(Thomas Simpson, 1710~1761)은 천문 관측 자료들로 평균을 구한 다음 이것을 대푯값으로 하는 것이 왜 타당한지를 증명했다. 브뤼셀의 천문대장으로 활동하며

토마스 심슨

'통계학의 아버지'로 불린 벨기에 수학자 케틀레(Quetelet, 1796~1874)는 천문 관측으로 얻은 값에는 오차가 있을 수밖에 없지만 여러 번 관측한 것의 평균을 구하면 오차가 상쇄된다고 생각하여 오차를 없애는 데에 (산술)평균을 활용했다.

도수 度數, frequency

정의 ○ 각 계급에 속하는 자료의 수.

어원 ○ 한자어 도(度)는 '헤아리다'를, 영어 frequency는 '자주 일어남', '횟수' 등을 뜻한다. 수학에서 도수는 그 계급에 포함되어 있는 자료의 수를 말한다.

예

미세먼지 농도($\mu g/m^3$)	날수(일)
$50^{이상} \sim 60^{미만}$	3
60 ~ 70	6
70 ~ 80	8
80 ~ 90	6
90 ~ 100	4
100 ~ 110	1
합계	28

도수

관련어
· 계급
· 도수분포
　다각형
· 도수분포표
· 변량

예제 ○ 다음 표에서 도수가 가장 클 때와 작을 때의 계급을 구하여라.

수학 점수(점)	학생 수(명)
$30^{이상} \sim 40^{미만}$	1
40 ~ 50	5
50 ~ 60	6
60 ~ 70	11
70 ~ 80	2
80 ~ 90	1
90 ~ 100	0
합계	26

[풀이] 도수가 가장 큰 것: 11 → 계급은 60점 이상 70점 미만

도수가 가장 작은 것: 0 → 계급은 90점 이상 100점 미만

주의점

· 각 계급의 도수의 합은 자료의 전체 개수와 같다.

도수분포다각형 度數分布多角形, frequency distribution polygon

정의 ○ 히스토그램에서 각 직사각형의 윗변 중앙에 점을 차례로 선분으로 연결하여 만든 다각형 모양의 그래프.

핵심 ▶ 도수분포다각형은 도수분포표를 선 그래프로 나타낸 것으로, 그 모양이 마치 다각형처럼 보여서 도수분포다각형이라 부른다.

도수분포다각형은 각 계급의 양 끝 값을 가로축에, 도수는 세로축에 나타낸 히스토그램에서 각 직사각형의 윗변의 중점을 차례로 선분으로 연결한 것이다.

도수분포다각형

▶ 도수분포다각형의 특성은 다음과 같다.
① 도수의 분포 상태를 연속적으로 파악할 수 있다.
② 2개 이상의 자료를 한꺼번에 나타낼 수 있기 때문에 여러 자료를 비교하기에 좋다.
　예) 일주일 동안 학생 A와 학생 B의 수학 공부 시간

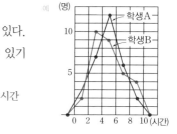

③ 도수분포다각형과 가로축으로 둘러싸인 다각형의 넓이는 히스토그램의 직사각형들의 넓이의 합과 같다(같은 색으로 칠한 삼각형은 서로 합동).

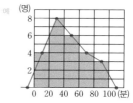

▶ 도수분포다각형을 만드는 과정은 다음과 같다. 예를 들어, 오른쪽 표는 하루 동안의 게임 시간을 나타낸 도수분포표이다.

관련어
· 계급
· 도수
· 도수분포표
· 변량
· 히스토그램

하루 동안의 게임 시간

시간(분)	학생 수(명)
0 이상 ～ 20 미만	4
20 ～ 40	8
40 ～ 60	6
60 ～ 80	4
80 ～ 100	3
합계	25

[1단계] 도수분포표를 보고 히스토그램을 만든다.

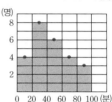

[2단계] 히스토그램의 각 직사각형에서 윗변의 중앙(계급값)에 점을 찍는다.

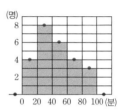

[3단계] 양 끝에 도수가 0인 계급이 하나씩 더 있다고 생각하여 그 중앙에 점을 찍는다.

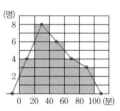

[4단계] 각 점들을 서로 연결한다.

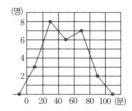

예제 ㅇ 오른쪽 그래프는 우리 반 학생들의 하루 동안의 운동 시간을 도수분포다각형으로 나타낸 것이다. 운동 시간이 많은 쪽으로부터 5번째 학생이 속한 계급은 무엇인지 구하여라.

〔풀이〕 가로축의 맨 오른쪽에서부터 도수를 세면 된다.

80분 이상 100분 미만: 2명, 60분 이상 80분 미만: 7명

따라서 5번째 학생이 속한 계급은 '60분 이상 80분 미만'이다.

🔲 **주의점**

• 히스토그램을 그리지 않고 도수분포표에서 곧바로 도수분포다각형을 그릴 수도 있다. 이때에는 가로축에서 계급값에 해당하는 곳에 도수를 표시하는 점을 찍고 그 점들을 연결해서 그리면 된다.

통계의 역사

확률 이론은 도박과 관련하여 연구되었지만 통계는 주로 천문학자, 측지학자, 생물학자 들이 연구했다. 통계는 자료를 수집하고 분류하는 것에서 시작하며, 통계학적으로 생각하는 것은 다음과 같은 다섯 단계를 말한다.

1단계	2단계	3단계	4단계	5단계
자료의 수집 과 분류	자료의 정리 예 표나 그래프 만들기	자료의 분석 예 표나 그래프 에 드러난 자료의 특성 알아내기	판단과 추론 예 원인을 분석 하고 그에 대한 대책 만들기	추론에 대한 검증 예 자료와 추론을 검사하고 증명하기

고대에 만들어진 통계표는 단지 기록을 위한 것이었을 뿐, 그 표를 보고 분석까지한 것은 아니었다. 자료에 대한 분석을 바탕으로 하는 근대적인 통계학은 17세기에 이르러서야 탄생했다.

16세기 영국의 런던에는 전 세계 사람들이 몰려들었고 이에 따라 전염병 또한 크게 유행했다. 급기야 런던 시에서는 1571년부터 매년 연말에 그해 1년에 대한 한 장짜리 '사망표'를 만들어 시민들에게 공개했다. 당시 상인이었던 **그랜트**(J. Grant, 1570~1606)는 표 한 장으로는 분석할 수 있는 내용이 별로 없다고 생각해, 지난 60년동안 만들어진 사망표를 모두 모아 조사했다. 그리고

(1) 비율이 꾸준히 증가하는 특정한 병이 있다.

(2) 계절에 따라 사망률이 변한다.

(3) 도시인의 사망률이 지방 사람들의 사망률보다 높다.

등을 분석해 1662년 《사망표에 관한 자연적 및 정치적 관찰, Natural and Political Observations Made upon the Bills of Mortality》이라는 책에 그 내용을 발표했다. 덕분에 런던 시는 전염병으로부터 시민을 보호할 대책을 세우게 되었으며, 이것으로 근대 통계학이 탄생했다.

독일에서는 1618년부터 1648년까지의 '30년 전쟁'을 겪으며 전 인구의 절반이 죽고국가 재산의 약 70%가 손실되었다. 재난에 대한 파악과 대책 마련이 매우 시급한 상황이었다. 이에 독일의 경제학자 **코링**(H. Conring, 1606~1681)이 1660년경에 '국세학'이라는 강연을 했고, 이를 계기로 다른 나라에서도 국세 조사를 하기 시작했다. 이과정을 통해 '국가(state)'라는 말에서 '통계학(statistic)'이라는 용어가 만들어졌다.

런던 대화재

통계학의 발달에는 런던의 대형 화재가 끼친 영향도 있었다. 1666년 9월 2일 새벽에 런던의 한 빵집에서 일어난 화재가 도시 전체로 퍼지면서, 4일 동안 시 전체의 $\frac{2}{3}$에 해당하는 집이 불 타는 대형 화재가 발생했다. 이때 처음으로 도시 재건을 위해 확률과 통계 이론이 활용되었고 화재 보험과 생명 보험이 만들어졌다.

한편, 통계학은 우리 일상생활 중 의료 분야에서 특히 중요하다. 어떤 약품이나 치료법도 임상 실험을 거치지 않고서는 사용될 수 없기 때문이다. 신약을 개발할 때에는 새로 개발한 그 약이 질병을 잘 치료하는지, 부작용은 없는지에 대한 자료를 모으기 위한 임상 실험을 한다. 그리고 그 자료가 신약의 효과에서 오는 것인지 아니면 우연의 결과인지를 판단해야 하는데, 이때 우연으로 생기는 결과의 확률을 통계 모형과 비교하는 '가설 검증'이라는 통계적 방법이 이용된다. 만약, 어떤 약의 부작용으로 보이는 현상이 약의 성분 때문이 아니라 우연의 결과일 확률이 0.01보다 작은 것으로 나타날 때, 그 효과는 "99%의 수준으로 유의미하다."라고 말한다.

도수분포표   度數分布票, frequency distribution table

정의   주어진 자료의 변량을 몇 개의 계급으로 나누어 각 계급의 도수를 표로 나타낸 것.

도수가 어떻게 분포되어 있는지를 쉽게 알 수 있게 하기 위해 계급과 도수를 표로 나타낸 표를 도수분포표라고 한다.

도수분포표

계급	도수
(~이상 ~ 미만)	

핵심   도수분포표에서는 가운데 선을 중심으로 왼쪽칸에는 계급을 쓰고 오른쪽 칸에는 도수를 쓴다.

예

우리 동네 미세먼지 농도

(농도 범위: $\mu g/m^3$)

73	60	91	75	62	65	85
87	89	78	81	71	82	92
95	59	75	73	103	83	63
90	72	64	52	57	69	70

➡

미세먼지 농도($\mu g/m^3$)	날수(일)
50이상~ 60미만	3
60 ~ 70	6
70 ~ 80	8
80 ~ 90	6
90 ~ 100	4
100 ~ 110	1
합계	28

→ 계급의 크기: $10\mu g/m^3$
→ 계급의 개수: 6

▶ 도수분포표의 특성은 다음과 같다.

① 자료를 일일이 나열하는 것보다 도수의 분포 상태를 잘 파악할 수 있다.

② 연속적인 변량의 분포 상태를 나타내기에 적절하다.

관련어

- 계급
- 대푯값
- 도수
- 도수분포 다각형
- 변량
- 줄기와 잎 그림
- 히스토그램

▶ 도수분포표를 만드는 과정은 다음과 같다.

우리 반 학생들의 하루 동안의 게임 시간

10분	0분	30분	25분	40분	55분	45분	60분	15분
	0분	20분	65분	75분	20분	50분	35분	
45분	25분	70분	30분	50분	90분	80분	90분	35분

[1단계] 자료의 최솟값과 최댓값을 찾아서 자료의 총 범위를 확인한다.

이 자료에서 최솟값은 0분이고 최댓값은 90분이다.

[2단계] 계급의 개수와 계급의 크기를 정한다. 계급의 크기를 20으로 하면 계급의 개수는 5개가 된다.

10분	0분	15분	0분				
30분	25분	20분	20분	35분	25분	30분	35분
40분	55분	45분	50분	45분	50분		
60분	65분	75분	70분				
90분	80분	90분					

➡

0 ^{이상} ~ 20 ^{미만}
20 ~ 40
40 ~ 60
60 ~ 80
80 ~ 100

[3단계] 각 계급에 속하는 자료의 수를 빠짐없이 조사하여 기록한다.

시간(분)	학생 수(명)
0 ^{이상} ~ 20 ^{미만}	4
20 ~ 40	8
40 ~ 60	6
60 ~ 80	4
80 ~ 100	3
합계	25

▶ 도수분포표에서 대푯값을 구할 때는 계급값을 이용하여 다음과 같이 구한다.

① $$(평균) = \frac{\{(계급값) \times (도수)\}의\ 총합}{(도수)의\ 총합}$$

② 중앙값: 중앙에 있는 자료의 값이 속하는 계급의 계급값

③ 최빈값: 도수가 가장 큰 계급의 계급값

예

우리 반 학생들의 하루 동안의 게임 시간

시간 (분)	학생 수(명)	계급값(분)	(계급값) × (도수)
0 ^{이상} ~ 20 ^{미만}	4	10	$10 \times 4 = 40$
20 ~ 40	8	30	$30 \times 8 = 240$
40 ~ 60	6	50	$50 \times 6 = 300$
60 ~ 80	4	70	$70 \times 4 = 280$
80 ~ 100	3	90	$90 \times 3 = 270$
합계	25		1130

$\rightarrow$ (평균)$=\dfrac{1130}{25}=45.2$(분)

$\rightarrow$ 중앙에 있는 자료의 값이 속하는 계급은 40분 이상 60분 미만이고 계급값은 50분이다.

따라서 (중앙값)$=50$분

$\rightarrow$ 도수가 가장 큰 계급은 20분 이상 40분 미만이고 이 계급의 계급값은 30분이다.

따라서 (최빈값)$=30$분

예제 **○** 오른쪽 표는 우리 반 학생들이 추석 연휴 기간 동안 한 공부 시간을 조사한 것이다. 평균을 구하여라.

공부 시간

시간(시간)	학생 수(명)
0 이상~ 1 미만	3
1 ~ 2	7
2 ~ 3	6
3 ~ 4	4
4 ~ 5	3
5 ~ 6	2
합계	25

[풀이] 각 계급의 계급값을 이용하여 다음과 같이 구한다.

시간(시간)	학생 수(명)	계급값(명)	(계급값)×(도수)
0 이상~ 1 미만	3	0.5	$0.5 \times 3 = 1.5$
1 ~ 2	7	1.5	$1.5 \times 7 = 10.5$
2 ~ 3	6	2.5	$2.5 \times 6 = 15$
3 ~ 4	4	3.5	$3.5 \times 4 = 14$
4 ~ 5	3	4.5	$4.5 \times 3 = 13.5$
5 ~ 6	2	5.5	$5.5 \times 2 = 11$
합계	25		65.5

$$(평균)=\dfrac{\{(계급값)\times(도수)\}의\ 총합}{(도수)의\ 총합}=\dfrac{65.5}{25}=2.62(시간)$$

주의점

• 도수분포표에서 평균을 구할 때는 계급값을 사용하기 때문에, 도수분포표에서 구한 평균이 낱낱의 변량을 모두 사용해서 구한 평균과 다를 수 있다.

도수분포표의 역사

도수분포표는 근대 통계학의 아버지라고 불리며 히스토그램을 만든, 벨기에의 통계학자이자 천문학자인 **케틀레**(Quetelet, 1796~1874)가 최초로 만들었다. 그는 우리 사회에서 일어나는 여러 현상들이 매우 복잡하지만 그 안에 규칙성이 있을 것이라고 생각해 1835년에 출판한 책에서 '평균인'이라는 개념을 만들

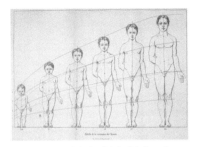

케틀레의 책에 있는 '인간 성장의 규모'

었다. 그가 정의한 평균인이란 어떤 사회현상을 관찰했을 때 그 현상을 가장 잘 대표하는 성질을 가진 인간을 말한다. 케틀레는 평균인의 개념을 활용하여 여러 집단의 사회적 현상을 비교하고 이런 자료를 토대로 사회가 나가야 할 방향을 제시하고자, 5,738명의 스코틀랜드 병사의 가슴둘레 자료를 분석했으며, 이 자료를 사용해 최초로 도수분포표를 만들었다. 그의 사상 바탕에는 천문학과 기상학에서의 관측 경험이 자리 잡고 있었는데, 관측을 통해 얻는 값에는 오차가 있을 수밖에 없으므로 평균을 사용해야 한다고 판단했다.

동류항

同類項, similar terms

정의 ○ 문자와 차수가 똑같은 항.

어원 ○ 동류항은 항 중에서 종류(類)가 같은(同) 항(項)을 말한다. 여기서의 종류란 차수와 문자를 의미한다.

예 $4x^3$과 $5x^3$, $4y^{100}$과 $5y^{100}$, $-5xy$와 $\frac{2}{7}xy$, $3a$와 $-5a$

핵심 ▶ 문자와 차수가 모두 똑같아야 동류항이 된다.

예 $-3x^3$과 $-5a^3$ → 차수는 3차로 똑같지만 문자가 다르므로 동류항이 아니다.

$5ab$와 $7ac$ → 똑같은 문자들의 곱이 아니므로 동류항이 아니다.

$2x^3$과 $3x^2$ → 문자 x는 같지만 차수가 다르므로 동류항이 아니다.

▶ 동류항끼리는 덧셈과 뺄셈을 할 수 있다. 이때, 분배법칙을 사용한다.

① 덧셈: 계수끼리의 합에 문자를 곱한다.　예 $3a^2+a^2=(3+1)a^2=4a^2$

② 뺄셈: 계수끼리의 차에 문자를 곱한다.　예 $3a^2-a^2=(3-1)a^2=2a^2$

▶ 동류항의 덧셈과 뺄셈을 사용하여 식을 간단히 만들 수 있다.

예 다항식 $\frac{3}{5}x+4-x^2-4x+2$에서 동류항은 $\frac{3}{5}x$와 $-4x$, 4와 2이므로 간단히 하면

$$\frac{3}{5}x+4-x^2-4x+2=-x^2+\left(\frac{3}{5}x-4x\right)+(4+2)$$
$$=-x^2-\frac{17}{5}x+6$$

관련어
· 계수
· 교환법칙
· 다항식
· 단항식
· 분배법칙
· 차수
· 항

예제 ○ 다항식 $-4a+5-4+\frac{1}{2}a$를 간단히 하여라.

[풀이] 동류항을 찾아 교환법칙과 분배법칙을 이용하여 계산하면 된다.

$$-4a+5-4+\frac{1}{2}a=-4a+\frac{1}{2}a+5-4=\left(-4+\frac{1}{2}\right)a+1=-\frac{7}{2}a+1$$

🔴 주의점

· 상수항끼리는 동류항이다.

· $2x$와 $3y$는 동류항이 아니므로 다항식 $2x+3y$는 더 이상 간단히 할 수 없다.

동위각 同位角, corresponding angle

정의 ○ 서로 다른 두 직선이 다른 한 직선과 만날 때 생기는 각 중에서 같은 위치에 있는 각.

어원 ○ 한자어 동위(同位)는 '같은 위치'를, 영어 corresponding은 '대응하는'을 뜻한다. 수학에서 동위각은 같은 위치에 대응하는 각을 말한다.
동위각은 평행선이 포함된 도형에서 각의 크기를 구할 때 많이 이용된다.

핵심 ▶ 서로 다른 두 직선이 다른 한 직선과 만날 때 생기는 각 중에서 동위각은 다음과 같다.

▶ 동위각의 성질

① 평행한 두 직선이 다른 한 직선과 만나서 생기는 동위각의 크기는 서로 같다.

② 동위각의 크기가 서로 같으면, 두 직선은 서로 평행하다.

$$l /\!/ m \rightarrow \angle a = \angle b$$
$$\angle a = \angle b \rightarrow l /\!/ m$$

관련어
· 교각
· 엇각

예제 ○ 오른쪽 그림에서 두 직선 l과 m이 평행할 때, $\angle x$와 $\angle y$의 크기를 구하여라.

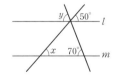

(풀이) 두 직선 l과 m이 평행하므로 동위각의 크기가 같다.
따라서 $\angle x = 50°$, $\angle y = 70°$

🔖 **주의점**

· 서로 평행한 두 직선이 다른 직선과 만날 때 생기는 동위각의 크기는 같지만, 평행이 아닐 때에는 동위각의 크기가 같지 않다.

o **동위각의 역사**

기원전 3세기 고대 그리스의 수학자 유클리드(Euclid, BC 300년경)가 쓴 《원론, Elements》에는 다섯 가지의 공준이 있다. 그중 다섯 번째는 다음과 같다.

한 직선이 두 직선과 만나서 생기는 같은 쪽의 내각의 합이 두 직각 즉, 180도 보다 작을 때, 두 직선은 그쪽에서 만난다.

이 공준은 한마디로 동위각이 같지 않으면 두 직선은 평행하지 않으므로 다른 한 점에서 다시 만나 삼각형을 만든다는 것이다. 유클리드는 이것이 증명이 필요없다고 생각해서 증명을 하지 않는 '공준'이라고 정했지만, 후대 수학자들로서는 그냥 받아들이기가 석연치 않았다. 이 공준을 증명하려고 2천 년 넘게 수많은 수학자가 노력했고, 이 과정에서 다음을 증명하는 것이 곧 이 공준을 증명하는 것과 동치임을 깨닫게 되었다.

임의의 직선 *l*과 이 직선 밖의 한 점 P가 주어졌을 때, 직선 *l*과 평행하면서 점 P를 지나는 직선은 1개이다.

이것을 플레이페어의 공준(Playfair's axiom)이라고 하고, 유클리드 《원론》의 제 5공준을 '평행선 공준'이라고 부른다.

프톨레마이오스(Ptolemaeos, 85?~165) 이후로 가장 뛰어난 광학자로 일컬어지는 아라비아 수학자 **알하젠**(Al-hasan)도 이 문제에 도전했다. 그는 점 P에서 직선 *l*에 수직인 선분을 그린 후, 이 선분을 좌우로 이동하면 점 P의 자취가 직선 *l*과 평행한 직선이 된다고 주장했다. 그러

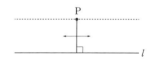

자 **오마르 하이얌**(Omar Khayyam, 1048~1131)은 "수직선이 머무르지 않고 움직인다는 것이 말이 되는가? 이게 어찌 증명인가?"라고 비판했다.

이후로도 수학자들의 연구는 계속되었고, 결국 평행선 공준이 다른 공준들로부터 이끌어내지는 것이 아니라는 것이 밝혀졌으며, 비로소 '비유클리드 기하학'이 탄생하게 되었다.

두 점 사이의 거리 距離, distance

정의 ○ 서로 다른 두 점을 연결한 선분의 길이.

어원 ○ 한자어 거리(距離)는 '두 지점 사이의 떨어진 정도'를, 영
어 distance는 '간격'을 뜻한다. 수학에서 두 점 사이의
거리는 서로 다른 두 점을 연결한 '선분의 길이'를 말한다.
직선은 시작점과 끝점이 없이 양쪽으로 끝없이 나아가고,
반직선은 시작점은 있으나 끝점이 없으므로 한쪽으로 끝없이 나아가기 때문에 길
이를 잴 수 없다. 하지만 선분은 그 길이는 잴 수 있다.

두점 사이의 거리

핵심 ▶ **두 점 A, B 사이의 거리 구하기**

(1) 수직선에서 두 점 A, B 사이의 거리

두 점 $A(x_1)$, $B(x_2)$ 사이의 거리는 '절댓값'을 이
용해서 구한다. 즉, 두 수 중 큰 수에서 작은 수를
빼거나 작은 수에서 큰 수를 뺀 다음 그 절댓값을
취하면 된다.

$$\overline{AB} = |x_1 - x_2| \text{ 또는 } |x_2 - x_1|$$

예 두 점 $A(-3)$, $B(5)$ 사이의 거리 $\overline{AB}$는 $\overline{AB} = |5-(-3)| = |(-3)-5| = 8$

(2) 좌표평면에서 두 점 A, B 사이의 거리

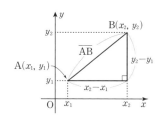

두 점 $A(x_1, y_1)$, $B(x_2, y_2)$ 사이의 거리
는 피타고라스 정리를 이용해서 구한다.
오른쪽 그림과 같이 $\overline{AB}$를 빗변으로 하
고 다른 두 변이 각각 x축, y축과 평행하
도록 직각삼각형을 그리면 밑변의 길이
는 $(x_2 - x_1)$이고, 높이는 $(y_2 - y_1)$이다.

이때, 피타고라스 정리를 이용하면 $\overline{AB} = \sqrt{(x_2-x_1)^2 + (y_2-y_1)^2}$

예 두 점 $A(4, 2)$, $B(1, 1)$ 사이의 거리 $\overline{AB}$는
$$\overline{AB} = \sqrt{(4-1)^2 + (2-1)^2} = \sqrt{10}$$

관련어
• 수직선
• 좌표
• 피타고라스
  정리

101

▶ **점과 직선 사이의 거리**

직선 l 위에 있지 않은 한 점 P와 직선 l 위의 점을 잇는 선분 중에서 길이가 가장 짧은 것은 선분 PH이다. 이때, 선분 PH의 길이를 점 P와 직선 l 사이의 거리라고 한다.

점 P와 직선 l 사이의 거리

▶ **점과 평면 사이의 거리**

평면 α 위에 있지 않은 한 점 P에서 평면 α 위의 점을 잇는 선분 중에서 길이가 가장 짧은 것은 선분 PH이다. 이때, 선분 PH의 길이를 점 P와 평면 α 사이의 거리라고 한다.

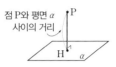

점 P와 평면 α 사이의 거리

▶ **평행한 두 평면 사이의 거리**

평면 α 위의 한 점 P와 평면 β 위의 점을 잇는 선분 중에서 길이가 가장 짧은 것은 선분 PH이다. 이때, 선분 PH의 길이를 평면 α와 평면 β 사이의 거리라고 한다.

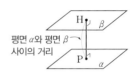

평면 α와 평면 β 사이의 거리

예제 ○ 두 점 $A(m^2, -m)$, $B(1, m)$ 사이의 거리가 2일 때, 실수 m의 값을 구하여라.

[풀이] $\overline{AB}=2$이므로 $\sqrt{(1-m^2)^2+\{(m-(-m)\}^2}=2$

양변을 제곱하면 $(1-m^2)^2+(2m)^2=4$

정리하면 $m^4+2m^2-3=0$, $(m^2+3)(m^2-1)=0$

m은 실수이므로 $m^2+3\neq0$, 따라서 $m^2=1$, $\rightarrow m=1$ 또는 $m=-1$

💭 주의점

· $\overline{AB}$는 선분 AB 자체를 나타내기도 하고 선분 AB의 길이를 나타내기도 한다.
· $\overline{AB}=\overline{CD}$는 두 선분의 길이가 서로 같다는 것을 뜻한다.
· 두 점 사이의 거리를 좌표평면에 적용하면 원의 방정식을 구할 수 있고, 좌표 공간에 적용하면 구의 방정식을 구할 수 있다.

두 점 사이의 거리의 역사

우리가 사는 지구는 곡면이다. 월식 때 달에 비친 지구의 그림자가 곡면이고, 배가 수평면 너머로 사라질 때 선체가 먼저 사라지고 돛대가 사라지는 것을 보며 탈레스 (Thales, BC 624?~548?)를 비롯한 고대인들은 지구가 구형이라는 것을 알았다.

하지만 유클리드(Euclid, BC 300년경)의 《원론, Elements》에 들어있는 기하학은 평면 위에서 성립하는 '평면기하학'이다. 평평한 종이 위에 두 점을 찍고 최단 거리로 잇는다면 그냥 직선을 그리면 된다. 이렇듯 평면 위에서 두 점 사이의 최단 거리는 직선의 일부인 선분이지만 곡면에서는 그렇지 않다. 곡면인 지구 위에서의 두 점 사이의 거리는 곡면에서 성립하는 '비유클리드 기하학'을 따라야 한다.

미국 뉴욕에서 스페인 마드리드를 잇는 것과 같이 두 점 사이가 멀 경우를 생각해보면, 뉴욕과 마드리드의 위도가 같으니 같은 위도선을 따라 이으면 최단 거리가 될 것 같다. 하지만 두 지점을 잇는 것은 대원이 아니기 때문에 지구에서는 최단 거리가 아니다. 대원이란, '원의 중

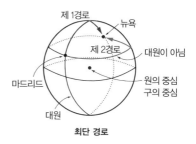

최단 경로

심이 구의 중심인 원'이고, 구면 위에서의 직선이란 바로 이 대원을 말한다. 평면에서와 달리, 지구 위에서 경도선들이 대원이고 위도 중에서는 적도만이 대원이다. 이 대원들이 바로 지구에서의 직선이다. 따라서 지구 위에서 최단 거리가 되려면 오른쪽 그림과 같이 대원을 따르는 제 1경로를 따라야 한다.

실제로 끈이나 실을 사용해서 거리를 재어보면 제 1경로가 더 짧다는 것을 알 수 있다. 이러한 원리는 비행기의 운항 경로를 짤 때 이용된다.

등식 等式, equality

정의 ○ 등호(=)를 사용하여 나타낸 식.

어원 ○ 한자어 등(等)과 영어 equality는 둘 다 '같음'을 뜻한다. 등식에 사용된 기호를 '등호'라 하는데, 그 모양은 '='이다. 등호의 양쪽을 '양변'이라 하고, 등호의 왼쪽은 '좌변', 오른쪽은 '우변'이라고 부른다.

$$3x-4=10$$
$$\uparrow \qquad \uparrow$$
$$(좌변)=(우변)$$
$$\lfloor(양변)\rfloor$$

핵심 ▶ 등호를 사용하느냐 부등호를 사용하느냐에 따라 식을 등식과 부등식으로 나눌 수 있다.

식 $\begin{cases} 등식 & 예\ 2x+4=7 \\ 부등식 & 예\ 2x+4>7 \end{cases}$

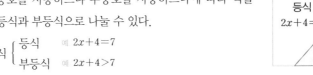

식
등식
$2x+4=7$
부등식
$2x+4>7$

▶ 등식에는 항등식과 방정식이 있다. 등호의 양변이 항상 같을 때 '항등식'이라 하고, 미지수에 따라 참, 거짓이 달라질 때 '방정식'이라고 한다.

등식 $\begin{cases} 항등식 & 예\ 2x+3x=5x \\ 방정식 & 예\ 2x+3x=5 \end{cases}$

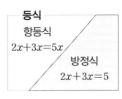

등식
항등식
$2x+3x=5x$
방정식
$2x+3x=5$

▶ 등식에는 다음과 같은 성질이 있다. 이러한 성질은 방정식을 풀 때 유용하게 이용된다.

① 등식의 양변에 같은 수를 더하여도 등식은 성립한다. ➡ $a=b$이면 $a+c=b+c$

② 등식의 양변에 같은 수를 빼도 등식은 성립한다. ➡ $a=b$이면 $a-c=b-c$

③ 등식의 양변에 같은 수를 곱하여도 등식은 성립한다. ➡ $a=b$이면 $ac=bc$

④ 등식의 양변을 0이 아닌 같은 수로 나누어도 등식은 성립한다. ➡ $a=b$이면 $\dfrac{a}{c}=\dfrac{b}{c}$ (단, $c \neq 0$)

관련어
· 다항식
· 방정식
· 부등식
· 항등식

예 등식의 성질을 이용하여 $x+3=7$을 풀어보면
등식의 성질 ②를 이용 $x+3=7 \rightarrow x+3-3=7-3 \rightarrow x=4$

▶ 다음과 같이 등식을 변형할 수 있다.

한 문자에 대하여 풀기

(한 문자)
　=(다른 문자에 대한 식)
으로 나타내기

➡

예 $3x-4y=8$을 x에 대하여 풀기

　→ $x=\dfrac{4y+8}{3}$

$3x-4y=8$을 y에 대하여 풀기

　→ $y=\dfrac{3x-8}{4}$

한 문자에 대한 식으로 나타내기

(문자가 여러 개인 식)
　=(하나의 문자에 대한 식)
으로 나타내기

➡

예 $x+y-1=0$일 때,
$3x-4y$를 x에 대한 식으로 나타내기
→ $3x-4y=3x-4(-x+1)$
　　　　　　$=7x-4$
$3x-4y$를 y에 대한 식으로 나타내기
→ $3x-4y=3(-y+1)-4y$
　　　　　　$=-7y+3$

예제 ○ 오른쪽 식은 방정식을 푸는 과정을 나타낸 것이다. ①, ②에서 이용한 등식의 성질을 말하여라.

$$\left.\begin{array}{l} \frac{1}{3}x-4=8 \\ \frac{1}{3}x=12 \end{array}\right\} \begin{array}{l} ① \\ ② \end{array}$$
$$x=36$$

[풀이] ① 등식의 양변에 같은 수를 더하여도 등식은 성립한다.
② 등식의 양변에 같은 수를 곱하여도 등식은 성립한다.

■ 주의점

• 등식의 양변을 나눌 때에는 '0이 아닌' 수로 나누어야 한다.
예를 들어 $2c=3c$에서 양변을 c로 나누면 $2=3$인 결과가 나온다. 하지만 이것은 모순이다. 왜냐하면 $2c=3c$를 만족하는 c가 0이기 때문이다. 그러므로 같은 수로 양변을 나눌 때에는 이 수가 0인지 아닌지를 반드시 살펴보아야 한다.

수학사 ○ **등호의 역사**

등식에 사용되는 기호인 등호(=)를 만든 사람은 16세기 영국의 수학자 레코드(Record, 1510~1558)이다. 그는 옥스퍼드와 케임브리지에서 수학을 공부했다. 1545년에 의학 학위를 받아 헨리 8세의 딸인 메리 1세와 그녀의 이복동생 에드워드 6세를 진료하기도 했다. 그는 알려지지 않은 이유로 감옥에서 죽었는데, 죽기 1년 전에 쓴

《지혜의 숫돌, The Whetstone of Witte》에서 등호를 처음 사용했다. 숫돌은 라틴어로 cos라고 하는데, 이는 당시에 사용하던 미지수를 뜻하는 coss를 연상하게 하는 용어다. 레코드는 이 책에서 자신이 이 기호를 만든 이유에 대해 다음과 같이 말했다.

나는 '같다'라는 말을 계속 반복하지 않기 위해 서로 길이가 같은 평행선을 사용할 것이다. 왜냐하면 어떤 두 가지도 평행선처럼 똑같지는 않을 것이기 때문이다.

《지혜의 숫돌》에 사용된 등호

한편, 당시에 누구나 이 기호를 사용한 것은 아니었다. 비에트(Viete, 1540~1603)는 등호를 나타내는 기호로 ~를, 데카르트(Descartes, 1596~1650)는 ∝를 썼다.

맞꼭지각

맞꼭지角, vertically opposite angles

정의 ○ 서로 다른 두 직선이 한 점에서 만날 때 생기는 교각 중에서 서로 마주보는 두 각.

어원 ○ 맞꼭지각은 우리 말로 '마주선 두 꼭지각'을, 영어 opposite는 '마주보는'을 뜻한다. 따라서 맞꼭지각은 두 직선이 서로 만나서 생기는 교각 중에서 서로 마주보는 두 각을 말한다.

핵심 ▶ 오른쪽 그림에서 맞꼭지각은 $\angle a$와 $\angle c$, $\angle b$와 $\angle d$이다. 이때, 맞꼭지각의 크기는 항상 서로 같다.

| 관련어 |
즉, $\angle a = \angle c$, $\angle b = \angle d$

• 교각
• 교선
• 교점

증명 $\angle a + \angle d = 180°$, $\angle c + \angle d = 180°$

따라서 $\angle a = \angle c$

예제 ○ 오른쪽 그림에서 $\angle a$, $\angle b$의 크기를 구하여라.

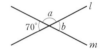

풀이 맞꼭지각의 크기는 서로 같으므로 $\angle b = 70°$

$\angle a + 70° = 180°$이므로 $\angle a = 180° - 70° = 110°$

◖ 주의점

• 마주본다고 모두 맞꼭지각은 아니다. 두 직선이 한 점에서만나서 생긴 교각이라는 조건이 있어야 한다. 오른쪽 그림에서 $\angle a$와 $\angle b$는 두 직선이 만나서 생기는 교각이 아니므로 맞꼭지각이 아니다.

수학사 ○ **맞꼭지각의 역사**

맞꼭지각의 크기가 같다는 것에 대해서는 고대 이집트인도 알고 있었다. 그러나 이것이 항상 성립한다는 것을 논리적으로 처음 증명한 사람은 탈레스(Thales, BC 624?~548?)다. 지금의 터키 서해안에 속하는 밀레토스에서 태어난 그리스 철학자 탈레스는 수학에서 정리를 만들고 그 정리를 논리적으로 증명한 최초의 수학자로 알려져 있다.

탈레스 이전에는 직접 맞꼭지각을 오려서 서로 붙여서 그 크기가 같다는 것을 보이는 정도였다. 그러나 탈레스는 오른쪽과 같이 $\angle x$와 $\angle y$를 더하면 180°이고, $\angle y$와 $\angle z$를 더해도 180°인데, $\angle y$는 공통이므로 결국 $\angle x$와 $\angle z$는 같다는 식으로 논리적인 증명을 했다.

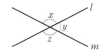

탈레스는 천문학자이자 탁월한 사업가이기도 했다. 젊은 시절 소금이나 올리브유를 거래하는 큰 사업을 하여 돈을 많이 모았고, 이집트에 가서는 수학과 천문학을 배웠다. 그는 수학에서 최초로 논증기하학의 문을 열었을 뿐만 아니라, 다양한 곳에서 두각을 나타내어 천문학자, 철학자, 정치가, 공학자, 사업자로서도 명성을 얻었다.

탈레스

(삼각형의) **무게중심** ^{무게重心}
center of gravity

정의 ○ 삼각형의 세 중선의 교점.

어원 ○ 한자어 중심(重心)은 '중량(重量)의 중심(中心)'을 줄인 말로 어떤 물체의 무게가 한 점에 있을 때를 뜻하고 영어 gravity는 '무게'를 뜻한다. 수학에서는 삼각형 세 중선의 교점을 삼각형의 무게중심이라고 말한다.

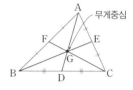

핵심 ▶ **다각형의 무게중심**

무게중심은 어떤 도형의 각 부분이 같은 질량이라고 가정할 때, 질량의 중심에 해당하는 점이다. 평면도형에서 질량은 넓이와 관련되므로 평면도형에서 무게중심은 넓이와 관련된다. 삼각형의 무게중심에 실을 매달거나 손가락이나 연필로 무게중심을 받치면 삼각형이 평형을 이룬다. 무게중심과 세 중선에 의해 나눠지는 6개의 삼각형의 넓이가 모두 똑같기 때문이다.

예

| 삼각형 | 원 | 사각형 판 | 대칭형 물체 |

▶ **삼각형의 무게중심의 성질**

점 G가 △ABC의 무게중심일 때

① $S_1=S_2=S_3=S_4=S_5=S_6=\dfrac{1}{6}\triangle ABC$

관련어
· 내심
· 외심
· 중선

② 무게중심은 세 중선의 길이를 꼭짓점으로부터 각각 2 : 1로 나눈다. 즉,

$\overline{AG} : \overline{GD}=\overline{BG} : \overline{GE}=\overline{CG} : \overline{GF}=2 : 1$

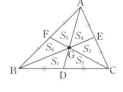

예제 ○ 오른쪽 그림에서 점 G가 △ABC의 무게중심일 때, 선분 BG의 길이를 구하여라.

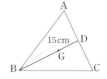

[풀이] 점 G가 무게중심이므로 $\overline{BD}$를 꼭짓점 B로부터 2 : 1로 나눈다.

따라서 $\overline{BG} = \dfrac{2}{3}\overline{BD} = \dfrac{2}{3} \times 15 = 10\,(\text{cm})$이다.

🔶 **주의점**

• 정삼각형은 무게중심, 외심, 내심, 수심의 위치가 서로 같다.

수학사 ○ **무게중심의 역사**

고대 그리스 수학자 **플라톤**(Platon, BC 427?~347)은 수학이 국가를 운영하는 지도자들이 꼭 배워야 할 학문이라고 했다. 실제 지도자들 중에 플라톤과 같은 생각을 한 대표적인 사람은 프랑스대혁명 이후 개혁 정치의 선구자인 **나폴레옹**(Napoleon, 1769~1821)이다. 그는 수학이 한 나라의 발전에 얼마나 중요한지를 일찍 깨닫고 그 당시 문학과 어학 위주였던 프랑스 교육과정에서 수학이 필수과목이 되도록 힘을 쏟았다. 그뿐만 아니라 삼각형과 그것의 무게중심에 대한 새로운 정리인 '나폴레옹 정리(또는 나폴레옹 삼각형)'를 증명했다. 어떤 삼각형 ABC가 있을 때 그 삼각형의 세 변을 각각 한 변으로 하는 정삼각형들을 작도하고, 세 정삼각형의 무게중심을 연결하면 이때 만들어지는 삼각형은 항상 정삼각형이라는 것이다.

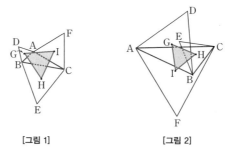

[그림 1]　　　　　[그림 2]

한편, 삼각형의 무게중심의 좌표를 처음으로 구한 사람은 '뫼비우스의 띠'로 유명한 19세기 독일의 수학자 **뫼비우스**(Mobius, 1790~1868)이다.

무리수 無理數, irrational number

정의 ○ 분수 꼴로 나타낼 수 없는 수.

어원 ○ 한자어 리(理)는 '이치'라는 뜻이 있지만 수학에서는 비율이라는 뜻인 '비(比)'를 뜻한다. 영어 irrational은 '비(比)로 나타낼 수 없는'을 뜻한다. 따라서 무리수는 두 정수의 비로 나타낼 수 없는 수, 즉 $\frac{q}{p}$(p, q는 정수, $p \neq 0$)와 같은 분수 꼴로 나타낼 수 없는 수를 말한다.

핵심 ▶ 무리수는 실수에 포함된다. 실수 중에서 분수 꼴로 나타낼 수 없는 수가 무리수이고, 분수 꼴로 나타낼 수 있는 수가 유리수이다.

실수

유리수 / 무리수

유리수를 제곱하면 유리수가 나오지만 제곱해서 유리수가 되는 수를 구하면 그 수가 유리수가 아닌 경우가 생긴다. 예를 들어 $x^2 = 3$을 만족하는 수를 유리수 범위에서는 구할 수 없다. 따라서 어떤 수의 제곱근을 찾는 연산을 자유롭게 하기 위해서는 유리수 외에 새로운 수가 필요하다. 무리수는 이러한 필요성 때문에 만들어졌다.

▶ 유리수는 분수로 나타낼 수도 있고 소수로 나타낼 수도 있다. 하지만, 무리수는 분수로 나타낼 수 없다. 따라서 무리수의 표현 방법은 소수 한 가지뿐이다. 무리수를 소수로 나타낼 때에도 유한소수로는 나타낼 수 없고, 순환하지 않는 무한소수로만 나타낼 수 있다.

예 $\sqrt{2} = 1.414213562\cdots$, $\sqrt{3} = 1.732050807\cdots$, $\sqrt{5} = 2.236067977\cdots$, $\sqrt{7} = 2.645751311\cdots$
$\pi = 3.141592653\cdots$, $e = 2.718281828459\cdots$

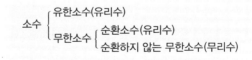

소수 $\begin{cases} \text{유한소수(유리수)} \\ \text{무한소수} \begin{cases} \text{순환소수(유리수)} \\ \text{순환하지 않는 무한소수(무리수)} \end{cases} \end{cases}$

▶ 무리수를 소수로 나타낼 때, 정수 부분과 소수 부분으로 나눌 수 있다. 따라서 무리수의 소수 부분은 그 수에서 정수 부분을 뺀 것과 같다.

$\sqrt{2}=\underline{1}.\underline{414213562}\cdots$ 에서 $\sqrt{2}$의 정수 부분이 1이므로 소수 부분은 $\sqrt{2}-1$이다.

정수 부분   소수 부분

▶ **무리수의 분류**

0을 기준으로 무리수를 분류하면 양의 무리수와
음의 무리수로 나뉜다.

무리수

음의 무리수

$-\sqrt{3},\ -\dfrac{\sqrt{2}}{5},$
$\cdots$

양의
무리수

$\sqrt{3},\ \dfrac{\sqrt{2}}{5},\ \cdots$

▶ **무리수의 대소 비교**

뺄셈을 이용하여 두 무리수의 크기를 비교할 수 있다.

① $a-b>0$이면 $a>b$

② $a-b<0$이면 $a<b$

③ $a-b=0$이면 $a=b$

예 $\sqrt{3}-1$과 $\sqrt{2}$의 크기를 비교해보자.

무리수가 순환하지 않는 무한소수이므로, 근삿값을 이용하거나 제곱하여 크기를 비교
한다.

(ⅰ) 근삿값 이용하여 비교하기

$\sqrt{3}$은 약 1.732이므로 $\sqrt{3}-1$은 약 0.7이고, $\sqrt{2}$는 약 1.414이므로 $(\sqrt{3}-1)-\sqrt{2}<0$

따라서 $\sqrt{3}-1<\sqrt{2}$

(ⅱ) 제곱하여 비교하기

$(\sqrt{3}-1)^2=4-2\sqrt{3},\ (\sqrt{2})^2=2$이므로 $(4-2\sqrt{3})-2=2-2\sqrt{3}=\sqrt{4}-\sqrt{12}<0$

따라서 $\sqrt{3}-1<\sqrt{2}$

예제 ○ 다음 중 무리수가 아닌 것을 모두 고르면?

① $\sqrt{\dfrac{4}{9}}$ ② $\sqrt{5}-4$ ③ $\sqrt{36}$ ④ $-\sqrt{0.9}$ ⑤ $\dfrac{\sqrt{3}}{3}$

정답 ① $\sqrt{\dfrac{4}{9}}=\dfrac{2}{3}$ ③ $\sqrt{36}=6$

🔲 **주의점**

• 무한소수라고 해서 모두 무리수인 것은 아니다. 0.3333 …은 무한소수이지만 순환하는

무한소수라서 분수 꼴인 $\dfrac{1}{3}$로 나타낼 수 있으므로 유리수이다.

역사적으로 무리수는 서양에서의 기하학, 특히 작도의 발달을 이끌었다.

고대 그리스 시대에 발견된 최초의 무리수 $\sqrt{2}$는 한 변이 1인 정사각형의 대각선의 길이이다. 고대 바빌로니아인은 계산을 통해 이 수의 근삿값을 구하는 데 열중한 결과 그 길이가 약 1.4142129가 된다는 것을 알아낼 수 있었다. 실제로 기원전 1600년경의 것으로 보이는 예일대학 소장판 YBC 7289에는 $\sqrt{2}$가 1.4142155로 계산되어 있다.

하지만 고대 그리스의 피타고라스학파는 이 $\sqrt{2}$를 바빌로니아와 같은 근삿값이 아니라 정확한 수(예를 들면 분수)로 나타내고 싶어했다. 그러나 결코 그렇게 할 수 없다는 것을 깨달았다. 이 수는 아무리 노력해도 자연수의 비로 나타낼 수가 없었기 때문이다. 이 세상에 두 자연수의 비로 나타낼 수 없는 수가 존재한다는 것은 피타고라스학파가 그때까지 믿고 주장했던 "만물은 수(數)이다."에 어긋나며 학파의 존재 자체가 흔들리는 치명적인 문제였다. 그들은 할 수 없이 "어떤 길이는 수(數)로 만들 수 없다."라고 결론 내렸다. 즉, $\sqrt{2}$와 같이 분수로 나타낼 수 없는 것은 수가 아니라서 선분의 길이로만 나타낼 수 있다는 것이다. 피타고라스학파는 수로 나타낼 수 없는 길이를 '알로곤(not a ratio)'이라고 불렀는데, 알로곤에는 '말할 수 없음'이라는 뜻도 있다. 피타고라스학파는 이를 철저히 비밀에 붙였는데, 침묵의 서약을 어기고 이를 폭로한 **히파수스**(Hippasus, BC 5세기)를 바닷물에 빠뜨렸다고 한다.

한편, $\sqrt{2}$ 외에 $\sqrt{3}$, $\sqrt{5}$, $\sqrt{6}$, $\sqrt{7}$, $\sqrt{8}$, $\sqrt{10}$, $\sqrt{11}$, $\sqrt{12}$, $\sqrt{13}$, $\sqrt{14}$, $\sqrt{15}$, $\sqrt{17}$도 무리수임을 최초로 밝힌 수학자는 고대 그리스의 **테오도로스**(Theodorus, BC 425년경)이다. $\sqrt{2}$를 분수 $\frac{q}{p}$(단, p와 q는 서로소)로 나타낼 수 없다는 것을 논리적으로 증명한 사람은 고대 그리스의 수학자이자 논리학자인 **아리스토텔레스**(Aristoteles, BC 384~322)이다.

그 후 기원전 370년 경에 **에우독소스**(Eudoxos, BC 408~355)가 무리수에 대한 이론을 내놓았는데, 이때도 역시 무리수를 선분의 길이로 나타냈다. 고대 그리스의 **유클리드**(Euclid, BC 300년경)는 자신의 《원론, Elements》 제 10권 전체를 무리수에 관한 내용으로 채웠는데, 수와 관련된 모든 증명을 할 때 도형의 작도를 이용했다. 따라서 《원론》을 '기하학 원론'이라고도 부른다.

데카르트(Descartes, 1596~1650) 이전 사람들은 a는 선분, a^2은 정사각형, a^3은 정육면체를 나타낸다고 생각했는데, 이렇게 생각하면 $\sqrt{a}$의 의미가 무엇인지를 알 수 없다. 하지만 데카르트는 앞쪽 그림과 같은 반원을 통해 $\sqrt{a}$가 $1 : \sqrt{a} = \sqrt{a} : a$를 만족하는 작도 가능한 선분이라고 했다. $\sqrt{a}$가 정확히 무엇인지는 몰라도 작도를 할 수 있다는 것이다.

칸토어

그 후로도 오랫동안 수학자들은 개념을 정확히 파악하지 못한 채 계속해서 무리수를 사용했다. 그러다가 무리수에 대한 이론적 기반이 탄탄해진 것은 19세기 독일 수학자 **칸토어**(Cantor, 1845~1918)와 **데데킨트**(Dedekind, 1831~1916)에 이르러서였다. 무리수를 처음 발견한 때부터 이론 정리에 이르기까지 걸린 시간이 장장 2000년 이상이었던 것이다.

무한소수

無限小數, infinite decimal

정의 ○ 소수점 아래의 0이 아닌 숫자가 무한히 많은 소수.

어원 ○ 한자어 무(無)는 '없다'를, 한(限)은 '끝'을 뜻하고 영어 infinite는 '끝이 없음'을 뜻한다. 따라서 무한소수는 '끝이 없는 소수'를 말한다. 한마디로, 소수점 아래의 자리수가 무한히 이어진다면 그 소수는 무한소수이다.

예 $0.353535\cdots$, $-1.366666\cdots$, $1.414021356\cdots$

핵심 ▶ 소수는 유한소수와 무한소수로 나뉜다. 또한, 무한소수는 순환하는 무한소수와 순환하지 않는 무한소수로 나뉜다. 소수점 아래의 수가 규칙을 가지고 반복되는 소수는 순환하는 무한소수라는 의미에서 '순환소수'라 하고, 아무 규칙이 없으면서 끝이 없는 무한소수는 '순환하지 않는 무한소수'라고 한다. 이때, 순환소수는 분수로 나타낼 수 있으므로 유리수에 속하고, 순환하지 않는 무한소수는 분수로 나타낼 수 없으므로 무리수에 속한다.

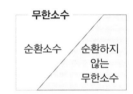

$$\text{소수}\begin{cases}\text{유한소수(유리수)}\\\text{무한소수}\begin{cases}\text{순환소수(유리수)}\\\text{순환하지 않는 무한소수(무리수)}\end{cases}\end{cases}$$

예 $0.333333\cdots=0.\dot{3}=\dfrac{1}{3}$: 유리수

$0.142857142857\cdots=0.\dot{1}4285\dot{7}=\dfrac{142857}{999999}=\dfrac{1}{7}$: 유리수

$0.12345678923610082\cdots$: 무리수

▶ 어떤 분수의 분모에 2나 5 이외의 다른 소인수가 있는 분수는 이를 10의 거듭제곱 꼴로 만들 수 없다. 따라서 어떤 분수를 기약분수로 나타냈을 때, 분모의 소인수가 2나 5 이외의 다른 것이 있을 경우 이를 소수로 나타내면 '순환하는 무한소수'(순환소수)가 된다.

예 $\dfrac{1}{3}=0.333333\cdots$, $\dfrac{1}{7}=0.142857142857\cdots$

관련어
- 무리수
- 소인수
- 순환소수
- 유한소수

예제 **○** 다음 분수를 소수로 나타내었을 때 무한소수가 되는 것을 모두 고르면?

① $\dfrac{27}{15}$ 　　② $\dfrac{3}{36}$ 　　③ $\dfrac{7}{20}$ 　　④ $\dfrac{5}{8}$ 　　⑤ $\dfrac{3}{28}$

풀이 기약분수의 분모의 소인수가 2나 5 이외에 다른 것이 있는지를 살펴본다.

① $\dfrac{27}{15}=\dfrac{9}{5}$ 　　② $\dfrac{3}{36}=\dfrac{1}{12}=\dfrac{1}{2^2\times3}$ 　　③ $\dfrac{7}{20}=\dfrac{7}{2^2\times5}$

④ $\dfrac{5}{8}==\dfrac{5}{2^3}$ 　　⑤ $\dfrac{3}{28}=\dfrac{3}{2^2\times7}$

따라서 무한소수로 나타낼 수 있는 것은 ②, ⑤이다.

🔲 **주의점**

• 어떤 분수를 소수로 바꾸어 무한소수인지를 알아볼 때는 반드시 기약분수로 만든 다음
  에 분모의 소인수를 살펴보아야 한다.

○ **무한소수의 역사**

무한소수의 출현은 고대 그리스로 거슬러 올라간다. 피타고라스학파가 발견한 한 변이
1인 정사각형의 대각선의 길이 $\sqrt{2}$는 분수로 나타낼 수 없는 수, 즉 순환하지 않는 무
한소수이다. 이 사실을 알게 된 이후 그리스 수학자들은 무리수 $\sqrt{2}$를 수가 아닌 양, 즉
'선분의 길이'로 취급했다. 수는 반드시 분수로 나타낼 수 있어야 한다고 생각했기 때문
이다. 플라톤(Platon, BC 427?~347)의《메논, Menon》을 보면 당시 수학자들이 $\sqrt{2}$를
분수로 나타낼 수 없다는 사실을 얼마나 대단하게 여겼는지 알 수 있다. 플라톤은 자신
의 학생을 아카데미에 들여보내려는 한 후원자에게 "정사각형의 대각선이 그 변과 같은
단위로 잴 수 없다는 것도 모르는 자는 사람이라 불릴 자격도 없다."라는 편지를 보내
사실상 입학을 거부했다고 한다. 이처럼 고대 그리스인들은 정사각형의 대각선은 '수가
아니라 잴 수 있는 '길이'로 여겼고, 그 후에도 오랫동안 무리수는 하나의 수로는 받아들
여지지 못했다. 분수가 아니라면 달리 표현할 방
법이 없었기 때문이다.

그 후 16세기 스테빈(Stevin, 1548~1620)이
1보다 작은 수를 나타내는 방법인 소수(小數)의
표현법을 발명하면서 $\sqrt{2}$를 포함한 모든 무한소
수를 비로소 소수로 나타낼 수 있게 되었다.

**진리를 향한 이성적인 탐구를 찬양한
〈아테네학당〉**

미지수

未知數, unknown quantity

정의 ○ 값을 모르는 어떤 수.

어원 ○ 한자어 미(未)는 '아직 ~하지 못함'을, 지(知)는 '알다'는 뜻이다. 영어 unknown
의 경우, known은 '알려져 있는'을, un은 그 반대를 나타내므로 unknown은
'알려져 있지 않는'을 뜻한다. 수학에서 미지수는 아직 알지 못하는 어떤 수를 말
한다.

어떤 것이 숫자로 적혀 있다면 우리는 그 수가 무엇인지 알 수 있다. 하지만 문자
로 적혀 있다면, 그 수는 3일 수도 있고 -3일 수도 있으며 $\frac{1}{2}$이거나 0일 수도 있
다. 이처럼 아직 알 수 없는 수를 '미지수'라 하고, 주로 방정식에서 '구하고자 하
는 수 또는 그것'을 나타낸다.

관련어
· 방정식
· 변수
· 부등식
· 이차방정식
· 일차방정식

핵심 ▶ 미지수를 나타내기 위해 x, y와 같은 문자를 사용한다.

예 방정식 $2x-5y=3$ → 미지수는 x와 y

방정식 $3x^2-5x+2=0$ → 미지수는 x

방정식 $2a-5=7a$ → 미지수는 a

예제 ○ 일차방정식 $3x+6=0$에서 미지수는 무엇인지 답하여라.

[정답] x

🔵 주의점

· 일차방정식 $ax+b=0$에서 사용된 문자는 a, b, x로 3개이다. 이때, 사용된 문자 중에
서 a와 b는 '기지수(旣知數)' 즉 '이미 알고 있는 양'이라 하고, x만 미지수라고 한다.
왜냐하면 "$3x-4=0$이 참이 되게 하는 x를 구하여라."와 같이 a와 b의 값은 미리 주
어지기 때문이다.

· 미지수는 주로 x, y, z와 같이 알파벳 뒤쪽의 수를 사용한다.

문자를 사용해 미지수를 표현한 최초의 수학자는 헬레니즘 시대에 이집트 알렉산드
리아에서 활동한 **디오판토스**(Diophantos, 246?~330?)이다. 그는 오늘날의 x를 'ς'
로 썼다. 알고 있는 양을 나타낼 때에는 문자를 사용하지 않고, 단지 미지수를 나타낼
때만 문자를 사용했다. 또한, 미지수를 둘 이상 쓸 수 없어서, 지금으로 말하자면 미지
수 x만 썼을 뿐 y나 z와 같은 미지수 두 개 이상을 쓰지는 못했다.

문자를 사용해서 수나 양을 비로소 자유롭게 표현하기 시작한 것은 16세기 프랑스
의 **비에트**(Viete, 1540~1603)부터이다. 비에트는 미지수뿐만 아니라 이미 알고 있는
양, 즉 기지수까지도 여러 가지 문자로 나타냈는데, 미지수는 모음 대문자(A, E, I, O,
U, Y)를 사용했고, 기지수는 자음 대문자를 사용했다.

현재와 같이 알파벳 소문자를 사용한 미지수 표기법은 1637년 프랑스의 **데카르트**
(Descartes, 1596~1650)부터 썼다. 데카르트는 비에트의 표기법을 고쳐서 기지수는
알파벳의 처음 글자들(a, b, c, …)로, 미지수는 마지막 글자들(x, y, z, …)로 나타
냈다.

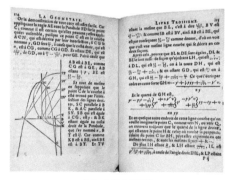

데카르트의 《기하학》

미지수를 나타낼 때는 주로 알파벳 x를 사용한다. x를 미지수로 사용한 이유에 대
해 여러 이야기가 있지만 당시에 금속활자로 책을 조판할 때 x활자가 제일 많이 남았
기 때문이라는 설이 가장 설득력 있다.

반비례 反比例, inverse proportion

정의 ㅇ 두 변수 x와 y에서 x값이 2배, 3배, 4배…가 될 때, y값은 $\frac{1}{2}$배, $\frac{1}{3}$배, $\frac{1}{4}$배…가 되는 관계.

어원 ㅇ 한자어 반(反)은 '뒤집다'를 뜻하고 '정(正)'의 반대말이다. 영어 inverse는 '반대' 를 뜻한다. 수학에서 반비례는 두 변수 x와 y 사이의 '곱이 일정하게 유지되는 경 우'를 말한다.

　예 현악기에서 현의 길이와 주파수, 저울의 양 끝에 놓인 물체의 무게와 거리

핵심 ▸ **반비례 관계식과 비례상수**

반비례 관계에서는 xy의 값이 항상 일정하다. 즉, $xy=a$, 즉, $y=\frac{a}{x}$ (단, $a\neq0$) 이때, a를 '비례상수'라고 한다.

　예 1시간에 xL씩 y시간 동안 채울 수 있는 자동차 연료는 7L $\rightarrow xy=7 \rightarrow y=\frac{7}{x}$

▸ **$y=\dfrac{a}{x}\,(a\neq0)$의 그래프**

관련어
· 일차함수
· 정비례
· 함수

반비례 관계 $y=\dfrac{a}{x}\,(a\neq0)$를 그래프로 나타내면 오른쪽과 같은 곡선이 된다. 이때, a값이 클수록 곡선이 두 축으로 부터 멀어진다.

예제 ㅇ 다음 관계가 반비례 관계인지 판별하여라.

현재 통장에 0원이 있으며 이달부터 한 달에 x원씩 저금하면 y개월 후 통장에 는 10000원이 있다.

[풀이] 반비례 관계인지 판별하려면 xy의 값이 일정한지 살펴보면 된다.

한 달에 1000원씩 저금하면 10개월 후에 10000원이 되고, 한 달에 2000원씩 저금하면 5개월 후에 10000원이 된다. 따라서 $1000\times10=2000\times5$, 즉 $xy=10000 \rightarrow$ 반비례 관계

🔖 주의점

· $y=\dfrac{a}{x}(a\neq0)$는 함수이지만 일차함수는 아니다.

방정식 方程式, equation

정의 ○ 미지수 값에 따라 참이 되기도 하고 거짓이 되기도 하는 등식.

어원 ○ 한자어 방(方)은 '정사각형'을 '정(程)'은 '법도'를 뜻한다. 영어 'equation'은 '똑같게 함'을 뜻한다. 한자어와 영어의 뜻이 다른 이유는 '방정식'이라는 한자어는 고대 중국에서 미지수를 구하기 위해 산가지를 정사각형 모양으로 늘어놓았던 것과 관련이 있으며, 영어 'equation'은 이것이 등호를 사용한 식이라는 것과 관련있기 때문이다.

수학에서 방정식은 미지수의 값에 따라 참이 되기도 하고 거짓이 되기도 하는 등식을 말한다. 따라서 방정식에서는 참이 되게 하는 값을 구하는 것이 매우 중요하다.

예 $x+3=5$, $x^2-2x-3=0$

핵심 ▶ 방정식은 등식에 포함된다.

▶ 방정식의 해를 구할 때는 다음과 같은 등식의 성질을 이용한다.

① 등식의 양변에 같은 수를 더하여도 등식은 성립한다. ➡ $a=b$이면 $a+c=b+c$

② 등식의 양변에 같은 수를 빼도 등식은 성립한다. ➡ $a=b$이면 $a-c=b-c$

③ 등식의 양변에 같은 수를 곱하여도 등식은 성립한다. ➡ $a=b$이면 $ac=bc$

④ 등식의 양변을 0이 아닌 같은 수로 나누어도 등식은 성립한다. ➡ $a=b$이면 $\dfrac{a}{c}=\dfrac{b}{c}$ (단, $c \neq 0$)

관련어
· 등식
· 미지수
· 이차방정식
· 일차방정식
· 항등식
· 해(근)

예 $5x-3=9$에서 $\frac{3}{2}x+3=9$에서

$5x-3+3=9+3$ (①) $\frac{3}{2}x+3-3=9-3$ (②)

$5x=12$ $\frac{3}{2}x=6$

$5x \div 5 = 12 \div 5$ (④) $\frac{3}{2}x \times \frac{2}{3} = 6 \times \frac{2}{3}$ (③)

$x = \frac{12}{5}$ $x=4$

▶ 방정식은 최고차항의 차수에 따라 일차방정식, 이차방정식, 삼차방정식, …으로 분류할 수 있다.

예 $2x-3=0$: 일차방정식, $x^2-2x-3=0$: 이차방정식, $x^3-2x-3=0$: 삼차방정식

예제 ○ 다음 중에서 방정식을 모두 고르면?

① $x-3=-1$ ② $2x-5$ ③ $2(x+3)=6+2x$

④ $\frac{3}{2}x+3=9$ ⑤ $3x-4>9$

[풀이] ②와 ⑤는 등호가 없으므로 방정식이 아니다.

③을 간단하게 하면 $2x+6=6+2x$가 되어 양변이 같으므로 항등식이다.

[정답] ①, ④

🔲 **주의점**

• 등식에는 방정식과 항등식이 있다. 따라서 등호의 양변을 잘 살펴서 그 등식이 방정식
 인지 항등식인지를 알아보아야 한다.

○ **방정식의 역사**

인류가 방정식 문제를 만들고 해를 구한 것은 고대 이집트와 바빌로니아 시대부터이
다. 기원전 1650년경 만든 것으로 추정하는 이집트의 '아메스 파피루스'(또는 이 파피
루스를 발견한 스코틀랜드 학자의 이름을 따서 '린드 파피루스'라고도 부름)에는 일차
방정식과 그 풀이를 비롯해서 총 85개의 수학 문제가 들어있다. 고대 바빌로니아 점토
판에는 일차, 이차는 물론 삼차와 사차방정식 문제까지 있다. 하지만 체계적으로 연구
된 것은 아니었고, 문자를 사용하지 않고 문자 대신 '길이', '넓이', '부피'라는 낱말을 사
용했다. 차수에 엄격했던 고대 그리스인과 달리, 고대 바빌로니아인은 길이에다 넓이
를 더한다든지 넓이에다 부피를 더하기도 했다.

방정식을 본격적으로 연구한 사람은 250년경 그리스의 **디오판토스**(Diophantos, 246?~330?)이며, 지금 우리가 쓰는 '방정식'이란 용어는 기원전 1세기에 쓰인 중국의 《구장산술, 九章算術》의 9개의 장 중에서 '방정'이라는 장의 제목에서 유래되었다.

고대 중국에서는 연립방정식 문제를 풀기 위해 계수를 나타내는 산가지를 나란히 몇 줄 늘어놓고 손으로 하는 조작을 통해 정답을 구했다.

$$\begin{pmatrix} -6 & 4 & 3 \\ 2 & -7 & 5 \\ 4 & 4 & -12 \\ -1 & 0 & 1 \end{pmatrix}$$

아라비아 숫자로 바꿈 → 현대식 방정식으로 바꿈

$$\begin{cases} 3x+5y-12z=1 \\ 4x-7y+4z=0 \\ -6x+2y+4z=-1 \end{cases}$$

이때, 산가지를 늘어놓은 반듯한 사각형 모양을 본 따 '방정(方程)'이라는 말이 나왔고, 미지수를 구하는 식을 방정식(方程式)이라고 부르게 된 것이다.

방랑 생활을 하며 수학을 가르쳤던 주세걸(朱世傑, 1249~1314)은 1303년에 '네 요소에 대한 중요한 거울'이라는 뜻을 담은 《사원옥감, 四元玉鑑》을 썼다. 이때 네 요소는 하늘(천), 땅(지), 사람(인), 사물(물)을 뜻하고 4개의 미지수를 사용한 방정식 문제로 이루어져있다. 이 책에는 14차까지의 고차 방정식도 나온다.

방정식의 일반화는 인도에서 0이 발견되면서 가능해졌다. 인도 수학자 **아리아바타**(Aryabhata, 476~550)가 23세 때 쓴 《아리아바티야, Aryabhattiya》에는 문자를 사용한 수체계와 일차, 이차방정식 등이 들어있다.

방정식의 일반적인 해법은 유럽이 아닌 아라비아에서 개발되어 유럽으로 퍼졌는데, 이 과정에는 다음과 같은 역사가 있다. 529년 로마의 유스티아누스 황제가 기독교가 아닌 이교도의 학문의 잔재를 없앤다는 명분으로 아테네에 있는 아카데미아를 폐쇄시켰다. 그러자 많은 그리스 학자가 시리아와 페르시아로 피난을 갔고 이 지역에 '망명 아테네 아카데미'가 세워졌다. 그 후 압바스 왕조에 이르러 아라비아는 그리스 학문을 연구하며 당시 세계 학문의 중심지가 되었다. 특히 압바스 왕조의 알 마문(Al-Mamun, 786~833)이 그리스와 인도의 문화에 관심을 갖고 수학과 천문학을 장려하기 위해 거대한 도서관 '지혜의 집'을 만들었다. 이 도서관의 관장이었던 **알콰리즈미**(Alkwarizmi, 780~850?)는 유클리드(Euclid, BC 300년경)의 《원론, Elements》을 비롯한 그리스 학자들의 책을 번역하고 인도의 십진법 체계를 연구해, 인도에서 발전한 방정식 이론에 관한 책 등 수학책 6권을 썼다.

그 후 이슬람인과 교류하던 이탈리아인에 의해 12세기 초에 《인도의 계산법에 대하여》라는 알콰리즈미의 책이 라틴어로 번역되었다. 라틴어 번역본에는 제목이 없었는데, "알고리트미가 말하기를 ～"로 시작하다 보니 특별한 순서에 의한 계산 절차를 뜻하는 'algorithm(알고리즘)'이라는 용어가 만들어지게 되었다. 그리고 원래 책 제목에 들어있던 'al-gebr'는 현대 수학의 한 분야인 '대수학(代數學)'을 의미하는 'algebra'가 되었다.

한편, 방정식을 현재와 같이 (수식)＝0의 꼴로 나타낸 최초의 수학자는 영국의 수학자 해리엇(Harriot, 1560～1621)이다.

변량 變量, variance

정의 ○ 자료를 수량으로 나타낸 것.

어원 ○ 한자어 변(變)은 '변하다'를, 영어 variance는 '변화'를 뜻한다. 언어적으로 변하는 양을 뜻하는 변량은 '주어진 자료 전체에서 수로 나타낸 개별적인 자료의 값 하나하나를 나타낸 것'을 의미하는 용어로 통계에서 주로 사용한다.

핵심 ▶ 변량은 자료의 특성을 분석하기 위해 조사한 기본 재료라고 볼 수 있다.

예를 들어, 학생들의 키를 조사한 자료에서 키에 해당하는 수 하나하나, 몸무게를 조사한 자료에서는 몸무게를 나타내는 수 하나하나, 게임 시간을 조사한 자료에서는 시간에 해당하는 수 하나하나가 변량이다.

통계에서는 변량들의 구간을 나누어 계급을 정하고, 각 계급에 속하는 도수를 구해서 표나 그래프로 만들어서 그 자료의 특성이 무엇인지를 분석한다.

예제 ○ 다음 자료에서 변량의 개수와 가장 작은 변량과 가장 큰 변량을 구하여라.

우리 반 학생들의 하루 동안의 게임 시간

10분	0분	30분	25분	40분	55분	45분	60분	15분
	0분	20분	65분	75분	20분	50분	35분	
45분	25분	70분	30분	50분	90분	80분	90분	35분

관련어

- 계급
- 도수분포표
- 줄기와잎그림

[풀이] 자료의 수가 모두 25개이므로 변량은 모두 25개이고, 가장 작은 변량은 0, 가장 큰 변량은 90이다.

● 주의점

- 여러 가지 자료 중에서 숫자를 사용하여 나타낸 것만을 변량이라고 한다. '우리 반 학생들이 좋아하는 색깔'을 조사했을 때 '빨간색, 파란색, …'으로 자료를 구한 것은 변량이 아니다. 색깔은 숫자가 아니기 때문이다.

변수 變數, variable

정의 ○ 변하는 양을 나타내는 문자.

어원 ○ 한자어 변(變)은 '변하다'를, 영어 variable은 '변하기 쉬운'을 뜻한다. 따라서 변수는 값이 하나로 정해진 수가 아니라 그 값이 계속 변할 수 있는 수를 말한다.

핵심 ▶ **독립변수, 종속변수, 상수**

변하는 것을 나타내기 위해서는 그 값이 정해진 수가 아니므로 문자로 나타낼 수밖에 없다. 이때, 문자는 여러 가지로 변하는 수들을 대신하는 역할을 한다.

예를 들어 한 개에 300원 하는 연필 x개의 가격을 y원이라고 하면 x가 1이면 y는 300이고, x가 2이면 y는 600, ⋯ 이렇듯 연필의 개수가 변함에 따라 연필 전체의 가격도 변하므로 x, y는 변수이다. 이때, 300처럼 변하지 않는 수를 '상수(常數)'라고 한다. 또한 변수 x를 '독립변수'라 하고, x에 따라 그 값이 정해지는 변수 y를 '종속변수'라고 한다.

$$y = 300\,x$$

변수   상수 변수
(종속변수)   (독립변수)

▶ **정의역, 공역, 치역**

함수 $f : X \to Y$에 대하여 각각의 변수의 집합을 정의역, 공역, 치역이라고 한다.

① 정의역(定義域, Domain): 변수 x의 전체 집합 X를 말한다.

② 공역(共域, Codomain): 변수 y의 전체 집합 Y를 말한다. 주어진 함수의 공역이 특별히 주어져 있지 않으면 실수 전체의 집합이 그 함수의 공역이다.

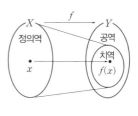

③ 치역(値域, Range): 함숫값 전체의 집합, 즉 $\{f(x) \mid x \in X\}$를 말한다.

예

정의역 $X = \{1, 2, 3\}$
공역 $Y = \{3, 4, 5, 6\}$
치역 $f(X) = \{3, 4, 5\}$

관련어
• 미지수
• 방정식
• 순서쌍
• 함수
• 함숫값

예제 ㅇ 다음을 변수를 사용한 식으로 나타내시오.

① 시속 $60\,\mathrm{km}$로 x시간 달렸을 때의 거리 $y\,\mathrm{km}$

② 시속 $60\,\mathrm{km}$로 y시간 달렸을 때의 거리 $x\,\mathrm{km}$

③ 길이가 $100\,\mathrm{cm}$인 끈을 $x\,\mathrm{cm}$ 사용하고 남은 길이 $y\,\mathrm{cm}$

④ 길이가 $100\,\mathrm{cm}$인 끈을 $y\,\mathrm{cm}$ 사용하고 남은 길이 $x\,\mathrm{cm}$

[정답] ① $y=60x$　② $x=60y$　③ $y=100-x$　④ $x=100-y$

■ 주의점

• 변량은 주로 통계에서 사용한다.
  예를 들어 학생들의 키를 조사한 자료에서는 '키'를 나타내는 낱낱의 수치는 변수가 아
  니라 '변량'이라고 한다.

수학사 ㅇ 변수의 역사

문자를 사용하여 변수를 나타내기 시작한 것은
고대 그리스의 기하학에서 부터이다. 그 이전에
는 도형에서 특정한 점이나 특정한 도형을 나타
낼 때 "이 점, 저 점, 이 삼각형, 저 삼각형"과 같이
말로 나타냈었다. 그러다 도형을 지칭할 때 좀 더
분명하고 효과적으로 하기 위해서 '점 A', '점 B'

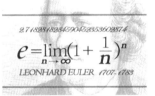

오일러가 사용한 기호

와 같이 문자를 사용하여 형식적인 표현을 하게 되었고, 곧이어 선분과 여러 가지 도형
도 문자를 사용하여 나타내게 되었다.

한편, 수학에서 사용되는 문자가 항상 변수나 미지수를 뜻하는 것은 아니고 수를 나
타낼 때도 있다. 예를 들어 허수 단위를 나타내는 i나 원주율 π, 초월수 e 등의 문자는
변수가 아니라 무한하면서도 순환하지 않는 소수를 나타내기 위한 일종의 기호이다.

e, $\sum$, i 등의 기호들은 **오일러**(Euler, 1707~1783)가 처음 사용했다.

복소수

複素數, Complex number

정의 ○ $a+bi$의 꼴로 나타내어지는 수(단, a, b는 실수).

어원 ○ 한자어 복(複)은 '서로 겹친 것'을, 영어 complex는 '복잡한 것'을 뜻한다. 따라서 복소수는 실수와 허수가 겹쳐진 복잡한 수를 말한다.

핵심 ▶ 복소수는 방정식의 해가 항상 존재하기 위하여 수의 범위를 실수 이상으로 확장하는 과정에서 만들어졌다. 예를 들어, 실수의 범위에서는 방정식 $x^2=-3$을 만족하는 해가 존재하지 않는다. 실수를 제곱하면 그 값은 항상 0 이상이기 때문이다. $x^2=3$이 2개의 해를 가지는 것처럼 $x^2=-3$도 해를 갖도록 하기 위해 도입한 것이 허수 개념이고, 실수를 포함하여 새로 정의된 것이 바로 복소수이다.

▶ 복소수 $a+bi$ (단, a, b는 실수, $i=\sqrt{-1}$)에 대하여 a를 실수 부분, b를 허수 부분이라고 한다.

$$\underset{\text{실수 부분}}{\underbrace{a}}+\underset{\text{허수 부분}}{\underbrace{bi}}$$

ㅇㅖ 복소수 $3-2i$에서 실수 부분은 3, 허수 부분은 -2
복소수 0에서 실수 부분은 0, 허수 부분은 0

▶ 0을 제외한 모든 복소수는 2개의 제곱근을 갖는다.

ㅇㅖ 복소수의 범위에서 $x^2=-3$의 해를 구해 보자.
$i^2=-1$이므로 $x^2=-3$은 $x^2=3i^2$으로 만들 수 있다.
$x^2-3i^2=0$, $(x+\sqrt{3}i)(x-\sqrt{3}i)=0$
따라서 $x=\pm\sqrt{3}i$

▶ 복소수 $a+bi$는 실수와 허수를 모두 포함한다.
a, b가 실수일 때, $b=0$이면 $a+bi$는 실수이고, $b\neq0$이면 $a+bi$는 허수이다 (단, i는 $i^2=-1$을 만족하는 허수 단위).
또한, 임의의 실수 a는 $a=a+0=a+0i$라고 할 수 있다. 따라서 모든 실수는 복소수이다.

▶ **복소수의 성질**

① 실수끼리는 서로 크기를 비교할 수 있지만, 실수가 아닌 복소수는 크기를 비교할 수 없다.

② a, b, c, d가 실수이고 $a=c$, $b=d$일 때, $a+bi=c+di$이다.

> 예 $a+bi=3+4i \iff a=3$, $b=4$,
>
> $a+bi=0 \iff a=0$, $b=0$

▶ **복소수의 사칙연산**

a, b, c, d가 실수일 때

① $(a+bi)+(c+di)=(a+c)+(b+d)i$

> 예 $(2-3i)+(5+7i)=7+4i$

② $(a+bi)-(c+di)=(a-c)+(b-d)i$

> 예 $(2-3i)-(5+7i)=-3-10i$

③ $(a+bi)\times(c+di)=(ac-bd)+(ad+bc)i$

> 예 $(2-3i)\times(5+7i)=31-i$

④ $(a+bi)\div(c+di)=\dfrac{a+bi}{c+di}=\dfrac{(ac+bd)-(ad-bc)i}{c^2+d^2}$ (단, $c+di\neq0$)

> 예 $(2-3i)\div(5+7i)=\dfrac{2-3i}{5+7i}=-\dfrac{11+29i}{74}$

▶ **켤레복소수**

복소수 $z=a+bi$(a, b는 실수)에 대하여 허수 부분의 부호만 바꾼 복소수 $\bar{z}=a-bi$ (a, b는 실수)를 켤레복소수라고 한다.

> 예 $\overline{-3+2i}=-3-2i$, $\bar{2}=2$, $\overline{-i}=i$

▶ **켤레복소수의 성질**

① 어떤 복소수와 그 복소수의 켤레복소수의 곱은 항상 실수이다.

> 예 $(3+2i)\times(3-2i)=9-4i^2=9+4=13$

② 분모와 분자에 똑같이 분모의 켤레복소수를 곱해주면 분모가 실수가 된다.

> 예 $\dfrac{1-2i}{3+2i}=\dfrac{(1-2i)\times(3-2i)}{(3+2i)\times(3-2i)}=\dfrac{-1-8i}{13}$ ← 분모가 실수가 됨

예제 ○ $(6-5i)\div(4-7i)$를 계산하여라.

[풀이] $(6-5i)\div(4-7i)=\dfrac{6-5i}{4-7i}=\dfrac{(6-5i)(4+7i)}{(4-7i)(4+7i)}=\dfrac{59+22i}{65}$

🔲 **주의점**

・복소수에서는 양수, 음수를 따지지 않는다.

○ 복소수의 역사

복소수가 실제의 수로 받아들여진 것은 복소평면
개념이 도입된 17세기에 이르러서이다. 기존의 수
직선은 실수로만으로 가득 차 있어서 허수가 끼어
들 틈이 없었다. 그때까지의 수는 직선 위의 한 점
이었지만, 허수의 도입으로 이제 수는 평면 위의
한 점이 된다. 이런 아이디어를 최초로 생각한 사
람은 영국 수학자 월리스(Wallis, 1616~1703)이다.

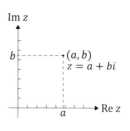

베셀의 복소평면

그는 1673년에 허수를 평면 위에 나타내는 간단한 아이디어를 내면서 우선 실수를 일
직선 위의 점으로 나타낸 다음, 이 수직선과 수직인 직선을 그려서 허수를 표시했다.
하지만 이 방법은 곧 잊혀졌다. 그 후 1797년 덴마크의 항해사 베셀(Wessel)이 수를
사용하여 기하학을 나타내는 방법을 고안하다가 두 축이 서로 수직으로 만나는 좌표평
면에 a는 실수축에, b는 허수축에 표시하여 복소수 $a \pm b\sqrt{-1}$를 나타냈다. 한 점 $(a,$
$b)$를 복소수 $a+bi$로 볼 때의 평면인 베셀의 복소평면 또한 당시에는 큰 주목을 받지
못했다. 그러다 몇 년 후에 가우스(Gauss, 1777~1855)에 의해 재발견되었는데, 가우
스는 이 평면상의 점을 실수와 허수가 복합적으로 표현된 '복소수(complex number)'
라고 불렀다.

모든 대수 방정식은 복소수 범위에서 근을 갖는다. 즉, 복소수 범위 안에서 이차방
정식은 2개의 근을, 삼차방정식은 3개의 근을, 사차방정식은 4개의 근을, 그리고 일반
적인 n차의 다항 방정식은 반드시 n개의 근을 갖는다. 이것을 가우스의 '대수학의 기
본 정리(fundamental theorem of algebra)'라고 부른다.

복소수를 다루는 기술은 꾸준히 발전하였고 이제 복소수는 자연과학 분야에서 필수
불가결한 수가 되었다. 물리학과 공학에 널리 쓰이며 컴퓨터 그래픽에도 쓰여서 〈스타
트랙 II〉와 같은 영화의 장면을 만드는 데에도 널리 사용되고 있다.

부등식 不等式, inequality

정의 O 부등호를 사용하여 두 수 또는 두 식의 대소 관계를 나타낸 식.

어원 O 한자어 부(不)는 '아니다'를, 영어 inequality는 equality의 반대말로서 '같지 않다'를 뜻한다. 수학에서 부등식은 등식이 아닌 식을 말한다.

핵심 ▶ 부등식은 다음과 같은 부등호 기호를 사용하여 나타낸다.

$x > a$	$x \geq a$	$x < a$	$x \leq a$
x는 a보다 크다.	x는 a보다 크거나 같다.	x는 a보다 작다.	x는 a보다 작거나 같다.

수직선에서 ○에 대응하는 수는 부등식의 해에 포함되지 않고, ●에 대응하는 수는 부등식의 해에 포함된다.

▶ 부등식은 최고차항의 차수에 따라 일차부등식, 이차부등식, 삼차부등식, …으로 분류할 수 있다.

예 $x - 3 > 1$, $\frac{2}{3}x + 1 < 1$, $-4x + 3 \geq 0$, $2x - 3 \leq 9$: 일차부등식

$x^2 - 3x > 1$, $\frac{2}{3}x^2 - 1 < 1$, $x^2 - 4x + 3 \geq 0$, $2x^2 - 3x \leq 9$: 이차부등식

▶ 부등식의 해는 방정식과 달리 '범위'로 나온다. 이때, 부등식이 참이 되게 하는 미지수의 범위를 '부등식의 해'라고 부른다.

▶ 부등식의 해는 부등식의 성질이나 이항을 이용하여 주어진 부등식을

$$x < (수), \ x > (수), \ x \leq (수), \ x \geq (수)$$

중 한 개의 꼴로 고쳐서 구한다.

▶ 부등식의 해를 구할 때는 다음과 같은 부등식의 성질을 이용한다.

부등호의 양쪽에 같은 수를 더하거나 빼도 부등호의 방향은 바뀌지 않는다.	➡	$a < b$이면 $a + c < b + c$ $a - c < b - c$	➡	예 $1 < 4$일 때, $1 + 5 < 1 + 5$ $1 - 5 < 1 - 5$

부등호의 양쪽에 같은 양수를 곱하거나 나누어도 부등호의 방향은 바뀌지 않는다. ➡ $a<b$, $c>0$이면 $ac<bc$, $\dfrac{a}{c}<\dfrac{b}{c}$ ➡ 예 $1<4$, $5>0$일 때, $1\times 5<4\times 5$ $\dfrac{1}{5}<\dfrac{4}{5}$

부등호의 양쪽에 같은 음수를 곱하거나 나누면 부등호의 방향은 바뀐다. ➡ $a<b$, $c<0$이면 $ac>bc$, $\dfrac{a}{c}>\dfrac{b}{c}$ ➡ 예 $1<4$, $-5<0$일 때, $1\times(-5)>4\times(-5)$ $\dfrac{1}{(-5)}>\dfrac{4}{(-5)}$

예제 ○ $a>b$일 때, 다음 □ 안에 알맞은 부등호를 넣어라.

(1) $3a \;\square\; 3b$ 　　　　　　(2) $-\dfrac{a}{4} \;\square\; -\dfrac{b}{4}$

(3) $\dfrac{a}{3}-5 \;\square\; \dfrac{b}{3}-5$ 　　　(4) $-2a+3 \;\square\; -2b+3$

풀이 (1) $a>b$의 양쪽에 3을 곱하면 부등호 방향은 바뀌지 않으므로 $3a \boxed{>} 3b$

(2) $a>b$의 양쪽에 $-\dfrac{1}{4}$을 곱하면 부등호 방향이 바뀌므로 $-\dfrac{a}{4} \boxed{<} -\dfrac{b}{4}$이다.

(3) $a>b$의 양쪽에 $\dfrac{1}{3}$을 곱하면 부등호 방향은 바뀌지 않으므로 $\dfrac{a}{3}>\dfrac{b}{3}$이고, $\dfrac{a}{3}>\dfrac{b}{3}$의 양쪽에서 5를 빼도 부등호 방향은 바뀌지 않으므로 $\dfrac{a}{3}-5 \boxed{>} \dfrac{b}{3}-5$

(4) $a>b$의 양쪽에 -2를 곱하면 부등호 방향이 바뀌므로 $-2a<-2b$이고, $-2a<-2b$의 양쪽에 3을 더하면 부등호 방향은 바뀌지 않으므로 $-2a+3 \boxed{<} -2b+3$

■ 주의점

• 부등식에서 음수를 곱하거나 음수로 나누면 부등호의 방향이 바뀐다.

수학사 ○ **부등호의 역사**

지금 우리가 사용하는 부등호 $<$, $>$가 처음 등장한 때는 17세기이다. 대표적인 수학자는 16세기경 영국 수학자 **오트레드**(Oughtred, 1574~1660)이다. 그는 부등호 기호로 '◻'와 '◻'를 사용했다. 오트레드는 수학을 무료로 가르쳐주었는데, 그의 제자들 중에는 세계적인 수학자가 여럿 나왔다고 한다.

부등호가 등장하게 된 것은 수학에서 기호를 사용하려는 노력이 커진 것과 관련이 있다. 기호를 사용하는 것이 수학적인 사고를 보다 치밀하고 효과적으로 해준다는 생각이 퍼지면서 15세기 말부터 17세기 초까지의 시기에 많은 기호가 등장했다. 이때에는 이미 문자를 사용하는 식이 많이 쓰이고 있었기 때문에 자연스럽게 부등식의 표현이 필요했다.

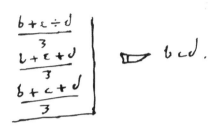

해리엇 부등호

당시에는 오트레드가 사용한 부등호 기호를 여러 수학자가 쓰고 있었는데, 기호의 방향에 혼란을 일으켜서 잘못 사용되는 일이 잦았다. 그러다가 영국 수학자 해리엇(Harriot, 1560~1621)이 1631년 그의 책 《해석술의 연습, Artis analyticae praxis》에서 '~보다 크다.', '~보다 작다.'를 기호로 '＞'와 '＜'와 같이 나타냈고, 이 기호가 널리 퍼졌다.

한편, 부등호와 등호가 결합된 기호인 '≤', '≥'는 1734년 프랑스 과학자 부게르(Bouguer, 1698~1758)가 처음 사용했다.

부채꼴 sector

정의 ○ 한 원에서 두 개의 반지름과 호로 이루어진 부채 모양의 도형.

어원 ○ 부채꼴은 우리말로 '부채처럼 생겼다'는 것을, 영어 sector는 '영역'을 뜻한다. 수학에서 부채꼴은 원의 일부로 두 반지름과 호로 이루어진 영역을 말한다.

핵심 ▶ **호**

원 위에 두 점 A와 B를 잡았을 때, 작은 쪽의 호를 호 AB($\widehat{AB}$)라 하고, 큰 쪽의 호를 호 ACB($\widehat{ACB}$)라고 한다.

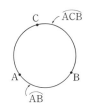

▶ **부채꼴의 모양과 중심각**

부채꼴 AOB에서 두 반지름 $\overline{OA}$와 $\overline{OB}$가 이루는 ∠AOB를 $\widehat{AB}$에 대한 중심각, 또는 부채꼴의 중심각이라고 한다.

중심각의 크기에 따라 부채꼴의 모양이 달라진다.

① 중심각이 180°보다 작은 부채꼴

② 중심각이 180°인 부채꼴

③ 중심각이 180°보다 큰 부채꼴

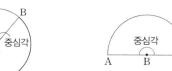

▶ **부채꼴의 성질**

① 한 원 또는 합동인 두 원에서 같은 크기의 중심각에 대한 부채꼴의 호의 길이와 넓이는 각각 같다.

② 한 원 또는 합동인 두 원에서 부채꼴의 호의 길이와 넓이는 부채꼴의 중심각에 비례한다. 즉, 중심각이 2배, 3배, 4배, … 되면 부채꼴의 호의 길이와 부채꼴의 넓이도 2배, 3배, 4배, …가 된다.

예 한 원에서 중심각이 40°인 부채꼴의 호의 길이가 8 cm일 때, 중심각이 120°인 부채꼴의 호의 길이는 24 cm이다. 즉, 40 : 120＝1 : 3＝8 cm : 24 cm

관련어
• 현

135

▶ **부채꼴의 호의 길이**

① 반지름의 길이가 r인 원의 둘레의 길이 l

    → $l = 2\pi r$

$l = 2\pi r$

② 반지름의 길이가 r, 중심각의 크기가 $x°$인 부채꼴의

   호의 길이 l

    → $l = 2\pi r \times \dfrac{x}{360}$

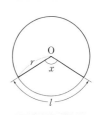

$l = 2\pi r \times \dfrac{x}{360}$

▶ **부채꼴의 넓이**

(1) 반지름의 길이가 r인 원의 넓이 S → $S = \pi r^2$

(2) 반지름의 길이가 r, 중심각의 크기가 $x°$인 부채꼴의 넓이 S

① 부채꼴은 호의 일부이므로 → $S = \pi r^2 \times \dfrac{x}{360}$

② 호의 길이를 활용하면

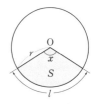

$l = 2\pi r \times \dfrac{x}{360}$ 이므로 $\dfrac{S}{l} = \dfrac{\pi r^2 \times \dfrac{x}{360}}{2\pi r \times \dfrac{x}{360}} = \dfrac{1}{2} r$

→ $S = \dfrac{1}{2} rl$

$S = \pi r^2 \times \dfrac{x}{360}$ 또는 $S = \dfrac{1}{2} rl$

예제 ○   오른쪽 그림과 같은 부채꼴의 호의 길이와 넓이를 구하여라.

[풀이] 호의 길이: $2\pi \times 6 \times \dfrac{120}{360} = 4\pi (\text{cm})$

부채꼴의 넓이: $\pi \times 6^2 \times \dfrac{120}{360} = 12\pi (\text{cm}^2)$

🔴 **주의점**

· 중심각이 $180°$인 부채꼴은, 부채꼴이면서 동시에 활꼴이다.

유클리드(Euclid, BC 300년경)의《원론, Elements》제3권에는 다음과 같은 부채꼴과 활꼴에 대한 정의가 나온다.

> • 부채꼴은 원의 중심에서 어떤 각을 만들었을 때 그 각을 만드는 두 직선과 그 직선들에 의해 잘린 원둘레에 둘러싸인 도형을 말한다(정의 10).
> • 활꼴은 직선과 원둘레로 둘러싸인 도형을 말한다(정의 6).

부채꼴을 지구의 둘레를 측정하는 데 사용한 수학자는 기원전 3세기 고대 그리스의 **에라토스테네스**(Eratosthenes, BC 275~194)이다. 고대 이집트의 알렉산드리아 도서관의 책임자였던 그는 사실 평생 100마일 이상을 여행한 적이 없었다. 에라토스테네스가 하지 날 정오에 시에네(오늘날의 아스완)의 우물에 태양광선이 이 우물을 수직으로 비추기 때문에 그림자가 생기지 않는다는 것을 알게 된 것은 알렉산드리아 대도서관에 있었던 파피루스 책을 통해서였다. 하지만 그가 사는 알렉산드리아에서는 땅바닥에 막대를 수직으로 세우면 막대의 그림자가 생겼다. 그는 이것이 바로 지구가 둥글다는 증거라고 생각했다. 피타고라스학파, **플라톤**(Platon, BC 427?~347)과 **아리스토텔레스**(Aristoteles, BC 384~322)도 지구가 둥글다고 했기 때문이다. 구로 지구를 나타내고 구의 중심에서 직선을 그어 구면과 만나는 점을 시에네라고 하면 구의 외부로 나아가는 직선은 태양 광선과 평행할 것이다. 구의 중심에서 알렉산드리아를 나타내는 점에 직선을 그리면 이 직선은 태양과 평행하지 않으므로 그림자가 생긴다.

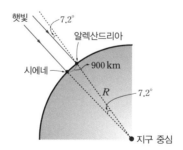

에라토스테네스가 이 그림자 길이와 두 평행선 사이를 지나는 직선에 관해 유클리드의《원론》에 있는 정리를 이용해 시에네와 알렉산드리아 사이의 호가 원주에서 차지하는 비율을 계산했더니 $\frac{1}{50}$이었다(약 7.2°).

에라토스테네스는 자신의 두 학생에게 낙타를 타고 두 도시 사이를 걸어서 거리가

얼마나 되는지를 측정하게 했다. 알렉산드리아에서 시에네까지 가는 데에는 총 5일
이 걸렸다. 낙타가 하루에 걷는 거리가 100스타디아였으므로 두 도시 사이의 거리는
약 5000스타디아(800 km)가 된다. 따라서 지구 둘레는 그 50배인 25만 스타디아이
고 1스타디아＝약 157 m(또는 161 m)이므로 지구 둘레는 약 39,250 km가 된다.
현재 알려진 지구의 둘레는 약 39,840 km이므로 약간의 오차는 있지만 비슷한 수치
이다.

　고대 중국의《구장산술, 九章算術》에는 부채꼴의 넓이를 다음과 같은 방법으로 구하
는 과정이 나온다.

$$\frac{s(s+c)}{2}$$

　이때, s는 현의 중점에서 호의 중심까지의 거리이고, c는 현의 길이이다.

분모의 유리화 _{分母의 有理化, rationalization}

정의 O 분모에 근호가 있을 때 분모, 분자에 각각 0이 아닌 같은 수를 곱하여 분모를 유리수로 고치는 것.

어원 O 한자어 화(化)는 '되다'라는 뜻이므로 유리화(有理化)란 유리수가 되게 한다는 것이다. 한마디로 분모의 유리화란 분수의 분모에 제곱근이 포함된 무리수가 있을 때 이를 유리수로 바꾸는 과정을 말한다.

핵심 ▶ 분모를 유리수로 고치기 위해 어떤 수를 곱했다면, 분모와 분자에 모두 곱해야 수의 크기에 변화가 없다. 따라서 분모를 유리화하는 과정은 다음과 같다.

(1) 분모가 $\sqrt{a}$일 때: 분모와 분자에 각각 $\sqrt{a}$를 곱해 분모를 유리수로 만든다.

$$\frac{b}{\sqrt{a}} = \frac{b \times \sqrt{a}}{\sqrt{a} \times \sqrt{a}} = \frac{b\sqrt{a}}{a}$$ ← 분모가 유리수

↑
분모 분자에 $\sqrt{a}$를 각각 곱한다.

예 $\dfrac{\sqrt{3}}{\sqrt{5}} = \dfrac{\sqrt{3} \times \sqrt{5}}{\sqrt{5} \times \sqrt{5}} = \dfrac{\sqrt{15}}{5}$, $\dfrac{1}{2\sqrt{3}} = \dfrac{\sqrt{3}}{2\sqrt{3} \times \sqrt{3}} = \dfrac{\sqrt{3}}{6}$

(2) 분모가 $\sqrt{a} \pm \sqrt{b}$일 때: 곱셈 공식 $(a+b)(a-b) = a^2 - b^2$을 이용하여 분모를 유리수로 만든다.

①
$$\frac{1}{\sqrt{a}+\sqrt{b}} = \frac{\sqrt{a}-\sqrt{b}}{(\sqrt{a}+\sqrt{b})(\sqrt{a}-\sqrt{b})} = \frac{\sqrt{a}-\sqrt{b}}{a-b}$$ ← 분모가 유리수

↑
분모, 분자에 $\sqrt{a}-\sqrt{b}$를 각각 곱한다.

예 $\dfrac{1}{\sqrt{2}+\sqrt{3}} = \dfrac{\sqrt{2}-\sqrt{3}}{(\sqrt{2}+\sqrt{3})(\sqrt{2}-\sqrt{3})} = \dfrac{\sqrt{2}-\sqrt{3}}{2-3} = \sqrt{3}-\sqrt{2}$

②
$$\frac{1}{\sqrt{a}-\sqrt{b}} = \frac{\sqrt{a}+\sqrt{b}}{(\sqrt{a}-\sqrt{b})(\sqrt{a}+\sqrt{b})} = \frac{\sqrt{a}+\sqrt{b}}{a-b}$$ ← 분모가 유리수

↑
분모, 분자에 $\sqrt{a}+\sqrt{b}$를 각각 곱한다.

관련어
· 무리수
· 유리수

예 $\dfrac{1}{\sqrt{2}-\sqrt{3}} = \dfrac{\sqrt{2}+\sqrt{3}}{(\sqrt{2}-\sqrt{3})(\sqrt{2}+\sqrt{3})} = \dfrac{\sqrt{2}+\sqrt{3}}{2-3} = -\sqrt{2}-\sqrt{3}$

▶ 분모를 유리화하는 이유는 계산상의 편의를 위해서이다. 예를 들어 $\dfrac{1}{\sqrt{2}}$과 $\dfrac{\sqrt{2}}{2}$를 각각 소수로 만든다고 하자. 이때, $\sqrt{2}$는 1.414…으로 그 끝을 알 수 없는 무리수 이다. $\dfrac{1}{\sqrt{2}}$의 값을 구하려면 분자 1을 분모인 무리수 1.414…으로 나누어야 하는데 계산이 번거롭다. 반면, $\dfrac{\sqrt{2}}{2}$는 분자인 무리수 1.414…을 분모인 2로 나누는 것이 므로 $\dfrac{\sqrt{2}}{2}$의 값은 약 0.707…으로 대략적으로 구하기가 더 쉽다.

예제 ○ $\dfrac{1}{3-\sqrt{5}} + \dfrac{1}{2+\sqrt{3}}$의 분모를 유리화하여 나타내어라.

풀이 $\dfrac{1}{3-\sqrt{5}} + \dfrac{1}{2+\sqrt{3}} = \dfrac{3+\sqrt{5}}{(3-\sqrt{5})(3+\sqrt{5})} + \dfrac{2-\sqrt{3}}{(2+\sqrt{3})(2-\sqrt{3})}$

$= \dfrac{3+\sqrt{5}}{4} + \dfrac{2-\sqrt{3}}{1}$

$= \dfrac{3+\sqrt{5}}{4} + \dfrac{8-4\sqrt{3}}{4}$

$= \dfrac{11+\sqrt{5}}{4} - \sqrt{3}$

🔴 주의점

- $\dfrac{\sqrt{2}}{3}$는 분모가 이미 유리수이므로 유리화를 할 필요가 없다. $\dfrac{\sqrt{2}}{3}$의 분자를 유리화한다 고 분모, 분자에 $\sqrt{2}$를 곱해주어 $\dfrac{\sqrt{2}\times\sqrt{2}}{3\times\sqrt{2}} = \dfrac{2}{3\sqrt{2}}$와 같이 하면 분모가 무리수가 되어 오히려 복잡해진다.

- $\dfrac{\sqrt{2}}{3\sqrt{5}}$를 유리화할 때 분모, 분자에 각각 다른 수를 곱하면 안 된다. 분모와 분자에는 반 드시 같은 수를 곱해야 한다.

$\dfrac{\sqrt{2}\times\sqrt{2}}{3\sqrt{5}\times\sqrt{5}} = \dfrac{2}{3\times5} = \dfrac{2}{15}$ (✕), $\quad \dfrac{\sqrt{2}\times\sqrt{5}}{3\sqrt{5}\times\sqrt{5}} = \dfrac{\sqrt{10}}{3\times5} = \dfrac{\sqrt{10}}{15}$ (○)

수학사 ○ **분모의 유리화와 연분수의 역사**

분모의 유리화는 분모에 되도록 무리수를 사용하지 않으려는 것과 관련 있다. 고대 이 집트와 그리스 수학자 들은 무리수를 분수로 나타내기 위해서 연분수를 즐겨 사용했는데, 연분수는 분수의 분자나 분모가 분수 꼴을 하고 있는 것을 말한다. 예를 들어, 무리수 $\sqrt{2}$가 있다고 하자. $1 < \sqrt{2} < 2$이므로 $\sqrt{2}$는 1보다 크다. 따라서 다음과 같이 나타낼 수 있다.

$$\sqrt{2} = 1 + \alpha \ (0 < \alpha < 1)$$

즉, $\alpha = \sqrt{2} - 1$이다. 이 수를 분수로 나타내면 다음과 같다.

$$\alpha = \sqrt{2} - 1 = \frac{\sqrt{2} - 1}{1} = \frac{(\sqrt{2} - 1)(\sqrt{2} + 1)}{\sqrt{2} + 1} = \frac{1}{\sqrt{2} + 1}$$

그런데 $\sqrt{2} = 1 + \alpha \ (0 < \alpha < 1)$이므로,

$$\frac{1}{\sqrt{2} + 1} = \frac{1}{(1 + \alpha) + 1} = \frac{1}{2 + \alpha}$$

결과적으로 $\alpha = \dfrac{1}{2 + \alpha}$이다. 그리고 분모에 α를 계속 대입하면 다음과 같다.

$$\alpha = \frac{1}{2 + \alpha} = \frac{1}{2 + \left(\dfrac{1}{2 + \alpha} \right)} = \frac{1}{2 + \left(\dfrac{1}{2 + \dfrac{1}{2 + \alpha}} \right)} = \cdots$$

그런데 $\alpha = \sqrt{2} - 1$이므로 위 식은 다음과 같이 변형된다.

$$\sqrt{2} - 1 = \frac{1}{2 + \left(\dfrac{1}{2 + \left(\dfrac{1}{2 + \left(\cdots \right)} \right)} \right)}$$

즉, $\sqrt{2} = 1 + \dfrac{1}{2 + \left(\dfrac{1}{2 + \left(\dfrac{1}{2 + \left(\cdots \right)} \right)} \right)}$

이와 같이 연분수법을 사용하면 무리수 $\sqrt{2}$를 분수꼴로 나타낼 수 있다. 하지만 무리수의 끝을 알 수 없다는 점은 여전하다.

분배법칙

分配法則, distributive law

정의 ○ 세 수(또는 항) a, b, c에 대해서

$a \times (b+c) = (a \times b) + (a \times c)$ 또는 $(a+b) \times c = (a \times c) + (b \times c)$

가 성립하는 법칙.

어원 ○ 한자어 분(分)은 '나누는 것'을, 배(配)는 '짝짓는 것'을 뜻한다. 즉, 나누어 짝지어 계산한다는 뜻이다. 수학에서 분배법칙이란 괄호 밖의 것을 괄호 안에 골고루 분배하여 계산해도 그 결과가 같다는 법칙을 말한다.

핵심 ▶ **덧셈에 대한 곱셈의 분배법칙**

'덧셈에 대한 곱셈의 분배법칙이 성립한다.'는 것은 두 항의 합에 또 다른 항을 곱한 것이 두 항 각각에 항을 곱한 후 더한 것과 그 결과가 같다는 것이다.

$\rightarrow a \times (b+c) = (a \times b) + (a \times c)$

예 $3 \times \{(-2)+4\} = 3 \times (-2) + 3 \times 4$

▶ **수의 계산에서의 분배법칙**

분배법칙을 이용하면 복잡한 계산도 간단하게 할 수 있다.

$$12 \times 3.7 + 12 \times 1.3 = 12 \times (3.7 + 1.3)$$
$$= 12 \times 5 = 60$$

▶ **단항식과 다항식의 곱셈에서의 분배법칙**

분배법칙을 이용하여 전개한다.

$$-2x(6x+5) = -2x \times 6x - 2x \times 5$$
$$= -12x^2 - 10x$$

▶ **단항식과 다항식의 나눗셈에서의 분배법칙**

나눗셈을 역수를 이용하여 곱셈으로 바꾼 다음, 분배법칙을 이용한다.

$$(6a^2b - 15ab^3) \div 3ab = (6a^2b - 15ab^3) \times \frac{1}{3ab}$$
$$= 6a^2b \times \frac{1}{3ab} - 15ab^3 \times \frac{1}{3ab}$$
$$= 2a - 5b^2$$

▌▎관련어

· 결합법칙
· 교환법칙

예제 ○ 분배법칙을 이용하여 다음을 계산하여라.

$$(1)\ 7 \times \left\{ \left(-\frac{3}{14} \right) + \frac{5}{21} \right\} \qquad\qquad (2)\ (-35) \times \left\{ \frac{4}{7} + \left(-\frac{2}{5} \right) \right\}$$

[풀이] $(1)\ 7 \times \left\{ \left(-\frac{3}{14} \right) + \frac{5}{21} \right\} = 7 \times \left(-\frac{3}{14} \right) + 7 \times \frac{5}{21}$

$$= -\frac{3}{2} + \frac{5}{3}$$

$$= \frac{1}{6}$$

$$(2)\ (-35) \times \left\{ \frac{4}{7} + \left(-\frac{2}{5} \right) \right\} = (-35) \times \frac{4}{7} + (-35) \times \left(-\frac{2}{5} \right)$$

$$= (-20) + 14 = -6$$

🔲 주의점

• 분배법칙은 두 종류의 다른 연산이 쓰인 계산에서 성립하는 법칙이다. 하나의 연산만
  있을 때는 사용하지 않는다.

  [예] $a \times (b \times c) \neq (a \times b) \times (a \times c)$

• 분배법칙은 괄호 안의 연산은 덧셈이나 뺄셈이고 괄호 밖의 연산은 곱셈이나 나눗셈일
  때 성립한다.

  [예] $a + (b \times c) \neq (a + b) \times (a + c)$

수학사 ○ **분배법칙의 역사**

분배법칙을 나타낼 때 문자를 사용한다. 그런데 그 문자
가 반드시 수를 대신할 필요는 없다는 생각을 한 사람은 19
세기 영국 수학자 **피코크**(Peacock, 1791~1858)이다. 그
는 1830년에 출간한 《대수학, Treatise on Algebra》에서
$x(y+z) = xy + xz$라는 식에 들어있는 문자가 반드시 수
를 나타내지는 않아도 된다는 획기적인 생각을 발표했다.
또한 $x + y = y + x$도 마찬가지라고 하며, 산술연산과 기

부울

호연산을 구분했다. **부울**(Boole, 1815~1864)은 이러한 피코크의 생각에 공감하며 기
호논리학이라는 분야를 개척했다. 부울에 따르면 x를 여자, y를 남자로 생각하면,
$x + y$는 '여자 또는 남자'의 의미를 갖는다.

분산 分散, variance

정의 ○ 편차를 제곱한 값의 평균.

어원 ○ 한자어 분(分)은 '나누다'를, 산(散)은 '흩어지다'
를 뜻한다. 수학에서 분산은 자료가 평균으로부터
흩어진 정도를 하나의 수로 나타낸 산포도 중의
하나로, 편차의 제곱의 평균을 이용해서 구한다.

$$(분산) = \frac{(편차)^2의\ 총합}{(도수)의\ 총합}$$

핵심 ▶ 편차의 총합은 0이 되므로 전체 자료의 흩어진 정도는 편차로는 구할 수 없다. 따라서 편차를 제곱한 분산을 사용해서 전체 자료의 흩어진 정도를 알아본다.

예 자료 158 cm, 160 cm, 155 cm, 165 cm, 167 cm에서

평균: $\dfrac{158+160+155+165+167}{5} = \dfrac{805}{5} = 161\,(cm)$

편차: $-3, -1, -6, +4, +6$

편차의 합: $(-3)+(-1)+(-6)+4+6 = 0$

분산: $\dfrac{(-3)^2+(-1)^2+(-6)^2+4^2+6^2}{5} = \dfrac{98}{5} = 19.6$

▶ 분산의 특성은 다음과 같다.

① 자료가 평균으로부터 흩어진 정도를 알 수 있다.

② 분산이 작으면 변량이 평균에 몰려있으므로, 자료의 분포 상태가 고르다는 것을 뜻한다.

③ 분산이 크면 변량이 평균에서 멀리 흩어져있으므로, 자료의 분포 상태가 고르지 않다는 것을 뜻한다.

예 A: 80 96 92 100 82,　B: 92 93 86 88 91

위의 자료에서 A와 B의 평균은 모두 90이고,

A의 분산은 $\dfrac{304}{5} = 60.8$

B의 분산은 $\dfrac{34}{5} = 6.8$

실제로 각 자료를 살펴보면 A의 자료의 경우 변량들이 80에서 100까지 흩어져있고,
B의 자료는 변량이 86에서 92까지로 비교적 모여있다.

∥ 관련어
· 대푯값
· 산포도
· 편차
· 표준편차

예제 ○ 8명의 충치 개수를 조사한 다음 자료에서 분산을 구하여라.

(단위: 개)

| 3, | 1, | 2, | 5, | 3, | 4, | 6, | 0 |

[풀이] $(평균) = \dfrac{3+1+2+5+3+4+6+0}{8} = 3(개)$

$(분산) = \dfrac{1}{8}\{(3-3)^2 + (1-3)^2 + (2-3)^2 + (5-3)^2 + (3-3)^2 + (4-3)^2 + (6-3)^2 + (0-3)^2\}$

$\qquad\quad = \dfrac{1}{8}(4+1+4+1+9+9) = \dfrac{28}{8} = 3.5$

🔴 주의점

• 편차를 제곱했으므로 분산의 단위는 주어진 변량의 단위와 같지 않다.

수학사 ○ **분산의 역사**

분산의 개념은 18~19세기 천문학자와 물리학자 들이 관찰한 결과를 잘 드러내는 수학 공식을 만들기 위해 노력하는 과정에서 생겨났다. 분산은 분포의 정도를 수로 나타낸 것으로, 1820년 **라플라스**(Laplas, 1749~1822)가 자신의 논문에서 '확률분포'라는 말을 처음 사용했다.

라플라스

사건 事件, event

정의 o 동일한 상태에서 반복할 수 있는 실험이나 관찰의 결과.

어원 o 한자어 사건(事件)과 영어 event는 '일어난 일'을 뜻하며, 생활에서 큰 문제가 되거나 관심을 끌만한 특별한 일을 뜻한다. 하지만 수학에서의 사건은 '어떤 조건을 주었을 때 일어나거나 있을 수 있는 하나하나의 경우'를 말한다.

　예 주사위를 던졌을 때의 사건

➡ '짝수의 눈이 나온다.', '3의 배수의 눈이 나온다.', '6의 약수의 눈이 나온다.' …

동전을 던졌을 때의 사건 ➡ '앞면이 나온다.', '뒷면이 나온다.'

핵심 ▶ **독립사건과 종속사건**

사건에는 독립사건과 종속사건이 있다. 사건 A와 사건 B가 서로 관련성이 없을 때는 독립사건이라고 하고, 사건 A와 사건 B가 서로 관련성이 있을 때는 종속사건이라고 한다.

예를 들어, 흰 공 5개와 검은 공 3개가 들어있는 상자에서 공을 한 개씩 두 번 꺼낼 때, 첫 번째 꺼낸 공이 흰 공일 사건을 A라 하고 두 번째 꺼낸 공이 흰 공일 사건을 B라고 하자.

첫 번째 꺼낸 공을 다시 상자에 넣고, 두 번째 공을 꺼내는 경우 → 독립사건

첫 번째 꺼낸 공의 색이 무엇인지는 두 번째 공을 꺼내는 사건에 아무런 영향을 주지 않는다.

첫 번째에 흰 공을 뽑았다고 하자. 만약 이 공을 다시 상자에 넣는다면, 상자에는 처음과 똑같이 흰 공 5개와 검은 공 3개가 남아있게 된다. 또한 첫 번째에 검은 공을 뽑았다고 하자. 만약 이 공도 다시 상자에 넣는다면, 상자에는 처음과 똑같이 흰 공 5개와 검은 공 3개가 남아있게 된다. 따라서 처음에 어떤 색의 공을 꺼냈는지는 두 번째 공을 꺼내는 사건에 영향을 주지 않는다.

첫 번째 꺼낸 공을 다시 상자에 넣지 않고, 두 번째 공을 꺼내는 경우 → 종속사건

관련어
· 경우의 수
· 확률

첫 번째 꺼낸 공의 색이 무엇인지에 따라 두 번째 공을 꺼내는 사건이 영향을 받는다.

첫 번째에 흰 공을 뽑았다면 상자에는 흰 공 1개가 줄어들어 흰 공 4개와 검은 공 3개가 남게 된다. 따라서 두 번째 공을 꺼낼 때 검은 공을 꺼낼 확률이 처음보다 높아진다. 또한, 첫 번째에 검은 공을 뽑았는데 이 공을 다시 넣지 않는다면, 상자에는 검은 공 1개가 줄어들어 흰 공 5개와 검은 공 2개가 남게 된다. 두 번째에 공을 꺼낼 때 흰 공을 꺼낼 확률이 처음보다 높아지게 된다. 따라서 처음에 어떤 색의 공을 꺼냈는지는 두 번째로 공을 꺼내는 사건에 영향을 준다.

예제 ○ 주머니에 빨간 구슬, 파란 구슬, 하얀 구슬을 넣고 그중에서 한 개를 뽑을 때 일어날 수 있는 사건 3가지를 구하여라.

정답 '파란 구슬이 나온다.', '빨간 구슬이 나온다.', '하얀 구슬이 나온다.'

🔍 주의점

• 사건에는 항상 일어나는 사건뿐 아니라, 절대로 일어나지 않는 사건도 포함된다. 예를 들어 정육면체 주사위를 던졌을 때 '6 이하의 눈이 나온다.'라는 사건은 항상 일어나는 사건이고, '7 이상의 눈이 나온다.'라는 사건은 절대로 일어날 수 없는 사건이다. 전혀 일어나지 않는 경우도 '사건'이라고 한다.

수학사 ○ ## 주사위 게임의 역사

고대에서 게임은 미래를 예언하기 위한 종교의식에서 주사위를 던지거나 항아리에서 공을 꺼내는 등의 행위와 관련이 있었다. 주사위 게임에 사용된 주사위나 말판에 대한 기록은 고대 바빌로니아나 이집트 문명에서 볼 수 있다. 기원전 3500년경에 주사위로 사용되었던 양의 뒤꿈치에 있는 복사뼈가 발견되었으며, 기원전 3000년경의 바빌론 지역에서는 점토로 구운 정육면체 모양의 주사위가 발견되었다.

고대 우르 지역에서는 기원전 2700년경에 만들어진 게임용 말판이 발견되었고, 크레타 섬의 크노소스 궁전에서는 기원전 2000년경 것으로 보이는 놀이판이 발견되었다. 이집트 무덤의 벽화나 그리스의 화병에는 주사위 게임을 하는 그림이 그려져 있다.

어떤 사람이 콩을 집고 그것이 홀수개인지 짝수개인지 알아맞히는 '홀짝' 게임은 고대 그리스와 로마인 들이 가장 즐기는 게임이었다. 로마의 아우구스트 황제는 게임을 매우 좋아해서 만찬에 함께한 사람들과 주사위 게임이나 홀짝 게임을 즐겨 하고 돈을 나누어주며 흥을 돋우기도 했다고 전한다.

주사위 게임에 대한 연구가 본격적으로 이루어진 것은 13세기 무렵이었다. 수백 년 동안 로마인들은 주사위 3개를 동시에 던지는 게임을 즐겼는데, 이 경우의 수에 대해 216(=6×6×6)가지가 아니라 56가지라고 믿었다.

주사위 3개를 던지면 눈금의 합이 3에서 18까지 모두 56가지가 나온다.

이러한 라틴어 시가 있을 정도였는데, 이렇게 착각한 이유는 주사위 3개를 구별하지 않고 경우의 수를 셌기 때문이다. 이것을 바로 잡은 사람은 갈릴레이(Galilei, 1564~1642)였다. 그는 《주사위 게임에 관한 소고》에서 주사위 3개를 동시에 던졌을 때의 경우의 수가 216가지가 되는 이유를 쓰고, 세 수의 합이 10이 되는 경우가 9가되는 경우보다 많다는 것에 대해 자세히 설명했는데, 당시 이 사실은 도박사들만 알고 일반인들은 거의 몰랐다. 또한 그때는 주사위의 6면이 모두 동일하지는 않았는데, 갈릴레이는 공정한 게임을 위해서는 6개의 면이 동일해야 한다는 주장을 하며, 현재와 같은 완전한 정육면체 모양의 주사위를 제안했다.

한편, 경주 안압지에서 신라 시대 때 쓰던 '목제주령구'라는 주사위가 발견되었다. '술 마실 때 놀던 나무 주사위'라는 뜻을 가지고 있는 이 주사위는 6개의 사각형과 8개의 육각형으로 이루어진 14면체 모양을 하고 있다. 각 면에는 '노래 없이 춤추기', '여러 사람 코 때리기', '술 석잔을 한꺼번에 마시기', '얼굴을 간지럼 태워도 참기' 등의 벌칙이 쓰여 있다.

목제주령구

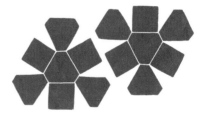

목제주령구 전개도

사차방정식

四次方程式, equation of the fourth degree

정의 ○ (x에 대한 사차식)＝0의 꼴로 나타낼 수 있는 방정식.

핵심 ▶ 사차방정식은 모든 항을 좌변으로 이항하여 정리했을 때

(x에 대한 사차식)＝0, 즉 $ax^4+bx^3+cx^2+dx+e=0\,(a\neq0)$꼴로 나타낼 수 있는 방정식을 말한다.

예 $3x^4+x^3-2x-2=0$, $x^4-9=0$

▶ 사차방정식의 해를 구할 때 인수분해를 이용할 수 있다.

예 사차방정식 $x^4-5x^2+4=0$의 좌변을 인수분해하면

$(x^2-4)(x^2-1)=(x+2)(x-2)(x+1)(x-1)=0$

따라서 근은 $x=1$, 또는 $x=-1$, 또는 $x=2$, 또는 $x=-2$

관련어
- 근의 공식
- 방정식
- 삼차방정식
- 이차방정식

🔴 주의점

- 복소수 범위에서 이차방정식이 항상 2개의 근을 가지는 것처럼 계수가 실수인 사차방정식은 복소수 범위에서 항상 4개의 근을 갖는다(단, 중근은 2개로 함).
- $x^4+2x^3-9-x^4-2x^2=0$을 정리하면 $2x^3-2x^2-9=0$
  이 식은 x에 대한 삼차식이므로 사차방정식이 아니다.

수학사 ○ 사차방정식의 역사

기원전 2000년경 고대 바빌로니아에서 사차방정식이 논의되기도 했다. 하지만 몇 가지 특수한 경우에 한한 것이었다.

〈위대한 술법〉

사차방정식에 대한 일반적인 해법이 논의된 것은 16세기경이다. 사차방정식의 해법을 발견한 사람은 **카르다노**(Cardano, 1501~1576)의 제자인 **페라리**(Ferrari, 1522~1565)이다. 페라리는 스승인 카르다노의 삼차방정식의 해법과 유사한 방식으로 사차방정식의 해법을 발견했다. 카르다노는 1545년에 낸 《위대한 술법, Ars Magna》에 자신이 구한 삼차방정식의 해법과 더불어 사차방정식의 해법도 실었다. 스승은 양근만 구했지만, 제자는 음근도 구했다.

산점도 散占圖, scatter diagram

정의 ○ 좌표평면을 이용하여 두 변량 간의 관계를 점으로 나타낸 그림.

어원 ○ 한자어 산(散)은 '흩어지다'를, 점(占)은 말 그대로 '점'을, 도(圖)는 '그림'을 뜻한다. 영어 scatter는 '흩어지다'를, diagram은 '그림'을 뜻한다. 따라서 산점도는 두 변량의 값을 순서쌍으로 하여 좌표평면 위의 점으로 나타낸 것을 말한다.

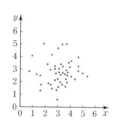

핵심 ▶ 산점도에 찍힌 점들이 흩어져있는 모습을 통해 다음을 알 수 있다.
① 두 변수 사이의 관련성을 시각적으로 파악할 수 있다.
② 전반적인 패턴에서 벗어난 정보를 효과적으로 찾을 수 있다.

▶ **산점도 그리기**

[1단계] 자료를 수집한다.

[2단계] 가로축과 세로축을 그린다.

[3단계] 자료에서 얻는 순서쌍 (x, y)를 좌표평면에 찍는다.

|||| 관련어
· 변량
· 상관관계

예제 ○ 오른쪽 그림은 어느 상점의 아이스크림 판매량과 기온과의 관계를 산점도로 나타낸 것이다. 기온이 $36°C$인 날의 아이스크림의 판매량을 구하여라.

[정답] 80개

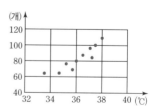

🔖 **주의점**

· 똑같은 자료라도 눈금의 단위를 작게 하느냐 크게 하느냐에 따라 산점도의 점들이 직선 모양으로 모여있는 것으로 보일 수도 있고 흩어져있는 것으로 보일 수도 있다.

산포도 散布度, measure of dispersion

정의 ○ 변량이 대푯값을 중심으로 흩어져있는 정도를 하나의 수로 나타낸 값.

어원 ○ 한자어 산(散)은 '흩어지다'를, 포(布)는 '펴다'를, 도(度)는 '정도'를 뜻한다. 영어 dispersion은 '평균과의 차이'를, measure는 '측정하다'를 뜻한다. 수학에서 산포도는 변량이 평균으로부터 흩어진 정도를 수치화한 것을 말한다.

핵심 ▶ **산포도의 종류**

① 분산: 편차를 제곱한 값의 평균이다.

② 표준편차: 분산의 양의 제곱근이다.

③ 범위: 변량의 최솟값과 최댓값을 이용해 변량의 흩어진 정도를 나타내는 수로, 변량의 최댓값에서 최솟값을 뺀 값이다.

④ 사분위 범위: 변량을 크기순으로 놓고 상위 $\frac{1}{4}$에 해당하는 수에서 하위 $\frac{1}{4}$에 해당하는 수를 뺀 값이다.

이 중에서 가장 대표적으로 사용되는 산포도는 분산과 표준편차이다.

▶ **산포도 그래프**

어떤 자료에서 각 변량이 평균을 중심으로 모여있으면 산포도가 작고, 평균에서 멀리 흩어져있으면 산포도가 크다. 이를 그래프로 나타내면 산포도가 크면 클수록 그래프의 폭이 넓게 퍼지고 산포도가 작으면 작을수록 그래프의 폭이 좁아진다.

산포도가 크다	산포도가 작다
평균	평균
변량이 평균에서 흩어져있다.	변량이 평균에 모여있다.

예제 ○ 다음 그래프는 1반, 2반, 3반의 수학 성적의 분포를 나타낸 것이다. 세 반의 평균이 모두 같다고 할 때, 세 반 중 표준편차가 가장 작은 반과 가장 큰 반을 구하여라.

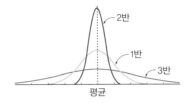

[풀이] 변량들이 평균에 모여있을수록 표준편차가 작다. 그래프를 보면 2반의 그래프 폭이 가장 좁고 3반의 그래프 폭이 가장 넓다. 따라서 표준편차가 가장 작은 반은 2반이고 가장 큰 반은 3반이다.

■ 주의점

• 변량의 대푯값으로는 주로 평균이 쓰인다. 평균만으로는 변량이 얼마나 흩어져있는지 알 수 없기 때문에 산포도를 사용한다.

수학사 ○ 산포도의 역사

독일 수학자 가우스(Gauss, 1777~1855)는 1816년부터 10년 동안 독일 여러 지역을 돌아다니며 지도를 만들려고 측지 탐사를 하다가, 측정 도구의 한계 때문에 오차가 생길 수밖에 없음을 알게 되었다. 이에 그는 "오차는 평균값을 중심으로 종 모양의 곡선을 따라 분포한다."라는 '중심극한정리'를 만들었다.

독일 10마르크 지폐에 그려진 가우스와 통계 그래프

삼각비

三角比, trigonometric ratio

정의 ㅇ 직각삼각형에서 두 변의 길이의 비.

어원 ㅇ 한자어 삼각비(三角比)는 '삼각형에서 성립하는 비'의 줄임말이다. 영어 trigono-metric은 '삼각법'을, ratio는 '비'를 뜻한다. 수학에서 삼각비는 직각삼각형의 세 변 중에서 두 변을 선택해 구한 비를 말한다.

핵심 ▶ **닮은 직각삼각형에서의 비**

예각인 ∠A를 공통으로 하는 직각삼각형 △ABC, △ADE, △AFG, …가 있을 때, 이 직각삼각형들은 서로 닮음이므로 대응하는 변의 길이의 비는 항상 같다.

$$\frac{\overline{BC}}{\overline{AC}} = \frac{\overline{DE}}{\overline{AE}} = \frac{\overline{FG}}{\overline{AG}} = \cdots$$

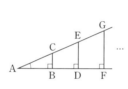

$$\frac{\overline{AB}}{\overline{AC}} = \frac{\overline{AD}}{\overline{AE}} = \frac{\overline{AF}}{\overline{AG}} = \cdots$$

$$\frac{\overline{BC}}{\overline{AB}} = \frac{\overline{DE}}{\overline{AD}} = \frac{\overline{FG}}{\overline{AF}} = \cdots$$

따라서 직각삼각형 ABC에서 직각이 아닌 ∠A가 정해지면, 직각삼각형의 크기에 관계없이 일정한 비 $\dfrac{\overline{BC}}{\overline{AC}}$, $\dfrac{\overline{AB}}{\overline{AC}}$, $\dfrac{\overline{BC}}{\overline{AB}}$가 생긴다.

▶ **사인, 코사인, 탄젠트**

직각삼각형 ABC에서

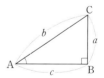

① $\dfrac{\overline{BC}}{\overline{AC}}$ 를 ∠A의 사인이라 하고, $\sin A$로 나타낸다.

→ $\sin A = \dfrac{a}{b}$

② $\dfrac{\overline{AB}}{\overline{AC}}$ 를 ∠A의 코사인이라 하고, $\cos A$로 나타낸다.

→ $\cos A = \dfrac{c}{b}$

관련어
• 원주각
• 피타고라스 정리

③ $\dfrac{\overline{BC}}{\overline{AB}}$ 를 ∠A의 탄젠트라 하고, $\tan A$로 나타낸다.

→ $\tan A = \dfrac{a}{c}$

▶ **특수각의 삼각비**

정사각형을 대각선으로 자르면 한 예각이 45°인 직각이등변삼각형이 만들어지고, 정삼각형을 이등분하면 예각의 크기가 30°, 60°인 직각삼각형이 만들어진다. 직각삼각형에서 한 예각의 크기가 30°, 45°, 60°인 이러한 경우를 '특수각'이라고 하며, 특수각에 대한 삼각비는 다음과 같다.

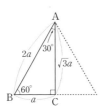
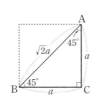

삼각비 $\diagdown$ A	30°	45°	60°
$\sin A$	$\dfrac{1}{2}$	$\dfrac{\sqrt{2}}{2}$	$\dfrac{\sqrt{3}}{2}$
$\cos A$	$\dfrac{\sqrt{3}}{2}$	$\dfrac{\sqrt{2}}{2}$	$\dfrac{1}{2}$
$\tan A$	$\dfrac{\sqrt{3}}{3}$	1	$\sqrt{3}$

▶ **임의의 각의 삼각비**

다음과 같이 반지름의 길이가 1인 사분원에서 직각삼각형 ABC와 직각삼각형 ADE를 그리면

$\triangle$ABC에서 $\sin A = \dfrac{\overline{BC}}{\overline{AC}} = \dfrac{\overline{BC}}{1} = \overline{BC}$

$\triangle$ABC에서 $\cos A = \dfrac{\overline{AB}}{\overline{AC}} = \dfrac{\overline{AB}}{1} = \overline{AB}$

$\triangle$ADE에서 $\tan A = \dfrac{\overline{DE}}{\overline{AD}} = \dfrac{\overline{DE}}{1} = \overline{DE}$

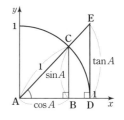

$\angle$A의 크기가 점점 작아져 0°에 가까워지면, $\overline{BC}$의 길이는 0에 가까워지므로 $\sin A = 0$이고, $\overline{AB}$의 길이는 1에 가까워지므로 $\cos A = 1$이며, $\overline{DE}$의 길이는 0에 가까워지므로 $\tan A = 0$이다. 또한 $\angle$A의 크기가 점점 커져 90°에 가까워지면, $\overline{BC}$의 길이는 1에 가까워지므로 $\sin A = 1$이고, $\overline{AB}$의 길이는 0에 가까워지므로 $\cos A = 0$이며, $\overline{DE}$의 길이는 무한히 커지므로 $\tan A$의 값은 ∞이다.

따라서 $0° \le \angle A \le 90°$에서 $0 \le \sin A \le 1$, $0 \le \cos A \le 1$, $0 \le \tan A < \infty$

예제 O 오른쪽 그림에서 x와 y의 값을 구하여라.

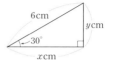

[풀이] $\sin 30° = \dfrac{1}{2}$이므로 $\dfrac{y}{6} = \dfrac{1}{2}$이다. 따라서 $y = 3$

$\cos 30° = \dfrac{\sqrt{3}}{2}$이므로 $\dfrac{x}{6} = \dfrac{\sqrt{3}}{2}$이다. 따라서 $x = 3\sqrt{3}$

■ 주의점

- 삼각법은 삼각형의 변과 각 사이의 관계를 연구하는 분야이다.
- 직각삼각형의 세 변 중에서 2가지를 나열하는 경우는 6가지이므로 삼각비는 위에서
  알아본 3가지 외에 3가지가 더 있다.

$\csc A = \dfrac{b}{a}$: 코시컨트 A

$\sec A = \dfrac{b}{c}$: 시컨트 A

$\cot A = \dfrac{c}{a}$: 코탄젠트 A

수학사 O **삼각비의 역사**

삼각비는 주로 천문학에서 많이 쓰였기 때문에, 수학이라기보다 천문학의 한 부분으로 여겨져 왔다. 고대인은 하늘의 움직임이 신의 계시와 관련이 있다고 생각했다. 고대 바빌로니아에서는 목성, 금성, 토성, 수성, 화성 등 다섯 개의 행성만 인정되었고, 이 다섯 행성을 바빌로니아의 신과 동일시했다. 따라서 만일 누군가 그 권능의 활동을 정확히 읽고 해석할 수 있다면, 신들이 하려는 일에 대해 알 수 있게 된다. 이에 고대 바빌로니아 사제들은 하늘에서 관찰되는 현상에 대한 해석을 완벽하게 하는 업무에 몰두했다.

행성에 관한 바빌로니아 서판이 2000개가 넘는데, 그중 300개는 이 5개 행성의 운동을 관찰한 것이다. 1923년에 출판업자이며 자선가인 **플림프턴**(G. A. Plimpton)이 고대 바빌로니아 지역이었던 아라비아에서 구입해 미국 콜롬비아 대학에 기증한 점토판 '플림프턴 322'에는 코사인의 역수에 해당하는 값$\left(\text{즉, } \dfrac{\text{빗변}}{\text{밑변}}\right)$이 적혀있다. 이 점토판은 기원전 1800년경에 제작된 것으로 알려졌으며, 이것이 직각삼각형의 변의 길이를 나타낸 표라는 것은 1940년대에 **노이게바우어**(Neugebauer)가 밝혀냈다.

고대 이집트의 린드 파피루스에는 피라미드 밑면에서의 이면각의 코탄젠트 값과 관련된 문제가 있다. 고대 그리스 시대에는 기원전 270년경 사모스 섬 출신의 천문학자인 **아리스타코스**(Aristarchos, BC 310~230)가 삼각법(trigonometry)을 적용해 달의

cos A의 역수	한 변이 길이	빗변	순서
1.9834	119	169	1
1.9492	3367	4825	2
1.9188	4601	6649	3
1.8863	12709	18541	4
1.8150	65	97	5
1.7852	319	481	6
1.7200	2291	3541	7
1.6928	799	1249	8
1.6427	481	769	9
1.5861	4961	8161	10
1.5625	45	75	11
1.4894	1679	2929	12
1.4500	161	289	13
1.4302	1771	3229	14
1.3872	56	106	15

'플림프턴 322'와 그것을 현대의 수로 해석한 표

크기와 지구로부터 달까지의 거리를 계산하기도 했다.

기원전 2세기 후반 그리스의 **히파르코스**(Hipparchus, BC 180~125?)는 모든 행성들이 구면 위에서 움직인다고 생각하고, 행성 사이의 거리를 쉽게 구하고자 중심각 크기마다 현의 길이를 계산하여 표로 만들었다.

그 후 **프톨레마이오스**(Ptolemaeus, 85?~165?)는 《천문학 집대성, Syntaxis》에서 $0°$부터 $90°$까지 $\left(\frac{1}{4}\right)°$ 간격으로 현의 표를 완성했다. 프톨레마이오스의 체계에서 지구는 고정되어 있고, 태양을 포함한 행성들이 원을 그리며 지구 주위를 회전한다. 이 책은 매우 정확하게 행성들의 움직임을 예측하여 '가장 위대한 책'으로 불린다.

현재 우리가 배우는 것과 같은 삼각비를 정의한 사람은 인도의 수학자들이었다. 그들은 현과 중심각의 대응 관계를 밝힌 프톨레마이오스와 달리, 현의 절반과 중심각의 절반 사이의 대응 관계, 즉 반각의 사인값을 계산했다. **아리아바타**(Aryabhata, 476~550)의 《아리아바티야, Aryabhatiya》에는 삼각함수가 들어있는데, 여기서는 $90°$까지의 각을 24등분해 사인값을 구하고 있다. 아리아바타는 '사인'이라는 말을 '현(jyā)'이라는 용어로 썼다. 6세기에 우자인 천문대의 천문학자 **바라하미히라**

(Varahamihjira, ?~587)가 쓴 《판챠 싯단티카, Panca Siddhantika》에는 초기 인도의 삼각법과 사인표가 들어있다.

인도 수학자 **브라마굽타**(Brahmagupta, 598~668)는 큰 각의 사인값과 작은 각의 사인값을 이용해 어떤 각의 사인값을 알아내는 방법을 《칸다 카디아카, Khanda khadyaka》라는 책에 썼다. 6개의 삼각비를 모두 개발한 사람은 천체를 관측하기 위해 달력과 시계가 필요했던 아라비아인이다. 또한, 그들은 행성이나 항성의 고도를 정확히 관측할 수 있는 휴대용 천측구도 개발했다. 최초로 탄젠트 표를 만든 사람은 860년경 아라비아의 수학자 **알하시브**이다. 삼각법이 천문학에서 분리된 것은 1533년에 레**기오몬타누스**(Regiomontanus, 1436~1476)가 삼각비와 관련된 모든 공식을 집대성한 《모든 종류의 삼각형, De Triangulis Omnimodis》이라는 책을 발간하면서부터이다.

삼각비의 각 이름은 각이 단위원의 중심에 있을 때의 모양에서 나왔다. 탄젠트는 '접(tangent)'이라는 용어에서, 코사인의 역수인 시컨트는 '할(secant)'이라는 용어에서 나왔다. 한편, 지금과 같은 기호(sin, cos, tan)는 **오일러**(Euler, 1707~1783)가 쓴 책에서 처음 나왔다.

삼각형의 닮음 조건

정의 ○ 두 삼각형이 닮음이 되기 위한 조건.

두 삼각형의 모양이 같을 때, 닮음이라고 한다.

△ABC와 △DEF이 닮음일 때, △ABC∽△DEF로 나타낸다.

핵심 ▶ 두 삼각형이 닮음이 되기 위한 조건은 다음 3가지이다.

① 대응하는 세 변의 길이의 비가 서로 같을 때(SSS 닮음)

➡ $a : a' = b : b' = c : c'$

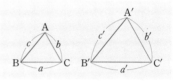

예

$\overline{AB} : \overline{DE} = 1 : 3$, $\overline{BC} : \overline{EF} = 1 : 3$,

$\overline{CA} : \overline{FD} = 1 : 3$이므로

△ABC∽△DEF(SSS 닮음)

② 대응하는 두 변의 길이의 비가 서로 같고, 그 끼인 각의 크기가 같을 때(SAS 닮음)

➡ $a : a' = c : c'$, ∠B = ∠B′

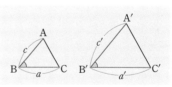

예

$\overline{AB} : \overline{DF} = 1 : 2$, $\overline{BC} : \overline{FE} = 1 : 2$,

∠B = ∠F이므로

△ABC∽△DFE(SAS 닮음)

┃ **관련어**

· 닮음
· 대응
· 삼각형의
  합동 조건

③ 대응하는 두 각의 크기가 각각 같을 때 (AA 닮음)

➡ ∠B = ∠B′, ∠C = ∠C′

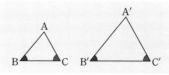

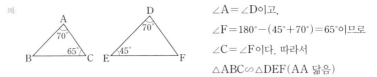

예

∠A = ∠D이고,

∠F = 180° − (45° + 70°) = 65°이므로

∠C = ∠F이다. 따라서

△ABC∽△DEF(AA 닮음)

예제 ○ 다음 도형에서 서로 닮음인 삼각형을 찾아 기호 ∽을 사용하여 나타내고, 닮음 조건이 무엇인지 말하여라.

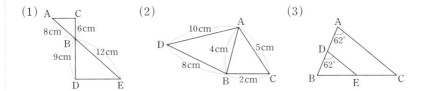

(1)　(2)　(3)

[풀이] (1) △BCA와 △BDE에서 $\overline{BC} : \overline{BD} = \overline{BA} : \overline{BE} = 2 : 3$이고, ∠CBA와 ∠DBE는 맞꼭지각으로 같다. 그러므로 △BCA∽△BDE(SAS 닮음)

(2) △ABC와 △DBA에서 $\overline{AB} : \overline{DB} = \overline{BC} : \overline{BA} = \overline{AC} : \overline{DA} = 1 : 2$이므로 △ABC∽△DBA(SSS 닮음)

(3) △ABC와 △DBE에서 ∠ABC = ∠DBE(공통)이고, ∠BAC = ∠BDE = 62°이므로 △ABC∽△DBE(AA 닮음)

🔖 주의점

• 변을 영어로 side, 각을 영어로 angle이라고 한다. 영어 용어의 첫 글자만 따서 닮음 조건을 각각 SSS 닮음, SAS 닮음, AA 닮음이라고 한다.

• 삼각형의 닮음 조건을 이용하여 사각형의 닮음 조건을 구할 수는 없다.

• 닮음 조건과 합동 조건의 차이점은, 합동 조건에서는 대응하는 변의 '길이'가 같아야 하지만 닮음 조건에서는 대응하는 변의 '길이의 비'가 같아야 한다는 것이다. 또한 합동 조건에서는 한 변과 양 끝각의 크기가 같아야 하지만 닮음 조건에서는 두 쌍의 대응각의 크기만 같으면 된다. 두 개의 각이 결정되면 나머지 각도 알 수 있어서 삼각형 모양이 하나로 결정되기 때문이다.

삼각형 닮음 조건의 역사

삼각형의 닮음 조건을 처음 증명한 수학자는 고대 그리스의 **탈레스**(Thales, BC 624?~548?)이다. 탈레스가 이집트를 여행했을 때 거대한 피라미드를 봤는데, 너무 거대해서 그 높이를 실제로 측정해 알아낼 수 없었다. 높이를 구하기 위해 고민하던 그는 삼각형의 닮음 조건을 이용해 막대기 하나로 거대한 이집트의 피라미드의 높이를 알아냈다. 탈레스가 피라미드의 높이를 구한 방법은 다음과 같다.

먼저, 막대기를 지면에 수직으로 세우고 이것과 피라미드의 그림자 끝을 일치하도록 한다. 피라미드의 꼭짓점을 A라 하고, A로부터 밑변에 내린 수선의 발을 B, 피라미드의 그림자 끝을 C, 막대의 양쪽 끝을 D와 E, 막대 그림자의 끝을 F라고 하면 삼각형 ABC와 삼각형 DEF는 서로 닮음이다.

그다음 삼각형의 닮음 조건을 이용해서 닮음비를 구한다. 각각의 변의 길이를 h, x, h', b라고 하면 닮음비에 의해서 $h : h' = x : b$가 성립한다. 여기서 h', b, x는 직접 측정할 수 있으므로 피라미드의 높이 h를 구할 수 있다.

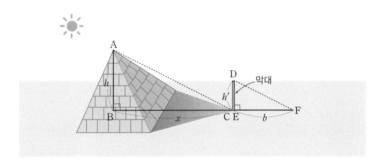

직접 측정하지 않고 수학적 관계를 이용해 높이를 알아낸 것은 당시로는 매우 획기적이었기 때문에 이집트의 왕이었던 아마시스가 크게 놀랐다고 한다. 한편, 닮은 두 다각형의 넓이의 비가 대응하는 변의 길이의 비의 제곱과 같다는 것은 고대 그리스 수학자 유클리드(Euclid, 기원전 300년경)가 밝혔다.

삼각형의 합동 조건

정의 ㅇ 두 삼각형이 합동이 되기 위한 조건.

두 삼각형의 모양과 크기가 같을 때, '합동'이라고 한다. $\triangle ABC$와 $\triangle DEF$가 합동일 때, $\triangle ABC \equiv \triangle DEF$로 나타낸다.

핵심 ▶ 삼각형의 구성 요소

① 삼각형의 구성 요소는 세 변과 세 각이다.

$\triangle ABC$에서 $\angle A$와 마주보는 변을 a, $\angle B$와 마주보는 변을 b, $\angle C$와 마주보는 변을 c라고 한다.

② 삼각형이 되려면 (한 변의 길이)<(다른 두 변의 길이의 합)이 성립해야 한다.

▶ 삼각형의 합동 조건

두 삼각형이 합동이 되기 위한 조건은 다음 3가지이다.

① 대응하는 세 변의 길이가 각각 같을 때(SSS 합동)

➡ $a=a'$, $b=b'$, $c=c'$

예

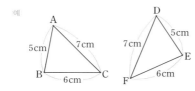

$\overline{AB}=\overline{DE}$, $\overline{BC}=\overline{EF}$, $\overline{CA}=\overline{FD}$이므로
$\triangle ABC \equiv \triangle DEF$(SSS 합동)

② 대응하는 두 변의 길이가 각각 같고, 그 끼인 각의 크기가 같을 때(SAS 합동)

➡ $a=a'$, $c=c'$, $\angle B=\angle B'$

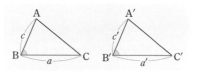

▐▶ 관련어

· 닮음
· 대응
· 삼각형의
  닮음 조건

예

$\overline{AB}=\overline{DE}$, $\overline{BC}=\overline{EF}$, $\angle B=\angle E$이므로
$\triangle ABC \equiv \triangle DEF$(SAS 합동)

③ 대응하는 한 변의 길이가 같고, 그 양 끝각의 크기가 각각 같을 때(ASA 합동)

➡ $a=a'$, $\angle B = \angle B'$, $\angle C = \angle C'$

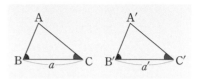

$\overline{AB} = \overline{DE}$, $\angle B = \angle E$, $\angle A = \angle D$이므로
$\triangle ABC \equiv \triangle DEF$(ASA 합동)

삼각형의 합동 조건이 아닌 경우

두 삼각형이 다음과 같은 경우에는 합동이 아니다.

① 대응하는 세 각의 크기가 같을 때

세 각의 크기가 모두 같은 경우에는 삼각형의 모양은 같지만 변의 길이는 똑같지 않을 수 있다. 따라서 이는 합동 조건이 아니다.

 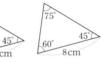

② SAS 합동 조건에서 '끼인 각'이라는 조건이 없을 때

대응하는 두 변의 길이가 같고 끼인 각이 아닌 다른 한 각의 크기가 같은 경우에는 여러 가지 모양의 삼각형이 만들어진다. 따라서 이는 합동 조건이 아니다.

③ ASA 합동 조건에서 '양 끝각'이라는 조건이 없을 때

대응하는 한 변의 길이가 같고 양 끝각이 아닌 두 각의 크기가 같은 경우에는 여러 가지 모양의 삼각형이 만들어진다. 따라서 이는 합동 조건이 아니다.

▷ **직각삼각형의 합동 조건**

직각삼각형의 합동 조건은 다음 2가지이다.

① 빗변의 길이와 한 예각의 크기가 각각 같은 두
   직각삼각형은 서로 합동이다(RHA 합동).

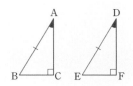

② 빗변의 길이와 다른 한 변의 길이가 각각 같은
   두 직각삼각형은 서로 합동이다(RHS 합동).

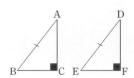

예제 ○ 오른쪽 그림의 두 삼각형에서 $\overline{AB}=\overline{DF}$이고,
$\angle A = \angle D$일 때, $\triangle ABC$와 $\triangle DEF$가 합동이
되기 위해서 필요한 조건을 구하여라.

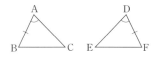

[풀이] $\angle B = \angle F$이면 한 쌍의 대응변의 길이 같고 양 끝각의 크기가 같게 되므로 ASA합동이
된다.

$\overline{CA}=\overline{ED}$이면 두 쌍의 대응변의 길이가 같고, 그 끼인 각의 크기가 같으므로 SAS합동이 된
다. 따라서 두 삼각형이 합동이 되기 위해 더 필요한 조건은 $\angle B = \angle F$ 또는 $\overline{CA}=\overline{ED}$

🔴 주의점

• 변을 영어로 side, 각을 영어로 angle이라고 한다. 영어 용어의 첫 글자만 따서 합동
  조건을 각각 SSS합동, SAS합동, ASA합동이라고 한다.

• SAS를 ASS 또는 SSA라고 하지 않는다. 또한 ASA도 AAS나 SAA로 쓰지 않는다.

• '합동이다'를 나타내는 단어 'congruent'는 라틴어 'congruere(일치하다)'에서 유래됐는데, 이
  용어는 17세기에 처음 등장해 18세기부터 널리 사용되었다. 그 전에는 독일어로 'gleich und
  ahnlich'를 썼는데, 이는 '같고 또한 서로 닮았다.'라는 뜻이다.

수학사 ○ **삼각형 합동의 역사**

삼각형의 합동에 대한 다음과 같은 내용을 최초로 증명한 사람은 세계 최초의 수학자
로 알려진 고대 그리스의 탈레스(Thales, BC 624?~548?)이다.

- 두 삼각형의 대응하는 한 변과 양 끝각이 각각 서로 같으면, 두 삼각형은 합동이다.
- 두 삼각형에서 한 내각과 이것을 사이에 둔 두 변의 길이가 서로 같으면, 두 삼각형은 합동이다.

탈레스는 이 정리를 이용해 중간에 산이나 호수, 바다가 있어 직접 거리를 잴 수 없는 두 지점 사이의 거리를 알아내거나, 해안의 한 점에서 바다에 떠 있는 배까지의 거리도 알아낼 수 있었다.

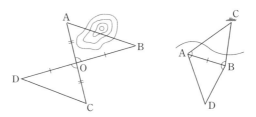

도형의 합동을 나타내는 기호는 1710년 **라이프니츠**(Leibniz, 1646~1716)가 발명한 '≅'가 19세기까지 사용되었다. 현재 우리가 사용하는 합동 기호 '≡'는 기하 영역이 아닌 수론에서 사용하던 것이었다. 독일 수학자 **가우스**(Gauss, 1777~1855)가 1801년 수의 합동을 나타내기 위한 기호로 '≡'를 사용했고, 독일 수학자 **리만**(Riemann, 1826~1866)도 두 식의 항등 관계를 나타내기 위해 이 기호를 사용했다.

지금은 기호 '≡'를 두 수의 합동뿐만 아니라 두 도형의 합동을 나타내는 기호로도 사용한다. 전 세계적으로 합동 기호가 통일된 것은 아니어서 미국이나 영국, 호주, 독일 등의 중·고등학교에서는 여전히 '≅'을 사용하기도 한다.

삼차방정식

三次方程式,
equation of the third degree
or cubic equation

정의 ○ (x에 대한 삼차식)$=0$의 꼴로 나타낼 수 있는 방정식.

핵심 ▶ 삼차방정식은 모든 항을 좌변으로 이항하여 정리했을 때
(x에 대한 삼차식)$=0$, 즉 $ax^3+bx^2+cx+d=0(a\neq0)$꼴로 나타낼 수 있는 방정식을 말한다.

　예 $2x^3+x^2-10=0$, $x^3-27=0$

▶ 삼차방정식의 해를 구할 때 인수분해를 이용할 수 있다.

　예 삼차방정식 $x^3-9x=0$의 좌변을 인수분해하면
$x^3-9x=x(x^2-9)=x(x+3)(x-3)=0$, 따라서 근은 $x=0$ 또는 $x=3$ 또는 $x=-3$

▶ 이차방정식의 근을 구하는 일반적인 해법인 근의 공식이 있는 것과 마찬가지로, 삼차방정식의 근을 구하는 공식이 있다.
삼차방정식 $ax^3+bx^2+cx+d=0(a\neq0)$의 근의 공식은 다음과 같다.

$$x=\begin{cases} \sqrt[3]{q+\sqrt{p^3+q^2}}+\sqrt[3]{q-\sqrt{p^3+q^2}} \\ \omega\cdot\sqrt[3]{q+\sqrt{p^3+q^2}}+\omega\cdot\sqrt[3]{q-\sqrt{p^3+q^2}} \\ \omega^2\cdot\sqrt[3]{q+\sqrt{p^3+q^2}}+\omega^2\cdot\sqrt[3]{q-\sqrt{p^3+q^2}} \end{cases}$$

이때, ω(오메가)는 $x^3=1$의 방정식을 풀었을 때 나오는 하나의 허근을 뜻하며, $\omega^2+\omega+1=0$을 만족한다.

▌▶ 관련어
- 근의 공식
- 방정식
- 사차방정식
- 이차방정식
- 포물선

🔷 주의점

- 복소수 범위에서 이차방정식이 항상 2개의 근을 가지는 것처럼, 계수가 실수인 삼차방정식은 복소수 범위에서 항상 3개의 근을 갖는다(단, 중근은 2개로 함).
- $x^3+3x^2-x-3-x^3=0 \rightarrow 3x^2-x-3=0$은 x에 대한 이차식이므로 삼차방정식이 아니다.

삼차방정식에 대해 다룬 최초의 기록은 기원전 2000년경 고대 바빌로니아에서 발견되었다. 하지만 모든 삼차방정식의 해를 구할 수 있는 것은 아니었고, $x^3+x^2=c$인 꼴의 해만 구할 수 있었다. 고대 이집트의 경우 삼차방정식 문제를 풀었다는 기록이 없고, 고대 그리스의 경우 3대 작도 불능 문제가 삼차방정식의 해를 구하는 것과 관련 있다. 3대 작도 불능 문제는 '임의의 각을 3등분하기', '어떤 정육면체의 부피의 2배가 되는 정육면체 작도하기', '원과 넓이가 같은 정사각형 작도하기'이다.

고대 그리스 수학자 **히포크라테스**(Hippocrates, BC 460∼377)는 정육면체의 배적 문제(어떤 정육면체의 2배의 부피를 갖는 정육면체를 만드는 문제)를 $a : x=x : y=y : 2a$에서 x, y를 구하는 문제로 변형했다. 이때 $a : x=x : y$를 풀면 $x^2=ay$이고, $a : x=y : 2a$를 풀면 $xy=2a^2$이다. 두 식을 서로 곱하면 $x^3y=2a^3y$이므로 결국 삼차방정식 $x^3=2a^3$의 해를 구할 수 있어야 이 문제가 풀린다.

페르시아의 천문학자 **오마르 하이얌**(Omar Khayyam, 1048∼1131)이 1075년 경 쓴 《대수와 비례의 문제에 관한 증명》에는 14가지로 구분한 $x^3+cx=d$꼴의 삼차방정식을 원뿔을 이용해서 푸는 방법을 소개하고 있다. 그는 원뿔 곡선 중 하나인 포물선과 그 교점을 이용해 이 문제를 해결했다. $x^2=2py$로 하여 삼차방정식 $x^3+ax^2+bx+c=0$에 대입하면 $2pxy+2apy+bx+c=0$이 되는데, 이 식은 쌍곡선을 나타낸다. $x^2=2py$는 포물선이므로 쌍곡선과 포물선의 교점이 삼차방정식의 해가 된다는 것이다. 예를 들어 $x^2=y$와 $y^2=ax$를 서로 연립해 x를 소거하면 $x^3=a$가 되어, 두 그래프의 교점의 x좌표가 이 삼차방정식의 근이 된다.

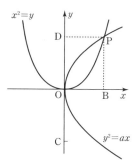

오마르 하이얌 이후 아라비아 수학은 쇠퇴기에 접어들었고 삼차방정식의 해법에 대한 연구에는 큰 진전이 없었다. 점차 "근의 공식이 아예 존재하지 않는 것 아닐까?"라

는 생각이 퍼졌다. 그러다 16세기에 들어서면서 이탈리아의 수학자 **페로**(Ferro, 1465~1526)가 '3차식에 일차식의 몇 배를 더하여 어떤 수가 되는 경우(즉, $x^3 + ax = b$)'에 대한 다음과 같은 공식을 알아내어 자신의 제자인 **피오르**(Fior)에게 알려주었다.

$$x = \sqrt{\frac{b^3}{2} + \sqrt{\frac{a^3}{27} + \frac{b^2}{4}}} + \sqrt{\frac{b^3}{2} - \sqrt{\frac{a^3}{27} + \frac{b^2}{4}}}$$

같은 시기, 이탈리아 수학자 **타르탈리아** (Tartaglia, 1499?~1577)는 '세제곱에다 제곱의 몇 배를 더하여 어떤 수가 되는 경우(즉,

오마르 하이얌의 삼차방정식의 해법

$x^3 + bx^2 = d$)'의 해법을 스스로 알아냈다. 당시에는 수학자들이 공개적인 장소에서 각자 상대에게 문제를 내서 문제를 가장 많이 푼 사람이 승자가 되는 시합이 유행했다. 여기에는 큰 돈이 걸렸으며 승자는 자신의 이름을 알려 귀족의 자제를 제자로 삼을 수도 있었기에 이런 시합은 매우 진지하게 열렸다. 삼차방정식 문제 풀기 대회도 열렸고, 이 시합에서 타르탈리아는 상대가 풀 수 없는 유형의 문제만 골라내서 피오르를 이겼다. 이 소식을 들은 **카르다노**(Cardano, 1501~1576)는 타르탈리아에게 이 방정식의 해법을 얻어내어 1545년에 자신의 책《위대한 술법, Ars Magna》에 그 해법을 실었다. 뒤늦게 이 소식을 안 타르탈리아는 크게 분노했다. 자신만의 무기였던 삼차방정식의 해법이 알려진 것은 곧 자신의 생계가 위협받는 것이기 때문이다. 그 삼차방정식의 해법은 '카르다노의 방법'으로 불리는데, 문자를 사용한 공식으로 나타낸 것은 아니었다. 카르다노는 자신의 책에서 $x^2 = 4x + 32$를 다음과 같이 나타냈다.

qdratu   aeqtur   4   rebus   p : 32

일반적인 삼차방정식에 대한 다양한 해법은 그 후에도 계속 발견되었는데, 프랑스 수학자 **비에트**(Viete, 1540~1603)와 **데카르트**(Descartes, 1596~1650) 역시 이를 풀어냈다.

상관관계 相關關係, correlation

정의 ○ 두 변량 사이의 관계.

두 변량 사이에 한쪽이 증가하면 다른 쪽도 증가(또는 감소)하는 경향이 있을 때,
이 두 변량 사이에는 '상관관계가 있다.'고 하고, 그렇지 않을 때에는 '상관관계가
없다.'고 한다.

핵심 ▶ **양의 상관관계와 음의 상관관계**

산점도에서 점의 분포 상태를 보고 상관관계를 파악할 수 있다.

① 양의 상관관계

　두 변량 중에서 한 쪽이 증가함에 따라 다른
변량이 증가하는 관계

　예 키가 크면 몸무게도 많이 나간다. → 양의 상관
관계

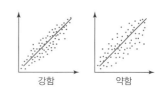

② 음의 상관관계

　두 변량 중에서 한 쪽이 증가함에 따라 다른
변량이 감소하는 관계

▌▶ **관련어**
・변량
・산점도
・산포도

　예 어떤 제품의 생산량이 늘어나면 그 제품의 가격
이 떨어진다. → 음의 상관관계

예제 ○ 다음 산점도 중에서 상관관계가 전혀없는 것을 모두 골라라.

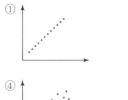

정답 ③, ⑥

169

주의점

- 점들이 완전히 직선 주위에 몰려서 거의 일차함수 $y=x$의 그래프처럼 분포되어 있을 때에는 '강한 양의 상관관계가 있다.'고 한다.

수학사

상관관계의 역사

1905년 영국의 동물학자 **웰던**(Weldon, 1860~1906)은 주사위 하나를 연속해서 두 번 던졌을 때 첫 번째 값과 두 번째 값의 관계를 알아보는 실험을 했다. 먼저 빨강색 주사위 6개와 하얀색 6개를 한 세트로 던진 후 4 이상 눈이 나온 주사위의 개수를 기록한다. 다음으로 흰색 주사위 6개만 던진 후 4 이상 눈이 나오는 주사위의 개수와 바로 앞 시행에서 빨간 주사위 6개 중에서 4 이상의 눈이 나온 주사위 개수를 서로 더한 것을 기록했다. 이렇게 한 이유는 부모의 어떤 특정 유전 형질이 자녀에게 유전되는 패턴을 찾아내기 위해서였다. 4,096번의 시행 결과, 다음 상관도에서처럼 분명한 패턴이 있음을 알 수 있었다. 1차 시행에서 4 이상의 눈이 적게 나온 경우에는 2차 시행에서도 적게 나오며, 1차 시행에서 4 이상의 눈이 많게 나온 경우는 2차 시행에서도 많이 나왔다.

4 이상의 눈이 나온 주사위 개수 (1차 시도)

4 이상의 눈이 나온 주사위 개수 (2차 시도)	0	1	2	3	4	5	6	7	8	9	10	11	12	계
12														0
11							1	1	5	1		1		9
10						2	6	28	27	19	2			84
9				1	2	11	43	76	57	54	15	4		263
8				6	18	49	116	138	118	59	25	5		534
7				12	47	109	208	213	118	71	23	1		802
6			9	29	77	199	244	198	121	32	3			912
5		3	12	51	119	181	200	129	69	18	3			785
4		2	16	55	100	117	91	46	19	3				449
3		2	16	28	53	43	34	17	1					192
2			7	12	13	18	4	1	1					56
1			2	4	1	2	1							10
0														0
계	0	7	60	198	430	731	948	847	536	257	71	11	0	4,096

20세기 영국의 과학자 **골턴**(Galton, 1822~1911)은 손가락 무늬가 사람마다 다르다는 것을 발견하고 사람을 식별하는 데 지문을 사용할 수 있다는 생각을 처음 했다. 지문은 '골턴의 자국'이라고도 불린다. 그는 유전에 대한 연구를 하기 위해 가족들을 모아

가족 구성원의 키, 몸무게 등의 자료를 수집했는데, 이를 통해 '아버지의 키가 평균보다 훨씬 크면 아들의 키는 아버지보다 작고, 아버지가 키가 평균을 훨씬 밑돌면 아들의 키가 아버지보다 큰 경향이 있음'을 발견했다. 이는 사람들의 키가 일정한 범위를 넘지 않는 이유를 설명해 주는 것이었다. 세대를 거듭하면서 거의 안정적인 상태를 유지하는 이런 현상을 '평균으로의 회귀'라고 이름 붙이고, 이러한 관계를 나타내는 수치를 '상관계수'라고 불렀으며 '상관관계'라는 용어를 처음 만들었다.

골턴의 《핑거 프린트》

여러 학자가 상관계수 공식을 만들었지만, 영국의 과학자 **피어슨**(Pearson, 1857~1936)이 만든 상관계수가 가장 널리 사용된다. 모든 실험에는 오류가 있을 수밖에 없고, 실험을 통해 얻은 결과는 진정한 값의 근처에 분포되어 있는 수치들일 뿐이다. 따라서 어떤 실험을 통해 얻은 수치가 수학적으로 우리가 원하는 수가 될 확률이 중요하다. 피어슨은 이런 생각을 바탕으로 측정값 그 자체가 확률 분포를 갖는다는 것을 깨닫고 각 분포 함수의 특성이 평균과 표준편차를 통해 드러난다고 하였다.

상대도수 相對度數, relative frequency

정의 ○ 도수의 총합에 대한 각 계급의 도수의 비율.

어원 ○ 상대도수는 '상대적 도수'의 줄임말이다. 한자어 상대적(相對的)은 '다른 것과 비교하는 것'이라는 뜻이, 영어 relative에는 '비교하는'의 뜻이 있다.
수학에서 상대도수는 각 계급의 도수가 전체에서 차지하는 비율을 말한다.

$$(어떤\ 계급의\ 상대도수) = \frac{(그\ 계급의\ 도수)}{(도수의\ 총합)}$$

핵심 ▶ 상대도수의 특성은 다음과 같다.
① 상대도수의 총합은 항상 1이다.
② 각 계급의 상대도수는 그 계급의 도수에 정비례한다.
③ 전체 도수가 큰 자료의 분포를 파악할 때 편리하다.
④ 전체 도수의 합이 서로 다른 자료를 비교할 때 편리하다.

▶ 각 계급의 상대도수를 표로 나타낸 것을 '상대도수분포표'라고 한다. 이때, 상대도수의 총합은 항상 1이다.

예

미세먼지 농도($\mu g/m^3$)	도수(일)	상대도수
$50^{이상} \sim 60^{미만}$	3	$\frac{3}{28}$
60 ~ 70	6	$\frac{6}{28}$
70 ~ 80	8	$\frac{8}{28}$
80 ~ 90	6	$\frac{6}{28}$
90 ~ 100	4	$\frac{4}{28}$
100 ~ 110	1	$\frac{1}{28}$
합계	28	$\frac{28}{28} = 1$

→ 도수
→ 상대도수
→ 상대도수의 총합은 항상 1

! 관련어
• 도수
• 도수분포
  다각형
• 도수분포표
• 히스토그램

상대도수분포표를 도수분포다각형과 같은 방식으로 만든 그래프를 '상대도수분포다각형'이라고 한다. 상대도수분포다각형은 전체 도수가 다른 두 자료를 비교할 때 사용한다.
상대도수분포다각형을 만드는 과정은 다음과 같다.

하루 동안의 게임 시간

시간(분)	상대도수
0 이상 ~ 20 미만	$\frac{4}{25}=0.16$
20 ~ 40	$\frac{8}{25}=0.32$
40 ~ 60	$\frac{6}{25}=0.24$
60 ~ 80	$\frac{4}{25}=0.16$
80 ~ 100	$\frac{3}{25}=0.12$
합계	1

[1단계] 상대도수분포표를 보고 히스토그램을 만든다.

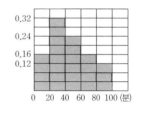

[2단계] 히스토그램의 각 직사각형에서 윗변의 중앙(계급값)에 점을 찍는다.

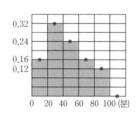

[3단계] 양 끝에 도수가 0인 계급이 하나씩 더 있다고 생각하여 그 중앙에 점을 찍는다.

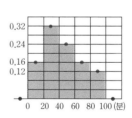

[4단계] 각 점들을 서로 연결한다.

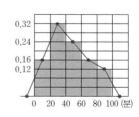

예제 ○ 다음 자료에서 줄넘기 횟수가 60회 이상 90회 미만인 학생의 비율이 더 큰 집단은 어디인지 구하여라.

여학생의 줄넘기 횟수	
줄넘기 횟수(회)	학생 수(명)
0 이상 ~ 30 미만	1
30 ~ 60	13
60 ~ 90	15
90 ~ 120	28
120 ~ 150	24
150 ~ 180	14
180 ~ 210	5
합계	100

남학생의 줄넘기 횟수	
줄넘기 횟수(회)	학생 수(명)
0 이상 ~ 30 미만	4
30 ~ 60	10
60 ~ 90	16
90 ~ 120	25
120 ~ 150	26
150 ~ 180	31
180 ~ 210	8
합계	120

[풀이] 상대도수로 비교하면 여학생은 $\frac{15}{100} = 0.15$이고, 남학생은 $\frac{16}{120} = 0.13 \cdots$이므로 여학생의 경우 그 비율이 더 크다.

🔴 주의점

• 상대도수는 더 크지만 실제 도수는 작은 경우도 있다. 따라서 서로 다른 자료에서 상대도수가 크다고 해서 도수가 크다고 볼 수는 없다.

　예 상대도수가 0.5인 계급의 전체 도수가 50이라면 그 계급의 도수는 25이고, 상대수가 0.4인 계급의 전체 도수가 100이라면 그 계급의 도수는 40이다.

• 백분율은 어떤 계급의 상대도수에 100을 곱한 것이다.

　예 전체 학생이 25명일 때 수학 점수가 70점 이상 80점 미만인 학생 수는 4명

　　→ 상대도수는 $\frac{4}{25} = 0.16$

　　→ 백분율은 $0.16 \times 100 = 16(\%)$

상수항 常數項, constant term

정의 ○ 수(數)로만 이루어진 항.

어원 ○ 한자어 常(상)은 '항상'을, 영어 constant는 '일정한'을 뜻한다. 수학에서 상수항은 항(項) 중에서 특히 수(數)로만 이루어진 항을 말한다.

핵심 ▶ 항 중에서 문자가 곱해진 경우에는 그 문자의 값이 얼마인지에 따라 식의 값이 바뀌는데, 상수항에는 문자가 곱해져 있지 않기 때문에 그 값이 항상 일정하다.

▶ 다항식에서 수로만 이루어진 항은 상수항이다.

> 예 다항식 $3x - 4y + \dfrac{1}{2}$ → 상수항은 $\dfrac{1}{2}$
>
> 다항식 $x^2 + 2y - 3$ → 상수항은 -3

관련어
- 계수
- 다항식
- 단항식
- 차수
- 항

▶ 상수항의 차수는 0이다.

> 예 x에 대한 삼차 다항식 $x^3 + 2x^2 - 3x + 7$에서
>
> x^3의 차수는 3, $2x^2$의 차수는 2, $-3x$의 차수는 1, 상수항 7의 차수는 0

예제 ○ 다항식 $\dfrac{3}{4}x^3 + 6x^2 + 8x - 100$에서 상수항을 구하여라.

[정답] -100

🔳 주의점

• 다항식의 계산에서 문자와 차수가 같은 항끼리 동류항이듯이, 상수항끼리는 서로 동류항이다.

> 예 $(5x^2 - 2x - 18) + (-2x^2 + 7x + 12)$
>
> $= \underset{\text{이차항}}{\underline{5x^2 + (-2x^2)}} + \underset{\text{일차항}}{\underline{(-2x) + 7x}} + \underset{\text{상수항}}{\underline{(-18) + (+12)}}$
>
> $= 3x^2 + 5x - 6$

서로소 서로素, relatively prime

정의 ○ 공통인 약수가 1뿐인 두 자연수.

어원 ○ '서로'는 우리말로 '관계를 맺는 상대'를 뜻하고 한자어 소(素)는 '본디', '바탕', '성질'을 뜻한다. 영어 relatively는 '상대적인'을, prime은 '기본적인', '근본적인'을 뜻한다. 수학에서는 두 수의 공약수가 1뿐일 때 '두 수는 서로소이다.'라고 한다. 두 수의 공약수가 1뿐이라는 것은 두 수의 최대공약수가 1이라는 뜻이다.

예 13과 20의 공약수가 1뿐이므로 두 수는 서로소이다.

$608 = 2^5 \times 19$과 $945 = 3^3 \times 5 \times 7$의 공약수가 1뿐이므로 두 수는 서로소이다.

핵심 ▶ 서로소라는 용어는 식에서도 쓰인다.

두 다항식 $f(x)$와 $g(x)$에 대하여 상수 이외에 공통 인수가 없을 때 "두 식 $f(x)$와 $g(x)$는 서로소이다."라고 한다.

예 $f(x) = (x-1)(2x-3)$과 $g(x) = (x^2+1)(2x-1)$은 공통 인수가 없으므로 서로소이다.

$f(x) = (x-1)(2x-3)$과 $g(x) = (x-1)(2x-1)$은 공통 인수 $(x-1)$이 있으므로 서로소가 아니다.

예제 ○ **다음 중 두 수가 서로소인 것은?**

① 14, 35   ② 16, 27   ③ 9, 57   ④ 24, 33   ⑤ 42, 49

[풀이] ① 14와 35의 공약수는 1, 7이므로 서로소가 아니다.

② 16과 27의 공약수는 1뿐이므로 서로소이다.

③ 9와 57의 공약수는 1, 3이므로 서로소가 아니다.

④ 24와 33의 공약수는 1, 3이므로 서로소가 아니다.

⑤ 42와 49의 공약수는 1, 7이므로 서로소가 아니다.

[정답] ②

▌관련어
• 다항식
• 소수
• 소인수
• 소인수분해
• 인수
• 인수분해

■ 주의점
• 1과 어떤 자연수는 항상 서로소이다.
• 서로 다른 두 소수는 항상 서로소이다.

서로소의 역사

고대 그리스의 유클리드(Euclid, BC 300년경)의 《원론, Elements》제 7권에 나와 있는 서로소의 정의는 다음과 같다.

> 어떤 수들을 공통으로 잴 수 있는 것이 1뿐일 때, 그 수들은 서로 남남이다(정의 12).

오일러

18세기 스위스 수학자 **오일러**(Euler, 1707~1783)의 별명은 '애꾸눈 수학자'인데, 러시아에 가서 지도를 만드는 데 너무 몰두하다 시력을 잃어서 이런 별명은 얻었다. 그의 이름을 딴 '오일러 함수'는 서로소 개념과 관련이 있다. 이 함수는 어떤 자연수 n을 n보다 작거나 같은 자연수 중에서 n과 서로소인 수의 개수와 대응시키는 함수이다. 예를 들어, 12보다 작은 수 중에서 12와 서로소인 수는 1, 5, 7, 11로 모두 4개이다. 따라서 $\phi(12)=4$이다. 만약 n이 소수 p라면 p와 서로소인 수는 $p-1$개이므로 $\phi(p)=p-1$이다. 예를 들어, 11은 소수인데 11보다 작은 수 중에서 11과 서로소인 수는 1, 2, 3, 4, 5, 6, 7, 8, 9, 10으로 10개이므로 $\phi(11)=10$이다.

한편, 오일러 함수는 암호를 만드는 데 사용된다. 1977년에 **리베스트**(Rivest, R.), **샤미르**(Shamir, A.), **에이들먼**(Adleman, L.), 이 세 사람은 오일러 함수를 이용해 컴퓨터로 전송하는 정보의 보안에 활용되는 암호 체계(cryptosystem)를 만들었다. 이를 이 세 사람의 성의 첫 글자를 따서 'RSA 암호 체계'라고 부른다.

소거 掃去, elimination

정의 ○ 미지수를 없애는 것.

어원 ○ 한자어 소(消)는 '사라지다'를, 거(去)는 '가다'를 뜻한다. 영어 elimination은 '없 애는 것'을 뜻한다. 수학에서 소거는 미지수를 없애 사라지게 하는 것을 말한다. 방정식의 해법에서 '소거'를 사용하는 이유는 둘 이상의 미지수가 있는 방정식에 서 하나의 미지수를 없애기 위해서이다.

핵심 ▶ 소거를 하는 방법에는 가감법과 대입법이 있다.

(1) 가감법: 식과 식을 더하거나 빼서 미지수를 소거하는 방법

예를 들어, 연립방정식 $\begin{cases} 3x-2y=7 & \cdots ㉠ \\ 3x+2y=23 & \cdots ㉡ \end{cases}$ 에서 ㉠+㉡을 하면 미지수 y가

소거되고 x항만 남는다.

즉, $6x=30 \rightarrow x=5$

$x=5$를 ㉠과 ㉡ 중 어느 한 식에 대입하면 $y=4$

(2) 대입법: 문자에다 식이나 수를 대입하여 미지수를 소거하는 방법

예를 들어, 연립방정식 $\begin{cases} y=3x-2 & \cdots ㉠ \\ 2x+3y=1 & \cdots ㉡ \end{cases}$ 에서 ㉠을 ㉡에 대입하면 미지수

y가 소거되고 x항만 남는다.

즉, $2x+3(3x-2)=1 \rightarrow 11x=7 \rightarrow x=\dfrac{7}{11}$

$x=\dfrac{7}{11}$을 ㉠에 대입하면 $y=-\dfrac{1}{11}$

┃ 관련어
· 가감법
· 대입법
· 등식
· 방정식
· 연립방정식
· 이항

예제 ○ $x-y=2$일 때, $x^2+y^2=10$을 x에 대한 식으로 나타내어라.

[풀이] $x-y=2$를 $y=(x$에 대한 식$)$으로 나타낸 다음, $x^2+y^2=10$에 대입하면 된다.

$x-y=2$에서 $y=x-2$

$y=x-2$를 $x^2+y^2=10$에 대입하여 정리하면

$x^2+(x-2)^2=10 \rightarrow x^2+x^2-4x+4=10 \rightarrow 2x^2-4x-6=0$

[정답] $2x^2-4x-6=0$

• 미지수가 x, y로 이루어진 식에서 y를 소거하기 위해서는 $y = (x$에 대한 식$)$으로 나타내야 하고, x를 소거하기 위해서는 $x = (y$에 대한 식$)$으로 나타내야 한다.

수학사 ○ 소거의 역사

소거가 처음 등장한 것은 9세기 아라비아의 수학자 알콰리즈미(Alkwarizmi, 780~850?)가 쓴 《복원과 축소의 과학, Al-jabr wa al-muqabala》이라는 책에서다. 여기서 'al-muqabala(알 무카발라)'라는 용어는 '방정식의 양변에서 동일한 값을 뺀다.'는 것으로 소거를 뜻한다.

알콰리즈미 기념 우표

　예를 들어, $50 + x^2 = 29 + 10x$에서 양변에 29를 빼주면 $21 + x^2 = 10x$가 되고, 이렇게 양쪽에서 같은 수를 빼면 식이 축소된다.

소수 素數, prime number

정의 ○ 1과 그 자신만을 약수로 가지는 자연수.

어원 ○ 한자어 소(素)는 '본디', '바탕', '성질'을 뜻하고 영어 prime은 '기본적인', '근본적인'을 뜻한다.

수학에서 소수는 자신보다 더 작은 두 수의 곱으로 나타낼 수 없는 수로 모든 수의 기본적인 구성 단위이다. 화학에서 분자가 더 이상 나뉠 수 없는 원자로 이루어졌듯이 소수는 수학의 정수론에서 원자에 해당한다.

핵심 ▶ 소수는 1과 자기 자신의 곱으로 이루어져 있고, 약수는 항상 2개이다.

예 $2 = 1 \times 2$, $3 = 1 \times 3$, $5 = 1 \times 5$, …

예 2의 약수: 1, 2 → 2개, 13의 약수: 1, 13 → 2개

▶ 소수는 합성수, 1과 더불어 자연수를 구성한다.

자연수	
1	
소수	합성수
2, 3, 5	4, 6, 8
7, 11, …	9, 10, …

▶ **1부터 n까지의 수에서 소수 찾는 법**

소수에는 일정한 패턴이 없어서 그다음 소수가 언제 나올지 예측하기 어렵다. 하지만 다음과 같은 과정으로 이미 지워진 수는 제외하고 $\sqrt{n}$보다 작은 소수까지 계속하면, n보다 작은 소수를 모두 찾을 수 있다.

[1단계] 1은 소수도 합성수도 아니므로 지운다.

[2단계] 2는 소수이므로 남기고 2의 배수는 모두 지운다.

1	2	3	4	5	6	7	8	9	10
11	12	13	14	15	16	17	18	19	20
21	22	23	24	25	26	27	28	29	30
31	32	33	34	35	36	37	38	39	40
41	42	43	44	45	46	47	48	49	50
…									

[3단계] 3은 남기고 3의 배수를 모두 지운다.

[4단계] 5는 남기고 5의 배수를 모두 지운다.

[5단계] …

관련어
· 소수
· 소인수분해
· 합성수

이런 방법으로 소수를 찾는 방법은 고대 그리스의 수학자 에라토스테네스가 고안했다. 마치 소수를 체로 걸러낸 것과 같다고 하여 '에라토스테네스의 체'라고 부른다.

예제 ◦ 다음 중 소수인 것을 모두 골라라.

> 8, 13, 33, 41, 51, 121

풀이 각각의 약수를 구하여 약수의 개수가 2개인 수를 찾으면 된다.

8의 약수: 1, 2, 4, 8 → 4개   13의 약수: 1, 13 → 2개

33의 약수: 1, 3, 11, 33 → 4개   41의 약수: 1, 41 → 2개

51의 약수: 1, 3, 17, 51 → 4개   121의 약수: 1, 11, 121 → 3개

정답 13, 41

▣ 주의점

• 소수의 정의에 따르면 1도 소수에 포함되어야 할 것 같지만 1을 소수로 하면 '소인수분해의 일의성'이 무너지기 때문에 1은 소수에서 제외된다(소인수분해 참조).

• 소수 중에서 짝수는 자연수 2뿐이다.

수학사 ◦ **소수의 역사**

소수는 고대 그리스 때부터 오랫동안 연구 대상이었다. 수학자들이 소수를 연구한 것은 실용성 때문이 아니라 '수의 구조'를 파악하기 위함이었다. 소수에 대한 이론을 최초로 정리한 사람은 기원전 3세기에 활동한 그리스 수학자 유클리드(Euclid, BC 300년경)이다. 그의 《원론, Elements》 제 7권에는 다음과 같은 소수의 정의가 나온다.

소수란 1로써만 잴 수 있는 수를 말한다(정의 11).

또한, 여기에서 고대 그리스인들이 1을 수라고 생각하지 않고, 1을 수를 만드는 단위 (unit)로만 여겼다는 것을 알 수 있다.

• 단위란 이것을 가지고 다른 것들을 만드는 것이며, 이것을 1이라고 부른다(정의 1).

• 수란 단위(1)를 가지고 만든 것을 말한다(정의 2).

유클리드는 "모든 수는 소수들의 곱으로 나타낼 수 있다."라고 했고, 《원론》 제 9권 명

제 20에서 "소수의 개수는 무한하다."를 증명했다. 유클리드 증명의 핵심은, 모든 소수의 곱에 1을 더한 새로운 수가 있다면 그 수는 합성수가 아닌 새로운 소수이며, 이런 식으로 계속해서 새로운 소수를 만들 수 있기 때문에 소수의 개수는 무한하다는 것이다.

소수에 대한 연구는 지금도 계속되고 있고, 많은 수학자는 지금까지 알려지지 않은 큰 소수를 만드는 일과 소수를 판정하는 방법, 소인수분해하는 방법을 연구 중이다. 현재까지 연구 대상인 특별한 소수는 다음과 같다.

① 쌍둥이 소수

차이가 2가 나는 소수의 쌍을 말한다. 쌍둥이 소수라는 이름은 고대 그리스의 피타고라스학파가 붙였다. 예를 들어 $(3, 5)$, $(5, 7)$, $(11, 13)$은 쌍둥이 소수이다.

② 페르마 소수

음이 아닌 정수 n에 대해 $2^{2^{n}}+1$의 꼴로 만들 수 있는 소수를 말한다. 페르마 소수라는 이름이 붙은 이유는 이런 수는 반드시 소수라는 것을 예상한 사람이 프랑스 수학자 페르마(Fermat, 1601?~1665)였기 때문이다. 지금까지 밝혀진 페르마 소수는 $n=0, 1, 2, 3, 4$일 때 5개뿐이며, 6번째 페르마 소수는 아직 밝혀지지 않았다.

③ 메르센 소수

$2^{n}-1$ (n은 자연수)의 꼴로 만들 수 있는 소수를 말하며, 프랑스의 수도사 메르센(Mersenne, 1588~1648)이 발견했다. 예를 들어, $2^{3}-1=7$, $2^{5}-1=31$은 메르센 소수이다. 9,808,358도 $2^{32,582,657}-1$로 나타낼 수 있으므로 메르센 소수이다.

메르센 소수의 발견을 기념해 발행된 우표

한편, "4 이상의 모든 짝수는 두 소수의 합이다."라는 것을 '골드바흐의 추측(Goldbach's conjecture)'이라 하는데, 아직까지 엄밀하게 증명되지 않아 추측이라고 부른다.

소인수 素因數, prime factor

정의 ○ 어떤 수의 인수 중에서 소수(素數)인 것.

어원 ○ 한자어 인(因)은 '원인을 이루는 것'을, 소(素)는 '바탕'을 뜻한다. 영어 prime은 '기본적인', '근본적인'을, factor는 '약수'를 뜻한다. 수학에서 소인수는 어떤 수를 곱셈으로 분해했을 때 나오는 수 중에서 소수인 것을 말한다.

핵심 ▶ 합성수 12를 12보다 작은 자연수의 곱으로 분해하면 다음과 같다.

$$12 = 1 \times 12 = 2 \times 6 = 3 \times 4$$

따라서 1, 2, 3, 4, 6, 12가 12의 인수인데, 이 중에서 소수는 2와 3뿐이다. 이때, 2와 3을 '12의 소인수'라고 한다.

예제 ○ 36의 모든 소인수의 합을 구하여라.

(풀이) 36의 인수는 1, 2, 3, 4, 6, 9, 12, 18, 36이고, 이 중에서 소수는 2, 3이다. 따라서 소인수의 합은 5이다.

▌▶ 관련어
- 소수
- 소인수분해
- 인수
- 인수분해
- 합성수

▌▶ 주의점
- 1은 소수가 아니므로 소인수가 될 수 없다.

소인수분해 _{素因數分解}, factorization in prime factors

정의 ○ 하나의 자연수를 두 개 이상의 소수의 곱으로 나타내는 것.

어원 ○ 소인수분해에서의 분해(分解)는 '곱으로 나타내는 것'을 뜻한다. 따라서 소인수분해란 자연수를 소수들의 곱으로 분해해 나타내는 것을 말한다.

핵심 ▶ 어떤 자연수를 소인수분해하는 과정은 다음과 같다.

1단계	2단계
주어진 자연수를 나누어떨어지게 하는 소수로 계속 나눈다.	소인수분해의 결과를 거듭제곱으로 나타낸다.
예 $60 = 2 \times 30 = 2 \times 2 \times 15 = 2 \times 2 \times 3 \times 5$ $\begin{array}{r} 2\,)\,60 \\ 2\,)\,30 \\ 3\,)\,15 \\ \hline 5 \end{array}$ $60 < \begin{matrix} 2 \\ 30 \end{matrix} < \begin{matrix} 2 \\ 15 \end{matrix} < \begin{matrix} 3 \\ 5 \end{matrix}$	$60 = 2^2 \times 3 \times 5$

▶ 제곱수를 소인수분해하면 지수는 항상 짝수이다.

예 $9 = 3 \times 3 = 3^2$

$144 = 12 \times 12 = 2^4 \times 3^2$

▶ 소인수분해를 이용하여 자연수의 약수를 구할 수 있다.

예 72를 소인수분해하면 $72 = 2^3 \times 3^2$

따라서 72의 약수는 오른쪽과 같이 2^3의 약수와 3^2의 약수의 곱으로 이루어져 있다.

따라서 72의 약수는 1, 2, 3, 4, 6, 8, 9, 12, 18, 24, 36, 72이다.

2^3의 약수	3^2의 약수	72의 약수
1	1	$1 \times 1 = 1$
	3	$1 \times 3 = 3$
	3^2	$1 \times 3^2 = 9$
2	1	$2 \times 1 = 2$
	3	$2 \times 3 = 6$
	3^2	$2 \times 3^2 = 18$
2^2	1	$2^2 \times 1 = 4$
	3	$2^2 \times 3 = 12$
	3^2	$2^2 \times 3^2 = 36$
2^3	1	$2^3 \times 1 = 8$
	3	$2^3 \times 3 = 24$
	3^2	$2^3 \times 3^2 = 72$

관련어

· 소수
· 소인수
· 인수
· 인수분해
· 지수
· 합성수

▶ 소인수분해를 이용해 자연수의 약수의 개수와 약수의 합을 구할 수 있다.

어떤 수를 소인수분해한 결과가 $a^x b^y c^z$ (a, b, c는 서로 다른 소수)일 때,

① 약수의 개수: $(x+1)(y+1)(z+1)$

② 약수의 합: $(a^0 + a^1 + \cdots + a^x)(b^0 + b^1 + \cdots + b^y)(c^0 + c^1 + c^2 + \cdots + c^z)$

예 60의 약수의 개수와 약수의 합을 구해보면 다음과 같다.

$$60 = 2^2 \times 3 \times 5$$

(약수) ➡

1		1		1
2		3		5
4				

➡ 1, 2, 3, 4, 5, 6, 10, 12, 15, 20, 30, 60

(약수의 합) ➡ $(1+2+4) \times (1+3) \times (1+5)$ ➡ $7 \times 4 \times 6 = 168$

(약수의 개수) ➡ $(2+1) \times (1+1) \times (1+1)$ ➡ $3 \times 2 \times 2 = 12$(개)

▶ 소인수분해를 이용해 최대공약수와 최소공배수를 구할 수 있다.

최대공약수	최소공배수
두 수에 공통으로 들어있는 소인수를 모두 곱한다.	두 수에 공통으로 들어있는 소인수와 어느 한쪽에만 있는 소인수를 모두 곱한다.
예 $180 = 2 \times 2 \times 3 \times 3 \quad \times 5$ $\quad 54 = \quad 2 \times 3 \times 3 \times 3$ ─────────────── $\quad\quad 2 \times 3 \times 3 \quad = 18$	예 $180 = 2 \times 2 \times 3 \times 3 \quad \times 5$ $\quad 54 = \quad 2 \times 3 \times 3 \times 3$ ─────────────── $2 \times 2 \times 3 \times 3 \times 3 \times 5 = 540$

예제 ○ $3^2 \times 5 \times 7^2$와 $2^3 \times 3 \times 7^3$의 최대공약수와 최소공배수를 구하여라.

[풀이] 두 수에서 공통으로 들어있는 소인수들을 곱하면

$$3^2 \times 5 \times 7^2 = \quad\quad 3 \times 3 \times 5 \times 7 \times 7$$
$$\underline{2^3 \times 3 \times 7^3 = 2 \times 2 \times 2 \times 3 \quad\quad \times 7 \times 7 \times 7}$$
$$3 \quad\quad \times 7 \times 7 \quad = 3 \times 7^2$$

→ 최대공약수: 3×7^2

두 수에서 공통으로 들어있는 소인수와 어느 한쪽에만 있는 소인수들을 모두 곱하면

$$3^2 \times 5 \times 7^2 = \quad\quad 3 \times 3 \times 5 \times 7 \times 7$$
$$\underline{2^3 \times 3 \times 7^3 = 2 \times 2 \times 2 \times 3 \quad\quad \times 7 \times 7 \times 7}$$
$$2 \times 2 \times 2 \times 3 \times 3 \times 5 \times 7 \times 7 \times 7 = 2^3 \times 3^2 \times 5 \times 7^3$$

→ 최소공배수: $2^3 \times 3^2 \times 5 \times 7^3$

⚑ 주의점

- '소인수분해의 일의성(一意性)'이란 자연수를 소인수분해 할 때, 곱해진 수의 순서는 따지지 않고 어떤 수가 곱해져 있는지만 따진다면 소인수분해의 결과가 오직 한가지뿐이라는 것을 말한다. 예를 들어, 12의 소인수는 2와 3이므로 $12=2\times2\times3$, $12=3\times2\times2$, $12=2\times3\times2$로 나타낼 수 있다. 이때, 곱하는 순서에 관계없이 2, 2, 3이 곱해져 있다는 것은 분명하므로, 소인수분해 결과를 $12=2\times2\times3$처럼 하나로 나타낼 수 있다. 1이 소수가 아닌 이유는 바로 이 '소인수분해의 일의성' 때문이다. 만약 1이 소수에 속하면 1을 소인수분해한 결과는 1×10이라고 할 수도 있고, $1\times1\times1\times1$이라고 할 수도 있으며, $1\times1\times1\times1\times1\times1\times1\times10$이라고 할 수도 있게 된다. 그렇다면 소인수분해하는 방법이 하나가 아닌 게 되어, 소인수분해의 일의성이 무너진다. 따라서 소인수분해의 일의성을 유지하기 위해서는 1을 소수에 포함시키지 않아야 한다.

수학사 ○ 소인수분해의 역사

소인수분해 개념을 최초로 정리한 수학책은 기원전 3세기의 그리스 수학자 유클리드(Euclid, BC 300년경)가 쓴 《원론, Elements》이다. 고대 이집트 프톨레마이오스 왕의 초청으로 그리스에서 알렉산드리아로 넘어와 도서관장을 맡은 유클리드는 기하학, 광학, 천문학에 관한 여러 권의 책을 썼는데, 그의 책 중에서 《원론》이 가장 유명하다. 13개의 파피루스 두루마리에 쓰여진 이 책은 아라비아로 넘어가 아라비아어로 번역되었다. 그 후 라틴어로 번역되었고, 독일의 **구텐베르크**가 1454년에 인쇄술을 발명한 이후에는 성서와 더불어 가장 먼저 인쇄된 책 중의 하나가 되었다.

소인수분해에 대한 내용은 《원론》 제7권, 명제 30에 들어있다.

> 만약 한 소수가 두 수의 곱을 나누어떨어지게 하면 이 소수는 두 수 중에서 적어도 한 수를 반드시 나누어떨어지게 한다.

예를 들어, 24는 3으로 나누어떨어지는데, $24=6\times4$이고 이 중 6이 3으로 나누어떨어진다. 소인수분해의 일의성은 바로 이 명제와 관련 있다.

널리 알려진 수학책 중에 소인수분해와 관련된 것은 13세기에 인도·아라비아식 계산법을 유럽에 널리 퍼트린 이탈리아 수학자 **피보나치**(Fibonacci, 1174?~1250?)의 《산

가우스의 《정수론 연구》

반서, Liber Abaci》이다. 이 책에서 나눗셈을 할 때 소인수분해를 이용하는 내용이 나

온다. 또한, 19세기 독일 수학자 가우스(Gauss, 1777~1855)는 1801년에 《정수론 연구, Disquisitiones Arithmeticae》에서 소인수분해에 관한 유클리드의 증명을 논리적으로 보완해 엄밀하게 증명했다. 가우스의 박사 논문 주제는 "모든 다항식은 일차식과 이차식으로 완전히 인수분해가 된다. 따라서 복소수 범위에서 모든 n차방정식은 n개의 해를 갖는다."라는 것인데, 이 또한 인수분해와 관련이 있다. 이를 '대수학의 기본 정리'라고 부른다.

수선의 발

垂線의 발, foot of perpendicular

정의 ○ 한 점에서 직선에 수선을 그었을 때 수선과 직선과의 교점.

어원 ○ 한자어 수선(垂線)은 '어떤 평면이나 직선과 직각을 이루는 선'을 뜻한다. 영어 perpendicular는 '직각을 이루는'을, foot은 '발'을 뜻한다. 따라서 수선의 발은 마치 발이 직선의 한 점을 밟는 것처럼 직선 위에 있지 않은 한 점에서 그 직선에 그은 수선과 직선과의 교점을 말한다.

핵심 ▶ 오른쪽 그림과 같이 점 P에서 직선 l에 수선을 그으면 이 수선과 직선 l의 교점이 생긴다. 이 교점 H를 수선의 발이라고 한다.

예제 ○ 오른쪽 그림에서 점 O에서 평면에 내린 수선의 발을 구하여라.

[정답] 점 G

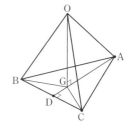

> 🔋 **주의점**
>
> • 오른쪽 그림에서 점 Q와 점 R 중에서 직선 l에 내린 수선의 발은 점 R이다.

│ 관련어

• 교점
• 수선
• 작도
• 직교

수직선 數直線, number line

정의 ○ 직선 위의 점에 실수를 하나씩 대응시킨 것.

핵심 ▶ 수직선은 직선 위의 점에 일정한 간격으로 눈금을 표시하여 수를 대응한 것이다.
수직선에 정수를 대응하는 과정은 다음과 같다.
[1단계] 직선 위에 기준이 되는 원점 O를 잡고 그 점에 수 0을 대응한다.
[2단계] 점 O의 좌우를 일정한 간격으로 나눈다.
[3단계] 점 O의 오른쪽에는 양의 정수를, 왼쪽에는 음의 정수를 대응한다.

▶ 수직선에는 정수뿐만 아니라 유리수나 무리수도 대응할 수 있고, 실수도 대응할 수 있다.

예 무리수 $\sqrt{2}$와 $-\sqrt{2}$ 대응하기

오른쪽 그림과 같이 밑변과 높이의 길이가 1인 직
각삼각형에서 빗변의 길이는 피타고라스 정리에 따라
$\sqrt{2}$이다. 원점을 중심으로 빗변 OA를 반지름으로 하
는 원을 그려서 수직선과의 교점을 표시하면 된다.

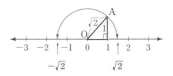

예제 ○ 다음 수직선 위의 5개의 점 A, B, C, D, E에 대응하는 수를 구하여라.

[풀이] 점 A:-2, 점 C: -1, 점 D: 1
점 B:-1과 -2를 3등분하는 점 중에서 첫 번째이므로 $-\dfrac{4}{3}$
점 E: 1과 2를 이등분하는 점이므로 $\dfrac{3}{2}$

‖ 관련어
• 무리수
• 실수
• 원점
• 유리수
• 좌표
• 피타고라스
  정리

🔖 주의점
• 수직선에서는 왼쪽에서 오른쪽으로 갈수록 수가 커진다.
  예 $1<3$, $-3<1$, $-5<-3$

수직이등분선 垂直二等分線, perpendicular bisector

정의 ○ 한 선분의 중점을 지나고 그 선분에 수직인 직선.

어원 ○ 한자어 수직(垂直)은 '수평에 대해 직각을 이룬 상태'를, 이등분(二等分)은 '둘로 똑같이 나눔'을 뜻한다. 영어 perpendicular는 '직각을 이루는'을, bisector는 '둘로 나누는 선'을 뜻한다. 따라서 수직이등분선은 수직으로 이등분하는 직선을 말한다.

핵심 ▶ **수직이등분선이 될 수 있는 조건**

수직이등분선은 '수직'이라는 조건과 '이등분'이라는 조건 두 개를 모두 만족해야 한다. 즉, $\overline{AB}$의 수직이등분선이 직선 l이라면 직선 l은 $\overline{AB}$와 90°를 이루면서 $\overline{AB}$의 중점을 지난다.

▌관련어
· 수선의 발
· 외심
· 중점
· 직교

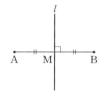

$l \perp \overline{AB}, \ \overline{AM} = \overline{BM}$

예제 ○ 다음 중 수직이등분선을 나타낸 것은?

① 　② 　③ 　④

[풀이] 수직 조건과 이등분 조건을 모두 만족하는 것은 ④이다.

◼ 주의점
· 삼각형에서 세 변의 수직이등분선은 한 점에서 만난다.

순서쌍

順序雙, ordered pair

정의 ○ 두 수의 순서를 정해 짝지어 쌍으로 나타낸 것.

어원 ○ 순서쌍은 순서(順序, order)가 있는 두 수를 짝지어(雙, pair) 괄호 안에 나타낸 것을 말한다.

순서쌍이 사용되는 대표적인 경우는 함수 영역에서 좌표평면 위에 점의 위치를 나타낼 때와, 확률 영역에서 두 개의 사건에서 나오는 경우를 나타낼 때이다.

핵심 ▶ 좌표평면에서의 순서쌍은 x값을 먼저 쓰고 y 값을 나중에 써서 (x좌표, y좌표)로 나타낸다.

　　예　x좌표가 -1이고 y좌표가 4인 점을 순서쌍으로 나타내면 $(-1, 4)$이다.

▶ 순서쌍에는 순서가 있으므로 $a \neq b$이면 $(a, b) \neq (b, a)$이다.

　　예　좌표평면에서 순서쌍 $(4, -1)$은 x좌표가 4, y좌표가 -1점을 나타내고, $(-1, 4)$는 x좌표가 -1, y좌표가 4인 점을 나타낸다. 따라서 $(-1, 4) \neq (4, -1)$

▶ 경우의 수를 구할 때의 순서쌍은 (첫 번째 경우, 두 번째 경우, 세 번째 경우, …)으로 나타낸다. 예를 들어, 주사위 한 개를 연속해서 두 번 던졌을 때 첫 번째 나오는 눈이 3이고, 두 번째 나오는 눈이 2라면 $(3, 2)$라 하고, 첫 번째 나오는 눈이 2이고, 두 번째 나오는 눈이 3이라면 $(2, 3)$라고 한다. 따라서 이때도 역시 $(2, 3) \neq (3, 2)$이다.

관련어
· 경우의 수
· 좌표
· 좌표평면
· 함수의 그래프

예제 ○ 오른쪽 좌표평면에 있는 점 P의 좌표를 순서쌍으로 나타내어라.

　[풀이] 점 P의 x좌표는 2, y좌표는 3

　　　　따라서 점 P의 좌표는 $(2, 3)$

🔖 주의점

· 순서쌍 $(3, 0)$을 좌표평면에 나타낼 때는 x축 위에 x좌표가 3인 점을 표시하고, 순서쌍 $(0, 3)$을 좌표평면에 나타낼 때는 y축 위에 y좌표가 3인 점을 표시하면 된다.

순환소수

循環小數, recurring decimals

정의 ○ 소수점 아래의 어떤 자리에서부터 일정한 숫자의 배열이 한없이 되풀이 되는 무한 소수.

어원 ○ 한자어 순환(循環)은 '주기적으로 되풀이 되는 것', 영어 recurring은 '반복하다'는 뜻이 있다. 따라서 순환소수는 소수점 아래의 수가 일정한 규칙으로 무한히 되풀이되는 무한소수를 말한다.

핵심 ▶ 순환소수에서 한없이 되풀이 되는 가장 짧은 마디를 '순환마디'라고 한다. 이때, 반복되는 마디의 양 끝 숫자 위에다 점을 찍어서 순환마디가 무엇인지를 나타낸다.

예 $0.77777\cdots$: 7 반복 → 순환마디: 7 → $0.\dot{7}$

$0.353535\cdots$: 3, 5 반복 → 순환마디: 3, 5 → $0.\dot{3}\dot{5}$

$1.3866666\cdots$: 6 반복 → 순환마디: 6 → $1.38\dot{6}$

$3.1579579579\cdots$: 5, 7, 9 반복 → 순환마디: 5, 7, 9 → $3.1\dot{5}7\dot{9}$

▶ 분수 $\dfrac{m}{n}$을 소수로 나타내기 위해 $m \div n$을 할 때, 나머지가 0이면 그 분수는 유한소수가 된다. 나머지가 0이 아니라면, 그 나머지는 n보다 작은 자연수인 1, 2, 3, $\cdots$, $n-1$ 중의 하나가 되는데, n번의 나눗셈 과정에서 그 나머지가 반복되어 나타나기 때문에 순환소수가 된다.

예 $\dfrac{1}{3}=0.33333\cdots=0.\dot{3}$, $\dfrac{5}{6}=\dfrac{5}{2\times3}=0.833333\cdots=0.8\dot{3}$

$\dfrac{1}{7}=0.142857142857142857\cdots=0.\dot{1}4285\dot{7}$

▶ 기약분수로 나타낸 분수의 분모가 소인수로 2나 5만 가지면 그 분수는 유한소수가 되고, 그렇지 않을 경우에는 순환소수가 된다.

예 $\dfrac{3}{4}=\dfrac{3}{2^2}=0.75$, $\dfrac{14}{40}=\dfrac{7}{20}=\dfrac{7}{2^2\times5}=0.35$, $\dfrac{1}{125}=\dfrac{1}{5^3}=0.008$

▶ 모든 순환소수는 분수로 나타낼 수 있다. 따라서 순환소수는 유리수에 속한다. 순환소수를 분수로 나타내는 과정은 다음과 같다.

[1단계] 순환소수 $0.353535\cdots$를 x라고 놓는다.

➡ $x=0.353535\cdots$ ...... ①

관련어
· 무한소수
· 순환소수
· 실수
· 유리수

[2단계] 소수 부분이 같아지도록 양변에 10의 거듭제곱을 적당히 곱한다.

$$\Rightarrow 100x = 35.353535\cdots \quad \cdots\cdots ②$$

[3단계] 두 식의 차를 구한다. $\Rightarrow$ ② $-$ ①에서 $99x = 35$, 따라서 $x = \dfrac{35}{99}$

[4단계] 순환소수를 분수로 나타낸다. $\Rightarrow 0.353535\cdots = \dfrac{35}{99}$

예제 ○ 다음 중에서 순환소수로 나타낼 수 없는 것은?

① $\dfrac{24}{18}$ ② $\dfrac{5}{36}$ ③ $\dfrac{7}{120}$ ④ $\dfrac{5}{13}$ ⑤ $\dfrac{21}{56}$

[풀이] 기약분수로 고쳤을 때 분모가 2와 5 이외의 다른 소인수를 가질 경우 순환소수로 나타낼 수 있다.

① $\dfrac{24}{18} = \dfrac{4}{3}$ ② $\dfrac{5}{36} = \dfrac{5}{2^2 \times 3^2}$ ③ $\dfrac{7}{120} = \dfrac{7}{2^3 \times 3 \times 5}$ ④ $\dfrac{5}{13}$ ⑤ $\dfrac{21}{56} = \dfrac{3}{8} = \dfrac{3}{2^3}$

따라서 순환소수로 나타낼 수 없는 것은 ⑤이다.

● 주의점

· $a.\dot{b}c\dot{d} = a\dfrac{bcd}{999}$ 예 $3.\dot{2}4\dot{5} = 3\dfrac{245}{999}$

· $a.b\dot{c}\dot{d} = \dfrac{abcd - ab}{990}$ 예 $3.2\dot{4}\dot{5} = \dfrac{3245 - 32}{990}$

· $a.bc\dot{d} = \dfrac{abcd - abc}{900}$ 예 $3.24\dot{5} = \dfrac{3245 - 324}{900}$

수학사 ○ **순환마디의 역사**

순환소수의 순환마디 양 끝의 숫자 위에 점을 찍어서 나타내는 방식이 언제부터 사용되었는지는 분명하지 않다. 1742년 **마시**(Marsh, 18세기경)가 순환마디의 첫 숫자와 마지막 숫자 위에 점을 찍어 순환소수를 표기한 것이 처음이라고 하는데 증거가 남아 있지 않다.

순환마디를 나타내는 방법은 아직 세계적으로 통일되지 않았다. 우리나라에서는 순환마디의 양쪽 끝에 점을 찍어 순환마디를 표현하지만, $3.1\dot{5}7\dot{9}$를 $3.1\overline{579}$처럼 순환마디 위에 줄을 그려 표현하는 나라도 있다.

실근 實根, Real Root

정의 ○ 이차 이상의 방정식의 근 중에서 실수인 근(해)을 지칭하는 말.

어원 ○ 실근(實根, Real Root)은 '실수인 근'의 줄임말이다. 실수를 계수로 하는 이차방정식은 복소수의 범위에서 반드시 근을 갖는데, 이러한 근들 중에서 실수인 근을 '실근'이라고 말한다.

핵심 ▶ 실근에 대해 방정식의 차수와 관련해 살펴보면 다음과 같다.

① 계수가 실수인 모든 일차방정식의 근은 실수이다. 따라서 일차방정식은 항상 실근을 갖는다.

② 계수가 실수인 이차방정식의 해 중에는 실수인 것도 있고 허수인 것도 있다.

▶ 이차방정식 $ax^2+bx+c=0(a\neq0)$의 근이 실근일 때는 근의 공식에서 근호 안의 수(즉, 판별식 b^2-4ac)가 0 이상이다.

$$b^2-4ac \geq 0 일 때는 실근$$

예 $x^2+x-2=0 \to a=1,\ b=1,\ c=-2 \to b^2-4ac=9>0 \to$ 실근

관련어
· 근(해)
· 근의 공식
· 실수
· 이차방정식
· 허근

실제로 근의 공식에 따라 근을 구하면

$$x=\frac{-b\pm\sqrt{b^2-4ac}}{2a}=\frac{-1\pm\sqrt{9}}{2}=\frac{-1\pm3}{2}$$

$x=1$ 또는 $x=-2$ (서로 다른 두 실근)

예제 ○ 이차방정식 $x^2-3x-2=0$의 근이 실근인지 허근인지 판별하여라.

[풀이] 판별식 $b^2-4ac=(-3)^2-4\times1\times(-2)=17>0$이므로, 이 이차방정식은 실근을 갖는다.

🔖 주의점
· 이차방정식에서만 실근을 구할 수 있는 것은 아니다.
· 삼차 이상의 방정식의 근 중에는 실근도 있고 허근도 있다.

실수 實數, real number

정의 ○ 유리수와 무리수를 통틀어 일컫는 말.

어원 ○ 한자어 실(實)과 영어 real은 모두 '실제'를 뜻한다. 실수는 허수(虛數)의 반대말로, 수학에서는 유리수와 무리수를 통틀어 일컫는다.

핵심 ▶ 실수는 유리수와 무리수를 모두 포함한다.

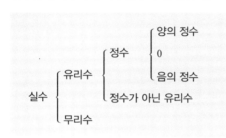

▶ 실수는 0을 기준으로 양수와 음수로 나뉜다.

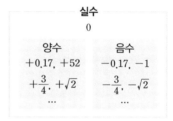

▶ **실수의 대소 비교**

뺄셈을 이용하여 두 실수의 크기를 비교할 수 있다.

① $a-b>0$이면 $a>b$

② $a-b<0$이면 $a<b$

③ $a-b=0$이면 $a=b$

예 $\sqrt{3}-1$과 0.6의 크기를 비교해보자.

$\sqrt{3}$은 약 1.732이므로 $\sqrt{3}-1$은 약 0.7이다.

$(\sqrt{3}-1)-0.6>0$이므로 $\sqrt{3}-1>0.6$

관련어
· 무리수
· 복소수
· 유리수
· 허수

▶ **실수의 사칙연산**

실수의 사칙연산은 유리수와 무리수의 사칙연산과 같은 방법으로 한다.

▷ **실수의 성질**

① 실수끼리의 사칙계산 결과는 항상 실수이다.

② 실수를 제곱하면 항상 0보다 크거나 같다.

> 예 $(\sqrt{5}-2)^2=9-4\sqrt{5}=9-\sqrt{80}=\sqrt{81}-\sqrt{80}>0,\ 0^2=0$

③ 서로 다른 두 실수 사이에는 무수히 많은 실수가 있다.

> 예 $\sqrt{3}-1$과 $\sqrt{2}$ 사이에 있는 실수 ➡ $\dfrac{(\sqrt{3}-1)+\sqrt{2}}{2}$ (즉, $\sqrt{3}-1$과 $\sqrt{2}$의 평균)

④ 수직선은 실수에 대응하는 점들로 완전히 채울 수 있다(실수의 연속성).

예제 ○ 두 실수 $\sqrt{7}-2$와 $\dfrac{2}{5}$의 크기를 비교하여라.

풀이 $(\sqrt{7}-2)-\dfrac{2}{5}=\sqrt{7}-\dfrac{12}{5}$

$\sqrt{7}$은 약 2.646이고, $\dfrac{12}{5}$는 2.4이므로 $\sqrt{7}-\dfrac{12}{5}>0$

따라서 $(\sqrt{7}-2)>\dfrac{2}{5}$

주의점

• 복소수 범위에서의 실수는 허수 부분이 0인 수를 뜻한다. 즉, 복소수 $a+bi$에서 $b=0$
일 때 이 복소수는 실수이다.

수학사 ○ **실수의 역사**

실수는 수직선 위의 연속적인 점으로 나타낼 수 있다. 실수를 이렇게 수직선 위의 한 점으로 나타낸 최초의 사람은 17세기 영국 수학자 **월리스**(Wallis, 1616~1703)이다. 그는 1673년에 복소평면을 고안하기 위해 실수를 수직선 위의 점으로 나타냈다. 하지만 당시에는 그의 이런 방법이 널리 알려지지 못했다.

점과 실수를 본격적으로 서로 대응시키게 된 것은 20세기에 들어선 이후였다. 1900년경 독일 수학자 **힐베르트**(Hilbert, 1862~1943)는 공간 속의 점을 '수'로 바꾸었다. 그가 이렇게 한 이유는 2차원 공간 속의 점을 한 쌍의 실수에 대응하면 기하학적 개념을 산술적 개념으로 바꿀 수 있기 때문이다.

실수로 이루어진 수직선은 존재하지만 실수를 순서대로 나열하는 것은 불가능하다. 이 놀라운 사실을 증명한 사람은 19세기 독일 수학자 **칸토어**(Cantor, 1845~1918)이다. 그는 실수 직선에서 0과 1 사이의 모든 실수들을 크기대로 한 줄로 나열하는 것이 불가능함을 증명했는데, 일명 '대각선법'이라고 한다. 증명 과정은 다음과 같다.

만약, 모든 실수를 소수로 나타내어 한 줄로 세울 수 있다고 하자. 이때, 처음 수와는 소수 첫째 자리가 다르고, 두 번째 수와는 소수 둘째 자리가 다르고… 이런 식으로 각 자리의 숫자만 살짝 다른 새로운 소수를 만들 수 있다. 그렇다면 이 새로운 소수는 어느 자리에 들어가야 할까?

이런 식으로 만들어진 새로운 소수는 계속 등장할 수 있다. 따라서 소수를 한 줄로 세울 방법은 없는 것이다.

실수가 유리수와 다른 가장 큰 특징은 유리수는 '조밀'하지만 실수는 '연속적'이라는 것이다. '절단'이라는 개념을 사용해 실수의 이러한 특징을 밝힌 사람은 독일 수학자 데데킨트(Dedekind, 1831~1916)이다. 즉, 실수를 R_1과 R_2로 절단했을 때, R_1에는 최대수가 있지만 R_2에 최소수가 없거나 R_1에는 최대수가 없고 R_2에는 최소수가 있는 경우는 '유리수'이고, R_1에 최대수가 없고 R_2에 최소수가 없는 경우가 '무리수'이다. 이런 방식으로 실수를 자르는 것을 '데데킨트의 절단'이라고 한다.

데데킨트

양수 陽數, positive number

정의 ○ 0보다 큰 수.

어원 ○ 한자어 양(陽)은 '볕', '따뜻한 양지'를, 영어 positive number는 '낙관적인'을 뜻한다. 양수는 원래 남에게 진 빚을 뜻하는 부수(負數)의 반대어인 정수(正數)로 번역되어야 했는데, 이 용어가 우리나라에 소개될 당시에 사용되던 정수(整數)와 혼동될 우려가 있어서, 음수(陰數)의 반대어인 양수(陽數)가 되었다.

핵심 ▶ 양의 정수, 양의 유리수, 양의 실수를 통틀어 '양수'라고 한다.
양의 정수는 정수 중에서 양수인 수를 말하고, 양의 유리수는 유리수 중에서 양수인 수를 말하며, 양의 실수는 실수 중에서 양수인 수를 말한다.

예 $+3$, $+\dfrac{7}{2}$, $+\sqrt{2}$

▶ 수직선에 양수의 위치는 0의 오른쪽이다.

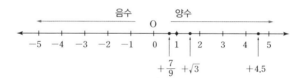

▶ 양수를 나타내는 부호는 '+(플러스)'인데, 이 부호는 생략해서 나타내기도 한다. 따로 부호 없는 수는 양수로 보면 된다.

▶ **양수의 사칙연산**

양수의 사칙연산 결과는 다음과 같다.

① 덧셈: (양수)+(양수) ➡ (양수)

예 $(+3)+(+2)=+5$

② 뺄셈: 두 수의 절댓값에 따라 결과가 달라진다.

예 $(+3)-(+2)=+1$ ➡ 양수, $(+3)-(+4)=-1$ ➡ 음수

③ 곱셈: (양수)×(양수) ➡ (양수)

예 $(+3)\times(+2)=+6$

④ 나눗셈: (양수)÷(양수) ➡ (양수)

예 $(+3)\div(+2)=+\dfrac{3}{2}$

관련어
• 실수
• 유리수
• 절댓값
• 정수

예제 ○ 다음 중에서 양수를 모두 찾아라.

$$-3 \quad +4 \quad 1.24 \quad 0 \quad +\frac{2}{7} \quad -\frac{4}{6} \quad -2.6 \quad \frac{5}{2} \quad 0.3$$

[정답] $+4$, 1.24, $+\frac{2}{7}$, $\frac{5}{2}$, 0.3

🔲 주의점

• 문자의 경우에는 부호만 보고 양, 음을 판단해서는 안 된다. 문자와 양의 부호를 사용한 '$+a$'가 양수인지 음수인지는 a의 값에 따라 결정된다. 만약 $a=-3$이라면 $+a=+(-3)=-3$이므로 $+a$는 음수이다. 즉, 언뜻 보기에 양수처럼 보이지만 실제로는 음수다. 만약 $a=0$이라면 $+a=+0=0$이므로 $+a$는 양수도 음수도 아닌 0이다. 만약 $a=+7$이라면 $+a=+(+7)=7$이므로 $+a$는 양수이다.

수학사 ○ 양수 부호의 역사

수학 기호가 그 모양을 확실히 갖추게 된 것은 15세기 인쇄술이 발달하면서부터이다. 그전까지는 사람의 필체에 따라 기호가 제각각이었는데 인쇄기가 발명되면서 그 모양이 점차 표준화되었기 때문이다.

오래된 필사본 중에는 5와 7의 합을 '5 *et* 7'로 나타낸 것이 있다. 이때, *et*는 라틴어로 '그리고'라는 뜻이다. *et*를 빨리 휘갈겨 쓰다 보니 나중에는 '+' 모양이 되었는데, 이 기호는 독일 수학자 비트만(Widmann, 1462~1498)이 1489년에 쓴 《상업용 산술서》라는 책에 처음 등장했다. 이 책은 양수와 음수 기호가 인쇄된 가장 오래된 책이 되었다.

비트만이 최초로 사용한
덧셈, 뺄셈 기호

한편, '+'와 '−'는 원래 창고에 있는 물건의 남고 모자람을 나타내기 위한 기호이기도 했다.

엇각 엇角, alternate angle

정의 ○ 서로 다른 두 직선이 다른 한 직선과 만날 때 생기는 각 중에서 엇갈린 위치에 있는 각.

어원 ○ 우리말 '엇'은 '엇갈리는 것'을, 영어 alternate는 '서로 엇갈리는'을 뜻한다. 수학에서 엇각은 서로 엇갈린 위치에 대응하는 각을 말한다.
엇각은 평행선이 포함된 도형에서 각의 크기를 구할 때 많이 이용된다.

핵심 ▶ 서로 다른 두 직선이 다른 한 직선과 만날 때 생기는 8개의 각 중에서 엇각은 다음과 같다.

▶ 엇각의 성질

① 평행한 두 직선이 다른 한 직선과 만나서 생기는 엇각의 크기는 서로 같다.

② 엇각의 크기가 서로 같으면 두 직선은 평행하다.

$$l \parallel m \rightarrow \angle a = \angle b$$
$$\angle a = \angle b \rightarrow l \parallel m$$

❗ 관련어
· 교각
· 동위각

예제 ○ **오른쪽 그림에서 두 직선 l과 m이 평행할 때, $\angle x$의 크기를 구하여라.**

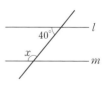

[풀이] 두 직선 l과 m이 평행하므로 엇각의 크기가 같다.
따라서 $\angle x + 40° = 180°$이므로 $\angle x = 140°$

■ 주의점

· 서로 평행한 두 직선이 다른 직선과 만날 때는 엇각의 크기가 같지만, 두 직선이 서로 평행이 아닐 때에는 엇각의 크기가 같지 않다.

○ **엇각의 역사**

엇각은 고대 그리스의 피타고라스학파가 삼각형의 내각의 합을 구할 때 사용했다.

17세기 영국 수학자 **해리엇**(Harriot, 1560~1621)은 항해술을 연구하는 과정에서 등각 나선의 길이를 구하는 방법을 고안했다. 등각 나선은 한 점으로부터 나온 반직선을 일정한 각(ε)으로 자른 곡선으로, 로그 나선이라고도 불린다. 그는 등각 나선을 일정한 각(α)으로 잘라서 다각형으로 만들었다. 그다음 이것을 잘라 삼각형 모양으로 엇갈리게 붙였다.

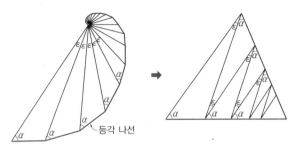

ε를 더 작게 할수록 선분의 길이의 합은 곡선의 길이에 가까워지며, 전체 넓이는 삼각형의 넓이와 같고 등각 나선의 길이는 삼각형의 두 변의 길이가 된다.

역수 逆數, inverse number

정의 O 어떤 수와 곱해서 1이 되는 수.

어원 O 한자어 역(逆)과 영어 inverse는 모두 '거꾸로', '반대'란 뜻이다. 수학에서 역수는 어떤 수와 곱해서 1이 되는 수를 말한다. 역수는 수나 다항식에서 나눗셈을 곱셈으로 고쳐서 계산할 때 주로 이용된다.

핵심 ▶ 역수 구하기

> a의 역수가 ▲라고 하면 $a \times ▲ = 1$이므로 $▲ = \dfrac{1}{a}$이다.
>
> $\dfrac{b}{a}$의 역수가 □라고 하면 $\dfrac{b}{a} \times □ = 1$이므로 $□ = \dfrac{a}{b}$이다.

① 서로 곱해서 1이 되는 수는 분자와 분모가 서로 반대이므로 서로의 역수이다.

　예　$\dfrac{4}{5} \times \dfrac{5}{4} = 1$ → $\dfrac{4}{5}$의 역수는 $\dfrac{5}{4}$이고, $\dfrac{5}{4}$의 역수는 $\dfrac{4}{5}$이다.

② 단위분수의 역수는 자연수이다.

　예　$\dfrac{1}{3} \times 3 = 1$ → $\dfrac{1}{3}$의 역수는 3이고, 3의 역수는 $\dfrac{1}{3}$이다.

③ 대분수는 가분수로 고친 후 역수를 구한다.

　예　$1\dfrac{1}{2} = \dfrac{3}{2}$이므로 $1\dfrac{1}{2}$의 역수는 $\dfrac{2}{3}$이다.

④ 소수는 분수로 고친 후 역수를 구한다.

　예　$0.31 = \dfrac{31}{100}$이므로 0.31의 역수는 $\dfrac{100}{31}$이다.

⑤ 나눗셈식에서는 나눗셈을 곱셈으로 고치는 과정에서 역수를 사용한다.

　예　$x^4 y^3 \div x^2 y^3 z^2 = x^4 y^3 \times \dfrac{1}{x^2 y^3 z^2} = \dfrac{x^2}{z^2}$

관련어
· 다항식
· 단항식
· 유리수

예제 O 다음 중 두 수가 역수 관계인 것은?

① 0.5와 $\dfrac{5}{10}$　　② $-\dfrac{1}{3}$과 3　　③ $\dfrac{1}{4}$와 $-\dfrac{1}{4}$　　④ 2와 $-\dfrac{1}{2}$　　⑤ $-\dfrac{4}{5}$와 $-\dfrac{5}{4}$

[정답] ⑤

🔖 주의점

• 0의 역수는 없다. 0과 곱해서 1이 되는 수는 없기 때문이다.
• 어떤 수의 역수를 구할 때 부호는 변하지 않는다.

예 $\left(-\dfrac{2}{3}\right) \times \left(-\dfrac{3}{2}\right) = 1$이므로 $-\dfrac{2}{3}$의 역수는 $-\dfrac{3}{2}$이고, $-\dfrac{3}{2}$의 역수는 $-\dfrac{2}{3}$이다.

수학사 ○ 역수의 역사

역수를 최초로 사용한 사람들은 고대 바빌로니아인이었다. 그들은 1을 의미하는 ▼와 10을 의미하는 ▶의 두 개의 숫자로 수를 조합해서 60진법의 수체계를 사용했다. 이러한 60진법의 수체계는 계산을 할 때 수가 커서 매우 복잡했다. 이런 문제를 해결하기 위해 곱셈표, 역수표, 제곱수표, 세제곱수의 표, 제곱근과 세제곱근의 표 등 다양한 수표를 미리 만들어놓고 계산할 때 사용했다.

나눗셈을 계산할 때 a를 b로 나누는 대신 a에 b의 역수를 곱하는 것이다. 즉, $a \div b = a \times \dfrac{1}{b}$과 같이 계산할 때, 역수표를 사용했다. 역수표에서 b의 역수를 찾아 곧바로 a에 곱하면 계산이 쉽기 때문이다.

다음 역수표에서는 두 수를 곱하면 60이 된다. 예를 들어 7, 30은 $7\dfrac{30}{60} = 7.5$를 뜻한다. 이 표에는 중간에 빠진 수가 있는데, 예를 들어 7과 11이다. 그 이유는 7과 11의 역수가 무한소수이기 때문이다.

고대 바빌로니아 역수표

n	$\overline{n}$	n	$\overline{n}$	n	$\overline{n}$
2	30	16	3,45	45	1,20
3	20	18	3,20	48	1,15
4	15	20	3	50	1,12
5	12	24	2,30	54	1, 6,40
6	10	25	2,24	1	1
8	7,30	27	2,13,20	1,4	56,15
9	6,40	30	2	1,12	50
10	6	32	1,52,30	1,15	48
12	5	36	1,40	1,12	45
15	4	40	1,30	1,21	44,26,40

연립방정식 聯立方程式, simultaneous equation

정의 ○ 두 개 이상의 방정식을 묶어 놓은 것.

어원 ○ 한자어 연(聯)은 '연달아'를, 립(立)은 '세우다'를 뜻한다. 영어 simultaneous는 '동시에'를 뜻한다. 따라서 연립방정식은 여러 개의 방정식을 연달아 묶어놓은 것이다.

연립방정식에서 각각의 방정식을 동시에 만족시키는 미지수의 값을 '연립방정식의 해'라 하고, 그 해를 구하는 것을 '연립방정식을 푼다.'고 한다. 연립방정식은 가감법과 대입법을 사용해서 푼다.

핵심 ▶ 연립된 방정식의 차수에 따라 연립방정식은 다음과 같이 분류된다.

연립일차방정식 ➡ 미지수가 2개인 연립일차방정식 ➡ 예 $\begin{cases} x-3y=9 \\ 2x+y=5 \end{cases}$

미지수가 3개인 연립일차방정식 ➡ 예 $\begin{cases} 2x+3y+z=7 \\ 3x+2y+z=13 \\ x+2y+3z=12 \end{cases}$

연립이차방정식 ➡ 미지수가 2개인 연립이차방정식 ➡ 예 $\begin{cases} x+y=4 \\ x^2+3y^2=28 \end{cases}$

▶ **연립일차방정식의 해와 두 일차방정식의 그래프의 교점**

연립일차방정식 $\begin{cases} ax+by=c \\ a'x+b'y=c' \end{cases}$ 의 해는 두 일차방정식 $ax+by=c$, $a'x+b'y=c'$ 의 그래프의 교점이다.

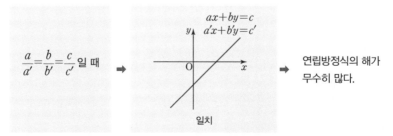

$\dfrac{a}{a'}=\dfrac{b}{b'}=\dfrac{c}{c'}$ 일 때 ➡ 연립방정식의 해가 무수히 많다.

일치

관련어
• 가감법
• 대입법
• 방정식
• 연립부등식
• 연립이차방정식
• 연립일차방정식
• 직선의 방정식

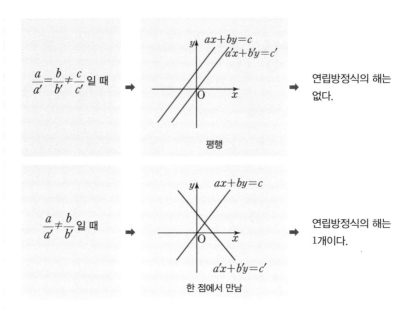

$\dfrac{a}{a'}=\dfrac{b}{b'}\neq\dfrac{c}{c'}$ 일 때 ➡ 연립방정식의 해는 없다.

평행

$\dfrac{a}{a'}\neq\dfrac{b}{b'}$ 일 때 ➡ 연립방정식의 해는 1개이다.

한 점에서 만남

▶ **$A=B=C$ 꼴의 연립방정식**

$A=B=C$ 꼴의 연립방정식은 $\begin{cases} A=B \\ A=C \end{cases}$, $\begin{cases} A=B \\ B=C \end{cases}$, $\begin{cases} A=C \\ B=C \end{cases}$ 와 같은 연립방정식

으로 만든 다음, 그 해를 구한다.

예를 들어 $x-4y=2x+5y=7$인 경우 $\begin{cases} x-4y=2x+5y \\ x-4y=7 \end{cases}$ 또는 $\begin{cases} x-4y=2x+5y \\ 2x+5y=7 \end{cases}$

또는 $\begin{cases} x-4y=7 \\ 2x+5y=7 \end{cases}$ 로 만든 다음, 이 연립방정식을 풀면 된다.

예제 ○ 연립방정식 $\begin{cases} x-ay=5 \\ 3x+y=b \end{cases}$ 의 해가 $(1,\ 2)$일 때, a와 b의 값을 구하여라.

풀이 연립방정식의 해는 두 방정식을 동시에 만족시켜야 하므로 점 $(1,\ 2)$를 각각의 방정식에 대입한다.

점 $(1,\ 2)$를 $x-ay=5$에 대입하면 $1-2a=5$이므로 $-2a=4$, $a=-2$

점 $(1,\ 2)$를 $3x+y=b$에 대입하면 $3+2=b$이므로 $b=5$

🔴 **주의점**

• 일차방정식과 이차방정식이 연립되어 있는 경우는 대입법을 사용하여 해를 구하면 쉽다.

연립방정식의 역사는 매우 오래되었다. 고대 이집트의 파피루스에도 연립방정식 문제가 있다. 물론 그 당시에는 식이나 기호를 사용하지 않았기 때문에 문장제로 되어 있다. 예를 들어

> 두 개의 정사각형에 대해 변의 비가 $1 : \frac{3}{4}$이고, 넓이의 합이 100이 되도록 하라.

라는 문제를 두 정사각형의 각 변의 길이를 x와 y로 나타내면 $\begin{cases} x^2 + y^2 = 100 \\ x : y = 1 : \frac{3}{4} \end{cases}$ 과 같은 연립방정식이 된다.

이집트인들은 미지수 중에서 해 하나를 1로 가정한 다음 연립방정식의 해를 푸는 '임시가정법'을 사용했다. x를 1로 가정하면 y는 $\frac{3}{4}$이다. 이 값을 첫 번째 방정식에 대입하면 $1^2 + \left(\frac{3}{4}\right)^2 = \frac{25}{16}$이고 $\sqrt{\frac{25}{16}} = \frac{5}{4}$이다. 그런데 첫 번째 연립방정식에서 $x^2 + y^2$은 100이고 $\sqrt{100} = 10$이다. $10 \div \frac{5}{4} = 8$이므로 $x = 1 \times 8 = 8$, $y = \frac{3}{4} \times 8 = 6$이란 해를 얻을 수 있다. 해의 값으로 적당한 값을 추측하고 비례 관계에 의해서 그 값을 조정하면서 해를 구하는 이런 방법은 중세까지 이어졌다.

이탈리아 피사의 상인의 아들이었던 **피보나치**(Fibonacci, 1174?~1250?)가 **알콰리즈미**(Alkwarizmi, 780~550?)의 책을 모델로 1202년에 쓴 《산반서, Liber Abaci》에는 다음과 같은 문제가 있다.

피보나치의 《산반서》

> 어떤 사람이 자고새와 비둘기와 참새로 이루어진 3종류의 새를 30마리 샀다. 자고새 한 마리는 은화 3개, 비둘기 한 마리는 은화 2개, 참새 한 마리는 은화 $\frac{1}{2}$이다. 그는 은화 30개를 지불한다. 각 종류의 새를 몇 마리씩 살 수 있는가?

이 문제를 연립방정식으로 나타내면 $\begin{cases} x + y + z = 30 \\ 3x + 2y + \frac{1}{2}z = 30 \end{cases}$ 이다. x, y, z 값이 자연수여야 하므로, 이 방정식의 해는 자고새 3마리, 비둘기 5마리, 참새 22마리이다.

연립부등식

聯立不等式, simultaneous inequalities

정의 ○ 두 개 이상의 부등식을 묶어 놓은 것.

어원 ○ 한자어 연(聯)은 '연달아'를, 립(立)은 '세우다'를 뜻하고 영어 simultaneous는 '동시에'를 뜻한다. 따라서 연립부등식은 여러 개의 부등식을 연달아 묶어놓은 것이다.

연립부등식에서 각각의 부등식을 만족하는 미지수의 범위를 구한 다음, 공통 범위를 구한 것을 '연립부등식의 해'라 하고, 그 해를 구하는 것을 '연립부등식을 푼다'고 한다.

핵심 ▷ 연립된 부등식의 차수에 따라 연립부등식은 다음과 같이 분류된다.

연립일차부등식 ➡ 미지수가 2개인 연립일차부등식 ➡ (예) $\begin{cases} 3x-4<2x+3 \\ 3x-6\geq 2x-1 \end{cases}$

연립이차부등식 ➡ 미지수가 2개인 연립이차부등식 ➡ (예) $\begin{cases} 3x+5<x-1 \\ x^2+6x-7<0 \end{cases}$

▶ 연립방정식의 해를 수직선 위에 나타낼 때는 각 부등식의 해를 그린 다음, 공통된 범위를 표시하면 된다.

▶ ***A<B<C꼴의 연립부등식***

$A<B<C$꼴의 연립부등식을 두 개의 부등식이 연립된 연립부등식으로 만들 때에는 반드시 이웃하는 부등식끼리 묶어야 한다. 즉, 연립부등식 $\begin{cases} A<B \\ B<C \end{cases}$ 로 만들어야 한다.

예를 들어 연립부등식 $x-4<2x+5\leq 5x+7$은 $\begin{cases} x-4<2x+5 \\ 2x+5\leq 5x+7 \end{cases}$ 로 만든 다음, 이 연립부등식을 푼다.

┊ 관련어
· 부등식
· 연립방정식
· 일차부등식

▶ 특수한 해를 가진 연립일차부등식

해가 1개인 경우		해가 없는 경우	
$\begin{cases} x \leq a \\ x \geq a \end{cases}$	$\begin{cases} x < a \\ x > a \end{cases}$	$\begin{cases} x \leq a \\ x > a \end{cases}$	$\begin{cases} x < a \\ x \geq a \end{cases}$
a	a	a	a

예제 ○ 연립부등식 $\begin{cases} 3x-4 < 2x+3 \\ 3x-6 \geq 2x-1 \end{cases}$ 의 해를 구하여라.

[풀이] $3x-4 < 2x+3$에서 $3x-2x < 3+4$, $x < 7$

$3x-6 \geq 2x-1$에서 $3x-2x \geq -1+6$, $x \geq 5$

각 부등식의 해를 수직선으로 표시하여 겹쳐지는 부분을 찾는다.

두 부등식의 공통 부분인 $5 \leq x < 7$이 연립부등식의 해가 된다.

[정답] $5 \leq x < 7$

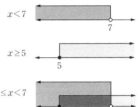

$x < 7$

$x \geq 5$

$5 \leq x < 7$

주의점

• $A < B < C$의 꼴을 $\begin{cases} A < B \\ A < C \end{cases}$ 로 바꾸면 안 된다. $\begin{cases} A < B \\ A < C \end{cases}$ 라고 해서 반드시 $A < B < C$

인 것은 아니기 때문이다. 예를 들어 $\begin{cases} 1 < 4 \\ 1 < 3 \end{cases}$ 이지만, $1 < 4 < 3$은 아니다.

마찬가지로 $A < B < C$의 꼴을 $\begin{cases} A < C \\ B < C \end{cases}$ 로 바꾸면 안 된다. $\begin{cases} A < C \\ B < C \end{cases}$ 라고 해서 반드시

$A < B < C$인 것은 아니기 때문이다. 예를 들어 $\begin{cases} 1 < 4 \\ 0 < 4 \end{cases}$ 이지만 $1 < 0 < 4$는 아니다.

$A < B < C$와 동치인 것은 $\begin{cases} A < B \\ B < C \end{cases}$ 뿐이다.

• 일차부등식과 이차부등식이 연립된 경우를 '연립이차부등식'이라고 한다.

연립이차방정식

聯立二次方程式
simultaneous quadratic equations

정의 ● 두 개 이상의 방정식을 함께 묶어 한 쌍으로 나타낼 때, 차수가 가장 높은 방정식이 이차인 연립방정식.

핵심 ▶ 방정식을 한데 묶어 놓은 연립방정식 중에서 연립방정식에서 차수가 가장 높은 방정식이 이차방정식일 때, 이 연립방정식을 '연립이차방정식'이라고 한다.

▶ 미지수가 2개인 연립이차방정식에는 다음과 같은 두 가지 꼴이 있다.

$$\begin{cases} (\text{일차식})=0 \\ (\text{이차식})=0 \end{cases} \quad \text{예} \begin{cases} x-y=2 \\ x^2+y^2=10 \end{cases}$$

$$\begin{cases} (\text{이차식})=0 \\ (\text{이차식})=0 \end{cases} \quad \text{예} \begin{cases} 3x^2-5xy+2y^2=0 \\ x^2-2xy+2y^2=0 \end{cases}$$

▶ 연립이차방정식의 해법은 연립일차방정식에서의 해법과 같다.

예 연립이차방정식 $\begin{cases} x-y=2 & \cdots ㉠ \\ x^2+y^2=10 & \cdots ㉡ \end{cases}$

㉠에서 $y=x-2$ $\cdots$ ㉢

㉢을 ㉡에 대입하면 $x^2+(x-2)^2=10$

정리하면 $2x^2-4x-6=0$, $x^2-2x-3=0$, $(x+1)(x-3)=0$

$x=-1$ 또는 $x=3$

이것을 ㉢에 대입하면 $x=-1$일 때 $y=-3$, $x=3$일 때 $y=1$

따라서 구하는 연립이차방정식의 해는 $\begin{cases} x=-1 \\ y=-3 \end{cases}$ 또는 $\begin{cases} x=3 \\ y=1 \end{cases}$

▎관련어
• 방정식
• 연립방정식
• 연립일차방정식
• 이차방정식

예제 ● 연립이차방정식 $\begin{cases} 3x^2-5xy+2y^2=0 & \cdots ㉠ \\ x^2-2xy+2y^2=10 & \cdots ㉡ \end{cases}$ 의 해를 구하여라.

[풀이] ㉠의 좌변을 인수분해하면 $(x-y)(3x-2y)=0$

$x-y=0$ 또는 $3x-2y=0$

따라서 $y=x$ 또는 $y=\dfrac{3}{2}x$

(i) $y=x$를 ㉡에 대입하면 $x^2-2x^2+2x^2=10$, $x^2=10$, $x=\pm\sqrt{10}$

즉, $x=\sqrt{10}$일 때 $y=\sqrt{10}$, $x=-\sqrt{10}$일 때 $y=-\sqrt{10}$

(ii) $y=\dfrac{3}{2}x$를 ⓒ에 대입하면 $x^2-2x\times\dfrac{3}{2}x+2\left(\dfrac{3}{2}x\right)^2=10$

$\dfrac{5}{2}x^2=10$, $x^2=4$, $x=\pm2$

즉, $x=2$일 때 $y=3$, $x=-2$일 때 $y=-3$

(i), (ii)에서

$\begin{cases} x=\sqrt{10} \\ y=\sqrt{10} \end{cases}$ 또는 $\begin{cases} x=-\sqrt{10} \\ y=-\sqrt{10} \end{cases}$ 또는 $\begin{cases} x=2 \\ y=3 \end{cases}$ 또는 $\begin{cases} x=-2 \\ y=-3 \end{cases}$

▐ 주의점

• 연립이차방정식이라고 해서 연립된 방정식이 모두 이차식이어야 하는 것은 아니다.

수학사 **연립이차방정식의 역사**

연립이차방정식에 대한 기록은 그리스 수학자 **디오판토스**(Diophantos, 246?~330?)의 《산학, Arithmetica》13권에 나와 있다. 여기에는 다음과 같은 연립이차방정식 문제가 있다.

두 수가 있다. 그 합은 20이고, 그 제곱의 차는 80이다. 두 수를 구하여라.

두 수를 x, y라고 하면 $\begin{cases} x+y=20 \\ x^2-y^2=80 \end{cases}$ 이라는 연립이차방정식이 된다. 그는 두 수를 $x+10$, $10-x$로 놓는 매우 기발한 방법으로 이 연립이차방정식을 풀었다. 즉, 각각 제곱하여 **빼면** $(x+10)^2-(10-x)^2=80$이 된다. 따라서 $40x=80$이므로 $x=2$이다. 그러므로 두 수는 12와 8이다.

연립일차방정식 聯立一次方程式, simultaneous linear equation

정의 ○ 두 개 이상의 일차방정식을 묶어 놓은 것.

핵심 ▶ 일차인 방정식을 묶어놓은 것을 '연립일차방정식'이라고 한다.

▶ 연립일차방정식에서 각각의 일차방정식을 동시에 만족시키는 미지수의 값을 이 '연립일차방정식의 해'라고 한다. 연립일차방정식의 해는 가감법과 대입법을 사용해서 구한다.

미지수가 2개인 연립일차방정식의 해는 일반적으로 (x, y) 한 쌍이다.

예를 들어 $\begin{cases} x+y=5 & \cdots\ ㉠ \\ 2x-y=1 & \cdots\ ㉡ \end{cases}$ (단, x, y는 자연수)의 해를 구해보자.

[방법 1] 표 그리기

먼저, 미지수가 2개인 일차방정식 $x+y=5$의 해를 표로 나타내면 다음과 같다.

x	...	1	...	2	...	3	...	4	...
y	...	4	...	3	...	2	...	1	...

다음으로 미지수가 2개인 일차방정식 $2x-y=1$의 해를 표로 나타내면 다음과 같다.

x	...	1	...	2	...	3	...	4	...
y	...	1	...	3	...	5	...	7	...

두 표에서 이 두 방정식을 동시에 만족시키는 x와 y의 값을 찾으면

$x=2$, $y=3$

[방법 2] 가감법

㉠+㉡을 하면 → $3x=6$, $x=2$

이 값을 ㉠에 대입하면 $y=3$

[방법 3] 대입법

㉠의 식을 $x=5-y$로 바꾸어 ㉡에 대입하면

$2(5-y)-y=1$, $10-3y=1$

$y=3$

관련어
• 가감법
• 대입법
• 연립방정식
• 일차방정식

이 값을 ㉠에 대입하면 $x=2$

따라서 $x=2,\ y=3$

▶ 다음과 같이 특수한 해를 가지는 연립일차방정식이 있다.

| 해가 무수히
많은 경우
(부정) | ➡ | 두 식이 똑같아서 두 식을
공통으로 만족하는 해가
무수히 많다. | ➡ | (예) $\begin{cases} x+2y=2 & \cdots ㉠ \\ 2x+4y=4 & \cdots ㉡ \end{cases}$

$\begin{cases} 2x+4y=4 & \cdots ㉠\times 2 \\ 2x+4y=4 & \cdots ㉡ \end{cases}$ |

| 해가 없는
경우
(불능) | ➡ | 상수항만 달라서 두 식을
공통으로 만족하는 해를
구할 수 없다. | ➡ | (예) $\begin{cases} x+2y=3 & \cdots ㉠ \\ 2x+4y=4 & \cdots ㉡ \end{cases}$

$\begin{cases} 2x+4y=6 & \cdots ㉠\times 2 \\ 2x+4y=4 & \cdots ㉡ \end{cases}$ |

예제 ○ 연립방정식 $\begin{cases} 2x+3y=-5 & \cdots ㉠ \\ y=3x-9 & \cdots ㉡ \end{cases}$ 의 해를 구하여라.

[풀이] 대입법을 사용한다. ㉡을 ㉠에 대입하면

$2x+3(3x-9)=-5,\ 2x+9x-27=-5,\ 11x=22,\ x=2$

이 값을 ㉡에 대입하면 $y=6-9=-3$

[정답] $x=2,\ y=-3$

🔴 주의점

• 미지수가 2개인 연립일차방정식의 해를 구하는 방법에는 가감법과 대입법이 있는데, 어떤 방법을 사용할 것인가 하는 것은 연립된 방정식의 형태를 보고 결정한다.

예를 들어 $\begin{cases} x-2y=2 \\ 2x+2y=-8 \end{cases}$ 의 경우, 가감법을 사용해 두 방정식을 더하면 y가 곧바로 소거되어 쉽게 답을 구할 수 있으므로, 대입법보다는 가감법이 편리하다.

수학사 ○ ### 연립일차방정식의 역사

1세기 무렵에 쓰인 것으로 추정되는 13권짜리 중국 수학책 《구장산술, 九章算術》에는 다양한 연립방정식들이 소개되어 있다. 이 책의 제목은 '산술에 대한 9개의 장'이라는 뜻을 지니고 있는데, 여기에는 총 246개의 문제가 실려 있다. 그중 제 8권의 문제 9번은 다음과 같다.

참새 5마리와 제비 6마리가 있는데 모아서 무게를 달아보니 참새가 무겁고 제비가 가벼웠다. 참새 한 마리와 제비 한 마리를 서로 바꾸었더니 저울이 평형을 이루었다. 참새와 제비 전체의 무게는 16냥이다. 각각 한 마리당 무게는 얼마인가?

참새 한 마리의 무게를 x로, 제비 한 마리의 무게를 y로 놓고 식을 세우면, 참새 5마리와 제비 6마리의 무게가 16냥이라고 했으므로 $5x+6y=16$이다. 또한, 참새 한 마리와 제비 한 마리를 서로 바꾸었더니 저울이 평형을 이루었다고 했으므로, 참새 4마리와 제비 1마리를 더한 $4x+y$와 참새 1마리와 제비 5마리를 더한 $x+5y$는 서로 같다. 즉, 연립방정식 $\begin{cases} 4x+y=x+5y \\ 5x+6y=16 \end{cases}$ 이 된다.

《구장산술》에서는 이 문제를 간단하게 풀 수 있도록 상황을 바꾸었다. 전체 무게가 16냥인데 한 마리씩 바꾼 무게가 서로 같으므로 $4x+y$는 전체 무게의 절반인 8냥이라는 것이다. 따라서 이 식은 $\begin{cases} 4x+y=8 \\ x+5y=8 \end{cases}$ 이 되어 문제를 해결하기가 훨씬 쉬워진다.

정답은 $x=\dfrac{32}{19}$(냥), $y=\dfrac{24}{19}$(냥)이다.

완전제곱식 完全제곱式, perfect square expression

정의 ○ 다항식의 제곱꼴로 나타낸 식.

어원 ○ 한자어 완전(完全)과 영어 perfect는 '완벽함'을 뜻한다. 따라서 완전제곱식은 한 마디로 완벽하게 제곱이 되는 식을 말한다.

　예 $(x-2y)^2$, $2(a+b)^2$, $-3(x-6)^2$

핵심 ▶ x^2+ax+b가 완전제곱식이 되기 위한 일차항과 상수항의 조건은 다음과 같다.

① 일차항: 일차항 ax의 값은 양쪽 끝항의 제곱근 곱의 2배가 되어야 한다.

즉, $ax=2\times(\pm x)\times(\pm\sqrt{b})=\pm 2\sqrt{b}x$

　예 x^2+ax+7이 완전제곱식이 되려면 $a=\pm 2\sqrt{7}$

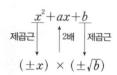

관련어
- 다항식
- 이차방정식
- 인수분해
- 전개
- 중근

② 상수항: 일차항의 계수 a의 절반의 제곱이 되어야 한다. 즉, $b=\left(\dfrac{1}{2}a\right)^2$

　예 x^2+5x+b가 완전제곱식이 되려면

$b=\left(\dfrac{5}{2}\right)^2=\dfrac{25}{4}$

예제 ○ 다음 식이 완전제곱식이 되도록 □ 안에 알맞은 것을 써넣어라.

(1) $x^2+12x+\square$　　　　(2) $x^2-14x+\square$　　　　(3) $a^2+\square+9b^2$

[풀이] (1) $x^2+12x+\square$에서 □는 $+12$의 절반의 제곱이므로 $\square=(+6)^2=36$

(2) $x^2-14x+\square$에서 □는 -14의 절반의 제곱이므로 $\square=(-7)^2=49$

(3) $a^2+\square+9b^2$은 $a^2+\square+(3b)^2$ 또는 $a^2+\square+(-3b)^2$이므로

$\square=2\times a\times 3b=6ab$ 또는 $\square=2\times a\times(-3b)=-6ab$, 즉 $\square=\pm 6ab$

🔲 **주의점**

- 완전제곱식에서 제곱식 앞에 곱해진 계수는 제곱수가 아니어도 된다.

　예 $2(a+b)^2$, $-3(x-6)^2$

○ **완전제곱식의 역사**

제곱은 정사각형을 의미하므로 완전제곱은 예로부터 정사각형과 관련이 있었다. 9세기 이슬람 수학자 **알콰리즈미**(Alkwarizmi, 780~550?)는 다음 문제를 도형을 이용하여 풀었다.

얼마의 제곱에 얼마의 10배를 더하면 39디르헴(direm, 회폐 단위)이 된다. 얼마는 얼마인가?

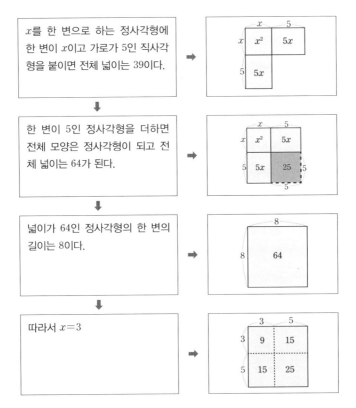

이 문제는 이차방정식 $x^2 + 10x = 39$의 해를 구하는 것이므로, -13이라는 해도 존재한다. 하지만 도형으로 해결하는 과정에서 음수가 무시되었다.

외각

外角, external angle

정의 ○ 다각형의 한 변과 그 이웃한 변의 연장선이 이루는 각.

어원 ○ 한자어 외(外)와 영어 external은 모두 '밖', '외부'라는 뜻이다. 따라서 외각이란 다각형의 한 변의 연장선과 그것과 이웃한 변의 연장선이 다각형 바깥쪽에서 이루는 각을 말한다.

예

삼각형   사각형   오각형

한 꼭짓점에 대해서 외각은 2개가 있는데, 외각을 말할 때에는 두 외각 중 하나만 말한다. 두 외각은 서로 맞꼭지각으로 그 크기가 서로 같다.

핵심 ▶ **다각형의 외각의 크기의 합**

n각형의 경우 (한 내각의 크기)+(한 외각의 크기)=180°, 내각과 외각의 총합이 180°×n이다. 여기서 내각의 총합인 $(n-2)×180°$를 빼면 외각의 총합은 360°이다.

$$(n각형의 외각의 크기의 합)=360°$$

▶ **정다각형의 한 외각의 크기**

정다각형은 외각의 크기가 모두 같은 다각형이므로 한 외각의 크기는 다음과 같다.

$$(정\ n각형의 한 외각의 크기)=\frac{360°}{n}$$

▶ **삼각형의 외각과 내각**

△ABC에서 세 내각의 합은 180°이고, 한 외각의 크기와 한 내각의 크기의 합도 역시 180°이다. 따라서 삼각형의 한 외각의 크기는 나머지 두 내각의 합과 같다.

▶ 관련어
· 교각
· 내각

[증명]

$\angle A + \angle B + \angle C = 180°$

$\angle ACB + \angle ACD = 180°$

따라서 $\angle ACD = \angle A + \angle B$

예제 ○ 오른쪽 그림에서 $\angle x$의 크기를 구하여라.

[풀이] 모든 다각형의 외각의 크기의 합은 360°이므로

$\angle x + 85° + 50° + 75° + 87° = 360°$

$\angle x + 297° = 360°$, $\angle x = 63°$

● 주의점

• 오른쪽 그림과 같은 각은 외각이 아니다.

외각이 아니다.

수학사 ○ 외각의 역사

고대 그리스 수학자 **아르키메데스**(Archimedes, BC 287?~212)는 3대 작도 불능 문제
중 '임의의 각의 3등분 작도하기' 문제를 해결하기 위해 외각을 활용했다. 그 내용은 다음
과 같다.

3등분하고자 하는 각이 $\angle AOC$일 때,

호 CAB는 반원이고 점 O는 이 원의 중심이다.

원 위의 한 점 Q와 지름 CB의 연장선에 점 P

가 있을 때 $\overline{PQ} = r$가 되게 하면 $\triangle PQO$는 이등

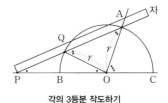

각의 3등분 작도하기

변삼각형이므로 $\angle QPO = \angle QOP$

또한, $\triangle OQA$는 이등변삼각형이므로 $\angle AQO = \angle OAQ$

이때, $\angle AQO$는 $\angle PQO$의 외각이므로 $\angle AQO = 2\angle QPO$

마찬가지 방법으로 생각하면 $\angle APC = \dfrac{1}{3}\angle AOC$

이 증명에는 오류가 있다. 반지름이 r인 원을 그리려면 눈금 있는 자가 필요한데 이
것은 '눈금 없는' 자를 사용해야 한다는 작도의 조건에 어긋나기 때문이다.

외심 外心, circumcenter

정의 ○ 외접원의 중심.

어원 ○ 한자어 외심(外心)은 '외접원의 중심'을 줄인 것이다. 영어 circumcenter는 원의 둘레를 뜻하는 circumference의 약자인 circum과 중심을 나타내는 center가 합해져서 만들어졌다. 수학에서 외심은 다각형의 바깥에서 둘러싸고 있는 원의 중심을 뜻한다.

핵심 ▶ 삼각형의 외심과 외심의 성질

삼각형의 외심으로부터 각 꼭짓점에 이르는 거리는 모두 같다.

$$\overline{OA}=\overline{OB}=\overline{OC}$$

▶ 삼각형 외심의 작도

삼각형의 세 변의 수직이등분선의 교점은 외심이다.

증명 △ABC에서 각 변의 수직이등분선을 그리고 그 교점을 O라고 하자.

△AOD와 △BOD에서 $\overline{OD}$가 변 AB의 수직이등분선이므로 ∠ADO=∠BDO=90°이고, $\overline{AD}=\overline{BD}$이다.

또한 $\overline{OD}$가 공통변이므로 △AOD≡△BOD(RHS합동)

따라서 $\overline{OA}=\overline{OB}$ … ㉠

마찬가지 방법으로

△BOE≡△COE이므로 $\overline{OB}=\overline{OC}$ … ㉡

△AOF≡△COF이므로 $\overline{OA}=\overline{OC}$ … ㉢

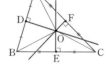

㉠, ㉡, ㉢에 의해 $\overline{OA}=\overline{OB}=\overline{OC}$이므로, 이 변을 반지름으로 하고 점 O를 중심으로 하는 외접원을 그릴 수 있다. 그러므로 점 O가 △ABC의 외심이다.

┃ 관련어
• 내심
• 수직이등분선
• 외접
• 작도

219

▶ **삼각형 외심의 위치**

삼각형의 외심의 위치는 다음과 같다.

예각삼각형	직각삼각형	둔각삼각형
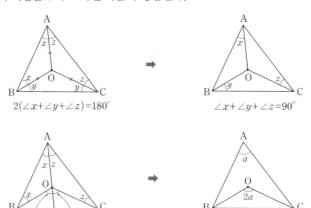		
삼각형 내부	빗변의 중심	삼각형 외부

▶ **삼각형 외심의 활용**

△ABC의 외심을 O라고 하면 다음이 성립한다.

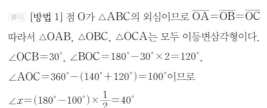

예제 ○ 오른쪽 그림에서 점 O가 △ABC의 외심일 때, $\angle x$의 크기를 구하여라.

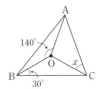

[풀이] [방법 1] 점 O가 △ABC의 외심이므로 $\overline{OA}=\overline{OB}=\overline{OC}$

따라서 △OAB, △OBC, △OCA는 모두 이등변삼각형이다.

$\angle OCB=30°$, $\angle BOC=180°-30°\times2=120°$,

$\angle AOC=360°-(140°+120°)=100°$이므로

$\angle x=(180°-100°)\times\dfrac{1}{2}=40°$

[방법 2] △OAB가 이등변삼각형이므로 $\angle OAB=20°$

이때, $\angle OAB + \angle BOC + \angle x = 90°$이므로 $20° + 30° + \angle x = 90°$

따라서 $\angle x = 40°$

🔴 주의점

· 외심이라고 해서 항상 도형의 바깥쪽에 있어야 하는 것은 아니다.

○ **외접원의 역사**

조선 시대에는 삼각형의 꼭짓점을 갑, 을, 병으로 나타냈다. 외심과 관련해 조선 수학자 **이상혁**이 쓴 《산술관견, 算術管見》에는 다음과 같은 문제가 있다.

> 한 변이 12척인 정삼각형이 있다. 이 정삼각형의 넓이 및 내접원과 외접원의 지름을 구하라.

이 책에서는 정삼각형의 넓이를 구할 때 우리가 지금 사용하는 공식을 사용했고, 무리수가 들어있을 때는 근삿값으로 구했다. 그 과정은 다음과 같다.

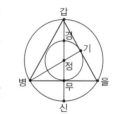

① 정삼각형의 넓이 ➡ 한 변이 12척인 정삼각형의 넓이는

$\dfrac{\sqrt{3}}{4} \times 12 \times 12 = 36\sqrt{3}$이고, $\sqrt{3}$은 약 1.73205이므로 넓이는 62.3538

② 내접원의 지름 ➡ 정삼각형의 높이는 $\dfrac{\sqrt{3}}{2} \times 12 = 6\sqrt{3}$

정은 무게중심이므로 정무의 길이는 $6\sqrt{3} \times \dfrac{1}{3} = 2\sqrt{3}$,

즉 3.4641, 내접원의 지름은 정무의 2배이므로 6.9282

③ 외접원의 지름 ➡ 갑정의 길이는 $6\sqrt{3} \times \dfrac{2}{3} = 4\sqrt{3}$, 즉, 6.9282이고, 외접원의 지름은 갑정의 2배이므로 13.8564이다.

외접 外接, circumscription

정의 ○ 도형이 다른 도형과 바깥쪽에서 접하는 것.

어원 ○ 한자어 외(外)는 '바깥쪽'을, 접(接)은 '교차하다'를 뜻하고 영어 circumscription 은 '경계선'을 뜻한다. 수학에서 외접은 어떤 도형이 다른 도형의 바깥쪽에 있으면 서 안쪽 도형의 경계를 이룰 때, 바깥 도형을 일컫는 말이다.

핵심 ▶ **원이 다각형에 외접할 경우**

한 다각형의 모든 꼭짓점이 한 원 위에 있을 때, 이 원을 외접원이라고 한다. 이 때, 외접원의 중심을 외심이라고 한다.

관련어
· 내접
· 외심

주의점

· 모든 삼각형은 반드시 외접원이 존재한다. 하지만 모든 다각형이 외접원을 갖는 것은 아니다. 사각형에서 대각의 합이 180°가 아닌 경우에는 외접원이 존재하지 않는다.

수학사 ○ **외접의 역사**

외접에 대한 수학적인 정의는 고대 그리스 유클리드가 쓴 《원론, Elements》의 제 4권 에 나온다.

· 한 다각형의 각각의 변들이 원둘레와 접하고 있으면, 그 다각형은 원에 외접하고 있다 (정의 4).

· 어떤 원의 둘레가 어떤 다각형의 각각의 각들을 지나면, 그 원은 그 다각형에 외접하고 있다(정의 6).

이란 남서부 수사에서 발견된 고대 바빌로니아 점토판에는 "세 변의 길이가 50, 50,

60인 삼각형의 외접원의 반지름을 구하라."라는 문제가 있었다.

한편, 17세기 독일 수학자이자 과학자인 케플러(Kepler, 1571~1630)는 정다면체에 내접하는 구와 외접하는 구가 바로 행성의 궤도라고 주장했다. 그는 자신의 책 《우주의 신비, Cosmic Mystery》에 그 궤도를 그려 넣었다.

다음 그림을 보면 가장 안쪽에는 정팔면체가 있고, 이 정팔면체에 내접하는 구와 외접하는 구가 있다. 내접하는 구는 수성의 궤도이며, 외접하는 구는 금성의 궤도를 의미한다.

케플러의 태양계 모형

금성의 궤도에 외접하는 정이십면체와 이 정이십면체에 외접하는 또 다른 구가 있는데, 이 구가 바로 지구의 궤도이다. 케플러는 이런 식으로 화성, 목성, 토성의 궤도까지 만들었다. 그 후 케플러는 자신의 스승인 **티코 브라헤**가 측정한 궤도와 자신이 그린 궤도가 맞지 않음을 알고 결국 이 모형을 포기했다.

원기둥 ^圓기둥, cylinder

정의 ○ 직사각형의 한 변을 회전축으로 하여 1회전한 회전체.

어원 ○ 원기둥은 '곡면으로 둘러싸인 기둥'을, 영어
cylinder은 '원통'을 뜻한다. 수학에서 원기둥
은 회전체 중에서 직사각형의 한 변을 회전축으
로 하여 1회전한 도형을 말한다.
원기둥은 밑면과 옆면으로 구성되어 있고, 이때
옆면은 곡면이다.
원기둥에서 두 밑면 사이의 거리를 '원기둥의 높
이'라고 한다.

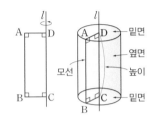

핵심 ▶ **원기둥의 전개도**
각기둥을 펼친그림은 오른쪽과 같다. 같은 도형이라도
펼치는 방법에 따라 전개도는 달라질 수 있다.

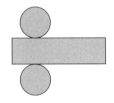

┃ 관련어
· 각기둥
· 원뿔
· 원뿔대
· 회전체

▶ **원기둥의 겉넓이와 부피**
① (원기둥의 겉넓이)＝(밑면의 넓이)×2＋(옆면의 넓이)
② (원기둥의 부피)＝(밑면의 넓이)×(높이)

예제 ○ 오른쪽 전개도를 보고 이 도형의 부피와 겉넓이를 구하여라.

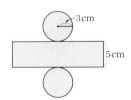

[풀이] ① (원기둥의 겉넓이)
＝(밑면의 넓이)×2＋(옆면의 넓이)
＝$3×3×\pi×2＋2×\pi×3×5＝48\pi(cm^2)$
② (원기둥의 부피)＝(밑면의 넓이)×(높이)
＝$3×3×\pi×5＝45\pi(cm^3)$

🔲 **주의점**
· 원기둥은 회전체에 속한다.

원뿔 圓뿔, cone

정의 ○ 직각삼각형의 직각을 낀 한 변을 회전축으로 하여 1 회전한 회전체.

어원 ○ 원뿔은 '둥근 뿔 모양'을 뜻하고 영어 cone 은 '뾰족한 봉우리 모양'을 뜻한다. 수학에서 원뿔은 회전체 중에서 직각삼각형의 높이를 회전축으로 하여 1회전한 도형을 말한다. 원뿔은 밑면과 옆면으로 구성되어 있고, 이때 옆면은 곡면이다.

원뿔에서 밑면과 원뿔의 꼭짓점 사이의 거리를 '원뿔의 높이'라고 한다.

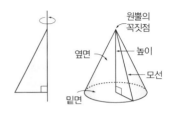

핵심 ▶ 원뿔의 전개도

원뿔을 펼친그림은 오른쪽과 같다. 옆 면은 부채꼴인데, 부채꼴의 중심각의 크기에 따라 전개도가 달라질 수 있다.

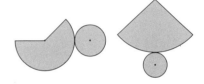

▶ 원뿔의 겉넓이와 부피

밑면의 반지름의 길이가 r이고 모선의 길이 가 l인 원뿔의 겉넓이 S와 부피 V는 다음과 같이 구한다.

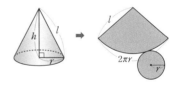

① (원뿔의 겉넓이)=(밑면의 넓이)+(옆면의 넓이)

[방법 1] 원뿔의 전개도를 이용하기

원뿔을 전개하면 반지름의 길이가 r인 원과 반지름의 길이가 l인 부채꼴이 나온 다. (원의 넓이)=πr^2이고, 부채꼴의 호의 길이는 밑면을 이루는 원의 둘레와 같 으므로 $2\pi r$이다.

$$(부채꼴의 넓이)=\frac{1}{2}\times(부채꼴의 반지름)\times(부채꼴의 호의 길이)$$
$$=\frac{1}{2}\times l\times 2\pi r=\pi r l$$

따라서 원뿔의 겉넓이 S는 $S=\pi r^2+\pi r l$

관련어
· 각뿔
· 구
· 원기둥
· 원뿔대
· 회전체

225

[방법 2] 각뿔 이용하기

정사각뿔에서 옆면을 이루는 이등변삼각형의 높이가 l이고

그것의 그림자의 길이를 r이라고 하자.

(옆면의 이등변삼각형의 넓이) : (그림자의 넓이)$= l : r$

→ (각뿔의 옆면의 넓이) : (밑면의 넓이)$= l : r$

(각뿔의 옆면의 넓이)$=$(밑면의 넓이)$\times \dfrac{l}{r}$

밑면을 이루는 다각형의 변을 점점 늘이면 원이 된다.

→ (원뿔의 옆면의 넓이)$=$(밑면의 넓이)$\times \dfrac{l}{r}$이다. 이때,

원뿔의 밑면은 원이므로 밑면의 넓이는 πr^2이다.

(옆면의 넓이)$= \dfrac{l}{r} \times \pi r^2 = \pi rl$이다.

그러므로 원뿔의 겉넓이 S는 $S = \pi r^2 + \pi rl$

② (원뿔의 부피)$=$(밑면의 넓이)$\times$(높이)$\times \dfrac{1}{3}$에서

원뿔의 부피 V는 $V = \dfrac{1}{3}\pi r^2 h$

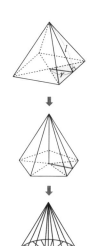

예제 ○ 오른쪽 전개도를 보고 원뿔의 겉넓이 S를 구하여라.

[풀이] $S = \pi r^2 + \pi rl$에서 $l = 6\,\mathrm{cm}$, $r = 4\,\mathrm{cm}$이므로

$S = \pi \times 4^2 + \pi \times 4 \times 6$

$\quad = 40\pi\,(\mathrm{cm}^2)$

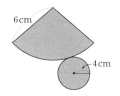

6 cm

4 cm

■ **주의점**

• 원뿔은 회전체에 속한다.

수학사 ○ **원뿔의 역사**

"임의의 원뿔은 자신과 같은 밑면과 높이를 가진 원기둥의 부피의 $\dfrac{1}{3}$이다."라는 것은

고대 그리스 수학자 **에우독소스**(Eudoxos, BC 406~355)가 발견했다. 그가 발견한 원

뿔과 원기둥의 관계는 **유클리드**(Euclid, BC 300년경)의 《원론, Elements》에 들어 있

다. 《원론》 제 11권에 나와 있는 원뿔, 회전축, 밑면의 정의는 다음과 같다.

- 직각삼각형에서 직각을 끼고 있는 한 변을 고정시킨 다음 삼각형을 돌려서 처음에 움직이기 시작했던 위치로 되돌아가도록 하면 이때 삼각형에 둘러싸인 입체가 원뿔이다. 만약 이때 고정시킨 직선이 직각을 끼고 있는 나머지 한 변과 길이가 같으면 이 원뿔은 직각이다. 만약 더 짧으면 이 원뿔은 둔각이다. 만약 더 길면 이 원뿔은 예각이다(정의 18).
- 원뿔의 축이란 삼각형을 돌릴 때 고정되어 있던 직선, 즉 삼각형이 회전할 때의 축을 말한다(정의 20).
- 원뿔의 밑면은 직선이 돌면서 그린 원을 말한다(정의 21).

또한, 유클리드의 《원론》 제 12권에는 원뿔의 부피에 대한 다음 명제와 증명이 있는데, 매우 복잡하게 되어있다.

- 원뿔의 부피는 그것과 밑면이 같고 높이가 같은 원기둥 부피의 $\frac{1}{3}$ 이다(명제10).
- 밑면의 넓이가 같은 원뿔들이나 원기둥들의 부피의 비는 그들의 높이의 비와 같다(명제14).

17세기 수학자이자 과학자인 독일의 케플러(Kepler, 1571~1630)는 원과 원뿔의 정의에 대해 "원은 중심을 한 꼭짓점으로 하고 현을 한 변으로 하는 작은 삼각형들이 무수히 많이 모인 것이며, 원뿔은 한 점에서 만나는 꼭짓점을 중심으로 한없이 작은 밑면을 가진 각뿔이 모인 것이다."라고 했다. 유클리드는 원뿔을 회전체로 보았고 케플러는 무한히 작은 각뿔이 모여 원뿔이 된다고 본 것이다.

이탈리아 수학자 **카발리에리**(Cavalieri, 1598~1647)는 "두 공간도형을 서로 평행한 평면으로 자른 단면의 넓이의 비가 항상 $m:n$으로 일정하면, 두 도형의 부피의 비도 $m:n$이다."라는 '카발리에리의 원리'를 발견했다. 이에 따르면 각뿔의 부피를 이용해 원뿔의 부피를 구할 수 있다. 예를 들어, 밑면의 반지름이 r이고 높이가 h인 원뿔과 밑면의 넓이가 1이고 높이가 h인 삼각뿔이 있다고 하자.

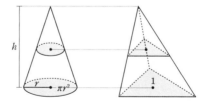

두 도형을 밑면에 평행한 평면으로 자른 단면의 넓이가 항상 $\pi r^2:1$이라면 카발리에리의 원리에 따라 두 도형의 부피의 비도 $\pi r^2:1$이다. 삼각뿔의 부피가 $\frac{1}{3}h$이므로 원뿔의 부피는 $\frac{1}{3}h \times \pi r^2 = \frac{1}{3}\pi r^2 h$가 된다.

원뿔대 circular truncated cone

정의 ○ 원뿔을 그 밑면에 평행한 평면으로 자를 때 생기는 두 입체도형 중에서 원뿔이 아닌 입체도형.

어원 ○ 원뿔대는 순우리말로 사다리꼴을 직선 l을 회전축으로 하여 1회전한 도형을 말한다. 원뿔대에서 서로 평행한 두 면을 '밑면', 밑면을 제외한 나머지 면을 '옆면'이라고 한다. 이때, 원뿔대의 옆면은 곡면이다. 원뿔대에서 두 밑면 사이의 거리를 '원뿔대의 높이'라고 한다.

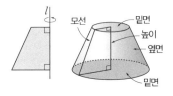

핵심 ▶ 원뿔대의 단면

원뿔대를 회전축에 수직인 평면으로 자른 단면은 원이고, 회전축을 포함하는 평면으로 자른 단면은 사다리꼴이다.

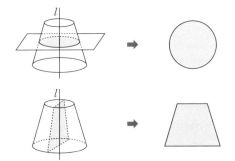

▶ 원뿔대의 전개도

원뿔대를 펼친그림은 오른쪽과 같다.

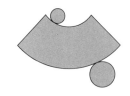

▶ 원뿔대가 원뿔이나 원기둥과 다른 점

① 밑면의 개수: 원뿔의 밑면은 1개이지만 원뿔대의 밑면은 2개이다.

② 밑면의 모양: 원기둥의 두 밑면은 서로 합동이지만 원뿔대의 두 밑면은 합동이 아니다.

③ 옆면의 모양: 원뿔의 옆면은 부채꼴이고 원기둥의 옆면은 직사각형이지만, 각
　뿔대의 옆면은 부채꼴의 일부가 잘려나간 모양이다.

▶ **원뿔대의 겉넓이와 부피**

밑면이 반지름의 길이가 R이고 윗면의 반지름의 길이가 r이며 모선의 길이가 L
인 원뿔대의 겉넓이 S와 부피 V는 다음과 같이 구한다.

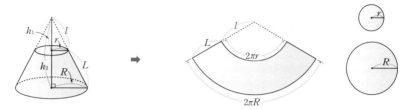

① (원뿔대의 겉넓이)＝(두 밑면의 넓이의 합)＋(옆면의 넓이)

　(부채꼴의 넓이)＝$\dfrac{1}{2}$×(부채꼴의 반지름)×(부채꼴의 호의 길이)이므로

　큰 부채꼴의 넓이는 $\dfrac{1}{2}(l+L)\times 2\pi R=(l+L)\pi R$

　작은 부채꼴의 넓이는 $\dfrac{1}{2}\times l\times 2\pi r=\pi rl$

　따라서 원뿔대의 겉넓이 S는 $S=\pi R^2+\pi r^2+(l+L)\pi R-\pi rl$

② (원뿔대의 부피)＝(큰 원뿔의 부피)－(작은 원뿔의 부피)에서

　원뿔대의 부피 V는 $V=\dfrac{1}{3}\pi R^2 h_2-\dfrac{1}{3}\pi r^2 h_1$

관련어
• 각뿔대
• 구
• 원기둥
• 원뿔
• 회전체

예제 ○ 오른쪽 그림의 사다리꼴을 직선 l을 회전축으로 하여 1회전
했을 때 생기는 입체도형의 겉넓이 S를 구하여라.

[풀이] 사다리꼴을 회전하면 원뿔대가 된다.
원뿔대의 겉넓이 $S=\pi R^2+\pi r^2+(l+L)\pi R-\pi rl$
$l=5\,\text{cm}$, $L=10\,\text{cm}$, $R=9\,\text{cm}$, $r=3\,\text{cm}$이므로
$S=81\pi+9\pi+15\times 9\pi-5\times 3\pi=210\pi\,(\text{cm}^2)$

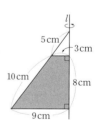

5 cm
3 cm
10 cm
8 cm
9 cm

🟤 **주의점**

• 원뿔을 밑면에 평행한 평면으로 자르면 원뿔과
　원뿔대로 나뉜다.

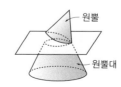

원뿔

원뿔대

원뿔대 부피의 역사

기원전 2000년부터 1600년까지의 것으로 보이는 점토판 중에는 원뿔대의 부피를 구하는 점토판도 있다. 여기서는 밑면들의 합의 $\frac{1}{2}$과 높이를 곱하였는데, 이는 정확한 계산은 아니다. 곡면으로 둘러싼 입체의 부피를 구하는 것은 결코 쉽지 않기 때문이다.

에우독도스

    원뿔대의 부피에 관한 정확한 계산은 고대 그리스의 에우독도스(Eudoxos, BC 406~355)가 원뿔의 부피가 원기둥의 부피의 $\frac{1}{3}$이라는 것을 발견한 이후에서야 이루어졌을 것으로 보인다.

원점 原點, origin

정의 ○ 좌표를 정할 때 기준이 되는 점.

어원 ○ 한자어 원(源)과 영어 origin은 '기원'이나 '근원'을 뜻한다. 수학에서 원점은 좌표를 정할 때 기준이 되는 점을 말한다. 원점은 origin의 첫 글자를 따서 기호로 'O'로 나타낸다.

핵심 ▶ **수직선에서의 원점**
수직선에서 원점은 양수와 음수의 기준이 되는 점으로 좌표는 $O(0)$이다.

▶ **좌표평면에서의 원점**
좌표평면에서의 원점은 x축과 y축이 교차하는 점으로 좌표는 $O(0, 0)$이다.

관련어
• 수직선
• 순서쌍
• 좌표
• 좌표축
• 좌표평면

좌표공간에서의 원점
좌표공간에서의 원점은 x축, y축, z축이 교차하는 점으로 좌표는 $O(0, 0, 0)$이다.

예제 ○ **좌표평면에서 점 $A(2, -3)$과 원점에 대하여 대칭인 점 B의 좌표를 구하여라.**

[풀이] 원점을 지나 점 A와 반대편에 위치하며 원점으로부터 같은 거리에 있어야 하므로, x좌표와 y좌표의 부호가 서로 반대이다. 따라서 점 B의 좌표는 $B(-2, 3)$

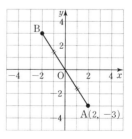

🔺 **주의점**
• 원점의 좌표는 영어 대문자 O이고, 수직선에서의 위치는 숫자 0이다.

원주각 <small>圓周角, angle of circumference</small>

정의 ○ 원주 위의 한 점에서 그은 두 개의 현이 만드는 각.

어원 ○ 한자어 원주(圓周)와 영어 circumference는 모두 '원 둘레'를 뜻한다. 수학에서
원주각은 원주 위의 한 점에서 그은 두 개의 현이 만드는 각을 말한다.
원주각의 꼭짓점은 원주 위에 있다.

핵심 ▶ 원 O에서 $\overset{\frown}{AB}$ 위에 있지 않은 점 P에 대하여 $\angle APB$를
$\overset{\frown}{AB}$에 대한 원주각이라고 한다.

▶ **원주각과 중심각의 관계**
한 원에서 한 호에 대한 원주각의 크기는 그 호에 대한 중심각의 크기의 $\frac{1}{2}$ 이다.

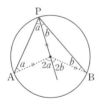 ➡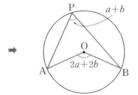

$$\angle APB = \frac{1}{2} \angle AOB$$

▶ **원주각의 성질**

① 한 원에서 한 호에 대한 원주각의 크기는 모두 같다.

[증명] $\angle AOB$는 $\overset{\frown}{AB}$의 중심각이고
$\angle APB$, $\angle AQB$, $\angle ARB$는 모두
$\overset{\frown}{AB}$의 원주각이다.

따라서 $\angle APB = \frac{1}{2} \angle AOB$,

$\angle AQB = \frac{1}{2} \angle AOB$, $\angle ARB = \frac{1}{2} \angle AOB$

따라서 $\angle APB = \angle AQB = \angle ARB$

$$\angle APB = \angle AQB = \angle ARB$$

② 반원에 대한 원주각의 크기는 90°이다.

증명 ∠AOB는 $\widehat{AB}$의 중심각이고 ∠APB는 $\widehat{AB}$의 원주각

이다.

∠AOB=180°이므로 ∠APB=$\dfrac{1}{2}$∠AOB

따라서 ∠APB=90°

$$∠APB==90°$$

원주각의 크기와 호의 길이

원주각의 성질에 따라, 한 원 또는 합동인 두 원에서 다음이 성립한다.

① 길이가 같은 호에 대한 원주각의 크기는 서로 같다.

$\widehat{AB} = \widehat{CD}$ ➡ ∠APB = ∠CQD

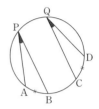

② 크기가 같은 원주각에 대한 호의 길이는 서로 같다.

∠APB = ∠CQD ➡ $\widehat{AB} = \widehat{CD}$

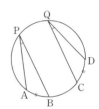

③ 원주각의 크기는 호의 길이에 정비례한다.

중심각이 호의 길이에 정비례하므로 원주각의 크기

도 호의 길이에 정비례한다.

$\widehat{AB} : \widehat{CD} = 1 : k$ ➡ ∠AOB : ∠COD=1 : k

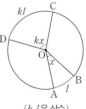

(k, l은 상수)

네 점이 한 원 위에 있을 조건

두 점 C, D가 직선 AB에 대하여 같은 쪽에 있을 때,

∠ACB=∠ADB이면 네 점 A, B, C, D는 한 원 위

에 있다.

관련어

• 내접
• 부채꼴
• 접선
• 현
• 활꼴

예제 오른쪽 그림에서 ∠x의 크기를 구하여라.

(풀이) 원주각은 중심각의 $\frac{1}{2}$이므로 ∠$x=110°$

🔳 주의점

• 오른쪽 그림과 같은 경우에도 원주각의 크기는 중심각의 $\frac{1}{2}$이다.

즉, ∠APB$=\frac{1}{2}$∠AOB

수학사 **원주각의 역사**

고대 바빌로니아인은 반원에 내접하는 삼각형의 한 각이 직각이라는 사실을 알고 있었다. 하지만 한 원에서 반원의 원주각의 크기가 $90°$라는 것을 최초로 증명한 사람은 고대 그리스 수학자 **탈레스**(Thales, BC 624?~548?)이다. 그가 발견하고 증명한 것은 다음과 같은 내용이다.

원 위의 한 점과 지름의 양 끝을 연결한 2개의 현은 서로 수직으로 만난다.

언뜻 들으면 원주각과 관련이 없어 보이지만, 이것을 그림으로 그리면 두 현이 만나는 원 위의 한 점은 원주각의 꼭짓점이 된다. 따라서 이 내용은 곧 "원주각은 직각이다."와 같다. 이것을 '탈레스의 정리'라고 하는데, 고대 그리스 수학자 **유클리드**(Euclid, BC 300년경)는 《원론, Elements》 제 3권에 반원에 내접하는 삼각형에 관한 '탈레스의 정리'를 실었다.

유리수

有理數, rational number

정의 ○ 분수 꼴로 나타낼 수 있는 수.

어원 ○ 한자어 리(理)는 '이치'라는 뜻이지만 수학에서는 비율이라는 뜻인 '비(比)'를 뜻한다. 영어 rational은 라틴어로 '비로 나타낼 수 있는'이라는 뜻을 가진 'ratio'에서 비롯되었다. 따라서 유리수는 두 정수의 비로 나타낼 수 있는 수, 즉 $\frac{q}{p}$ (p, q는 정수, $p \neq 0$)와 같은 분수 꼴로 나타낼 수 있는 수를 말한다.

정수를 정수로 나누었을 때 계산 결과가 정수가 아닌 경우가 있다. 따라서 나눗셈이라는 연산에 대해 완전해지려면 정수만으로는 부족하고 새로운 수 개념이 필요하다. 유리수는 이러한 필요성 때문에 탄생했다.

핵심 ▶ 유리수는 분수 모양으로 나타낼 수도 있고 소수 모양으로 나타낼 수도 있다. 예를 들어 유리수 $\frac{1}{4}$은 $\frac{2}{8}$, $\frac{3}{12}$, $\frac{4}{16}$, …과 같은 동치인 분수 꼴로 나타낼 수도 있고, 0.25와 같은 유한소수로도 나타낼 수 있다. 한편, 0.33333…과 같은 순환소수도 분수인 $\frac{1}{3}$로 나타낼 수 있다. 이처럼 $\frac{q}{p}$ (p, q는 정수, $p \neq 0$)와 같은 분수 꼴로 나타낼 수 있는 수를 유리수라고 한다.

▶ 유리수는 실수에 포함된다. 실수 중에서 분수 꼴로 나타낼 수 있는 수가 유리수이고, 분수 꼴로 나타낼 수 없는 수가 무리수이다.

실수

유리수 / 무리수

▶ 유리수는 정수를 포함한다. 유리수는 정수로 나타낼 수 있는 유리수와 정수로 나타낼 수 없는 유리수로 분류된다.

유리수 { 정수로 나타낼 수 있는 유리수
　　　　 정수로 나타낼 수 없는 유리수

예 $\frac{4}{2} = 2$, $-\frac{12}{3} = -4$, $\frac{0}{5} = 0$, …

예 $\frac{1}{2}$, $-\frac{2}{3}$, 0.13, -2.45, …

▶ 유리수는 유한소수 또는 순환하는 무한소수로 나뉜다.

유리수 { 유한소수
　　　　 순환하는 무한소수

예 $\frac{4}{2} = 2$, $-\frac{12}{3} = -4$, $\frac{0}{5} = 0$, …

예 $\frac{1}{2}$, $-\frac{2}{3}$, 0.13, -2.45, …

▶ **유리수의 분류**

0을 기준으로 유리수를 분류하면 양의 유리수와 음의 유리수로 나뉜다.

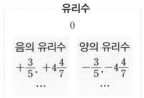

유리수

0

음의 유리수	양의 유리수
$+\dfrac{3}{5}$, $+4\dfrac{4}{7}$	$-\dfrac{3}{5}$, $-4\dfrac{4}{7}$
...	...

▶ **유리수의 대소 비교**

뺄셈을 이용해 두 유리수의 크기를 비교할 수 있다.

① $a-b>0$이면 $a>b$

② $a-b<0$이면 $a<b$

③ $a-b=0$이면 $a=b$

예 $-\dfrac{5}{6}$와 -0.87의 크기 비교

두 수의 크기를 비교하려면 유리수의 모양을 한 가지로 통일시키는 것이 좋다.

[방법 1] 소수로 만들어 크기 비교하기

$$-\dfrac{5}{6}=-0.833333\cdots\ \boxed{>}\ -0.87$$

[방법 2] 분수로 만든 후 통분하여 크기 비교하기

$$-\dfrac{5}{6}=-\dfrac{250}{300}\ \boxed{>}\ -0.87=-\dfrac{87}{100}=-\dfrac{261}{300}$$

▶ **유리수의 사칙연산**

유리수의 사칙연산은 다음과 같은 방법으로 한다.

① 덧셈: 두 유리수의 부호가 같을 때는 두 수의 절댓값의 합에 두 수의 공통 부호를 붙이고, 두 유리수의 부호가 다를 때는 두 수의 절댓값의 차를 구한 후 절댓값이 큰 수의 부호를 붙인다.

$$\left(-\dfrac{7}{3}\right)+\left(-\dfrac{3}{4}\right)=-\dfrac{37}{12} \qquad \left(-\dfrac{7}{3}\right)+\left(+\dfrac{3}{4}\right)=-\dfrac{19}{12}$$

↓ 절댓값의 합   ↑ 공통 부호   절댓값의 차 ↓   절댓값이 큰 수의 부호 ↑

② 뺄셈: 뺄셈을 덧셈으로 바꾸어 계산한다. 뺄셈을 덧셈으로 바꾸면 빼는 수의 부호가 바뀐다.

$$\left(-\dfrac{7}{3}\right)-\left(-\dfrac{3}{4}\right)=\left(-\dfrac{7}{3}\right)+\left(+\dfrac{3}{4}\right)=-\dfrac{19}{12}$$

↓ 뺄셈을 덧셈으로   ↑ 빼는 수의 부호 바뀜

③ 곱셈: 두 유리수의 부호가 같을 때는 두 수의 절댓값의 곱에 양의 부호($+$)를 붙이고, 두 유리수의 부호가 다를 때는 두 수의 절댓값의 곱에 음의 부호($-$)를 붙인다.

▌관련어

• 무리수
• 순환소수
• 실수
• 유한소수
• 절댓값
• 정수

$$\left(-\frac{7}{3}\right) \times \left(-\frac{3}{4}\right) = +\frac{7}{4} \qquad\qquad \left(-\frac{7}{3}\right) \times \left(+\frac{3}{4}\right) = -\frac{7}{4}$$

④ 나눗셈: 역수를 사용하여 나눗셈을 곱셈으로 바꾸어 계산한다. 두 유리수의 부호가 같을 때는 두 수의 절댓값의 몫에 양의 부호(+)를 붙이고, 두 유리수의 부호가 다를 때는 두 수의 절댓값의 몫에 음의 부호(−)를 붙인다.

$$\left(-\frac{7}{3}\right) \div \left(-\frac{3}{4}\right) = \left(-\frac{7}{3}\right) \times \left(-\frac{4}{3}\right) = +\frac{28}{9}$$

$$\left(-\frac{7}{3}\right) \div \left(+\frac{3}{4}\right) = \left(-\frac{7}{3}\right) \times \left(+\frac{4}{3}\right) = -\frac{28}{9}$$

⑤ 혼합계산: 거듭제곱 → 괄호 → 곱셈과 나눗셈 → 덧셈과 뺄셈(식 순서)으로 계산한다.

$$\left(+\frac{1}{3}\right) - \left\{\left(-\frac{1}{2}\right)^2 + \left(-\frac{3}{4}\right) \times \left(+\frac{5}{7}\right)\right\} - \left(+\frac{11}{6}\right)$$

$$= \left(+\frac{1}{3}\right) - \left\{\left(+\frac{1}{4}\right) + \left(-\frac{15}{28}\right)\right\} - \left(+\frac{11}{6}\right)$$

$$= \left(+\frac{1}{3}\right) - \left(-\frac{8}{28}\right) - \left(+\frac{11}{6}\right)$$

$$= \left(+\frac{56}{168}\right) + \left(+\frac{48}{168}\right) + \left(-\frac{308}{168}\right)$$

$$= -\frac{204}{168} = -\frac{17}{14}$$

▶ **유리수의 성질**

① 유리수끼리의 사칙연산 결과는 항상 유리수이다.

② 유리수를 제곱하면 항상 0보다 크거나 같다.

③ 서로 다른 두 유리수 사이에는 무수히 많은 유리수가 있다.

예제 ○ 다음 중에서 정수가 아닌 유리수를 모두 찾아라.

$$-1 \qquad 0 \qquad \frac{21}{7} \qquad -2.5 \qquad 10 \qquad -\frac{3}{6} \qquad -5$$

정수와 정수로 만들 수 있는 유리수를 제외하면 된다.

정수이거나 정수로 만들 수 있는 유리수는 -1, 0, $\frac{21}{7}(=3)$, 10, -5이므로 구하는 것은 -2.5, $-\frac{3}{6}$이다.

-2.5, $-\frac{3}{6}$

■ 주의점

• 두 유리수 $\frac{q}{p}$와 $\frac{s}{r}$ 사이에는 두 수의 평균인 $\frac{rq+ps}{2pr}$가 항상 존재하기 때문에 두 유리수의 범위를 아무리 짧게 잡아도 두 유리수 사이에는 또 다른 유리수가 존재한다. 이것을 '유리수의 조밀성'이라고 한다.

○ 분수의 역사

유리수를 나타내는 두 가지 방법은 분수와 소수인데, 고대 수학에는 주로 두 수의 비를 나타내는 분수를 사용했다. 지금까지 남아있는 기록을 살펴보면 분수를 처음 사용한 사람들은 기원전 1800년경의 고대 바빌로니아인이었고, 이집트인이 단위분수를 사용하게 된 것은 기원전 1650년 무렵이었다.

고대 그리스 시대에는 숫자의 모양이 여러 번 바뀌었는데, 그에 따라 분수 표기도 바뀌었다. 기원전 600년에서 기원전 300년 무렵에 그리스에서는 27개의 그리스 알파벳 소문자로 1에서 900까지의 수를 나타냈다. 여기에 페니키아 알파벳의 세 문자(스티그마, 코파, 삼피)가 추가로 도입되었다. 예를 들어 123은 $\rho\kappa\gamma$이고, 321은 $\tau\kappa\alpha$로 나타낸 것이다.

그리스 알파벳

또한, 이런 숫자들이 문자와 헷갈리지 않도록 알파벳 위에 줄을 그리기도 했다.

1	2	3	4	5	6	7	8	9
α	β	γ	δ	ε	ς	ζ	η	θ

10	20	30	40	50	60	70	80	90
ι	κ	λ	μ	ν	ξ	o	π	ϱ

100	200	300	400	500	600	700	800	900
ρ	σ	τ	υ	ϕ	χ	ψ	ω	$\backepsilon$

그리스 알파벳 소문자로 나타낸 수

고대 그리스에서는 이집트처럼 분수 $\frac{1}{2}$을 나타내기 위해 특별한 기호를 만들기도 했다. 일반적으로는 분자를 나타내는 수에는 프라임 표시를 한 번(′)하고, 분모를 나타내는 수에는 프라임 표시를 두 번(″) 하거나 두 번씩 적기도 했다. 분자는 아들, 분모는 어머니라고 표현한 사람들은 중국인이다. 영어로 분수를 나타내는 단어인 fraction은 아라비아 수학자 **알콰리즈미**(Alkwarizmi, 780~550?)의 책에서 나왔다. 그가 쓴 '카스르'라는 용어는 아라비아 말로 '나누기'를 뜻하는데 이 책이 라틴어로 번역되면서 fraction이 된 것이다.

1202년 **피보나치**(Fibonacci, 1174?~1250?)의 《산반서, Liber Abaci》에는 분자와 분모 사이에 가로선을 사용해서 분수를 나타내는 방법이 처음으로 등장하는데, 분수에 가로선을 쓰는 것은 인도인이 만든 것으로 아라비아에 널리 퍼진 표기였다. 지금처럼 가로선을 사용해서 분수를 나타내는 방식이 대중화된 것은 1700년대 이후이다.

한편, 대분수를 나타낼 때 지금은 자연수 부분을 분수의 왼쪽에 쓰지만, 과거에는 자연수 부분을 분수의 오른쪽에 쓰기도 했었다.

예 현재: $3\frac{5}{7}$ 과거: $\frac{5}{7}3$

이러한 분수를 포함해 유리수에 대한 연구가 본격화된 것은 무리수에 대한 이론이 체계적으로 연구된 19세기 이후이다.

유한소수

有限小數, finite decimal

정의 ○ 소수점 아래의 0이 아닌 숫자가 유한개인 소수.

어원 ○ 한자어 유(有)는 '있다'를, 한(限)은 '끝'을 뜻하고 영어 finite는 '끝이 있음'을 뜻한다. 따라서 유한소수는 '끝이 있는 소수'를 말한다. 소수점 아래의 자리수가 아무리 길다 하더라고 언젠가 끝이 나면 그 소수는 유한소수이다.

예 $0.6 = \dfrac{6}{10}$, $-6.3553 = -6\dfrac{3553}{10000}$, $0.714285936583649 = \dfrac{714285936583649}{1000000000000000}$

핵심 ▶ 소수는 유한소수와 무한소수로 나뉜다. 또한, 유한소수는 정수로 나타낼 수 있는 유한소수와 정수로 나타낼 수 없는 유한소수로 나뉜다.

$$\text{소수}\begin{cases} \text{유한소수}\begin{cases} \text{정수로 나타낼 수 있는 유한소수} & \text{예 } 3.0 \\ \text{정수로 나타낼 수 없는 유한소수} & \text{예 } 0.4 \end{cases} \\ \text{무한소수} \end{cases}$$

▶ 모든 유한소수는 분모가 10의 거듭제곱인 분수로 나타낼 수 있다. 즉, 분모가 10, 100, 1000과 같이 10의 거듭제곱 꼴로 나타낼 수 있는 분수를 소수로 나타내면 유한소수가 된다. 이때, 10의 소인수는 2나 5뿐이다. 따라서 어떤 분수를 기약분수로 나타냈을 때, 분모의 소인수가 2나 5일 때에만 유한소수로 나타낼 수 있고, 그 외의 경우는 유한소수로 나타낼 수 없다.

관련어
- 무한소수
- 순환소수
- 실수
- 유리수

예제 ○ 다음 분수를 소수로 나타내었을 때 유한소수가 되는 것을 모두 고르면?

① $\dfrac{3}{32}$ ② $\dfrac{32}{2^2 \times 5^3 \times 7}$ ③ $\dfrac{25}{24}$ ④ $\dfrac{3}{2^3 \times 3 \times 5^3}$ ⑤ $\dfrac{35}{3 \times 5^4 \times 7}$

[풀이] 기약분수의 분모의 소인수가 2나 5뿐이면 유한소수로 나타낼 수 있다.

① $\dfrac{3}{32} = \dfrac{3}{2^5}$ ④ $\dfrac{3}{2^3 \times 3 \times 5^3} = \dfrac{1}{2^3 \times 5^3}$

따라서 유한소수로 나타낼 수 있는 것은 ①, ④이다.

■ 주의점

- 모든 유한소수는 분수 꼴로 만들 수 있지만, 모든 분수를 유한소수 꼴로 만들 수 있는 것은 아니다. 예 $\dfrac{1}{3} = 0.33333333 \cdots$ (← 무한소수)

소수의 역사

유한소수는 소수이므로 소수를 통해 유한소수의 역사를 살펴볼 수 있다. 분수는 고대 이집트 시대로 거슬러 올라가지만 소수가 처음 만들어진 것은 15~16세기에 이르러서이다.

15세기 초 아라비아의 수학자 알 카시(Al-Kashi, 1380~1429)는 원주율의 근삿값을 계산하면서 60진법 소수와 10진법 소수를 사용했다. 그는 자신이 10진법 소수의 창시자라고 생각했지만 소수를 발명한 수학자로 널리 알려진 사람은 네덜란드의 스테빈(Stevin, 1548~1620)이다. 그가 소수를 만든 이유는 분수를 자연수처럼 옆으로 길게 쓰기 위해서였다. 상점의 점원이었던 스테빈은 나중에는 네덜란드(당시에는 플랑드르) 윌리엄 공의 아들 마우리츠(모리스) 공의 가정교사가 되었다. 이후 경력을 쌓아 제방 감독관과 군대의 병참 감독관에 이어 재무부 장관에까지 이르게 된다. 어느 날 그는 정확히 계산하는 방법을 연구하다가 르네상스 시대의 이탈리아 수학자들의 문헌을 살펴보게 되었다. 그러면서 12세기에 **피보나치**(Fibonacci, 1174?~1250?)가 소개한 인도·아라비아 숫자에 대해 연구하게 되었다. 마침내, 1585년에 바빌로니아의 60진법을 10진법으로 바꾼 소수 표기법을 발표하기 이른다. 그는 "이제부터 상업에서 마주치는 모든 계산이 분수의 도움 없이 오직 정수만으로 이루어질 수 있을 것이다."라고 했다.

스테빈의 소수 표기법은 사실 그가 지수를 나타낼 때 이미 썼던 방법을 응용한 것이었다. 예를 들어 그는 $4x^3+5x^2-7$이라는 식을 나타낼 때 4③+5②-7⓪이라고 썼는데 이를 소수에 응용해 정수 자리는 ⓪으로, $\frac{1}{10}$은 ①, $\frac{1}{100}$은 ②, …으로 나타낸 것이다. 즉, $\frac{7}{10}+\frac{3}{10^2}+\frac{5}{10^3}+\frac{1}{10^4}$을 7①3②5③1④라고 나타내고, 4.781은 4⓪7①8②1③으로 나타냈다.

그 후 사람들이 ①, ②와 같은 표시가 불필요하다고 생각해 없애고 ⓪만 남겨두었는데, 이것이 지금의 소수점이 되었다.

한편, 스테빈은 당시 유럽의 수학자들이 모국어가 아닌 라틴어로 책을 쓰는 관례를 깨고 자신의 책을 모두 플랑드르어로 썼다.

스테빈의 《10분의 1에 관하여》

음수 陰數, negative number

정의 ○ 0보다 작은 수.

어원 ○ 한자어 음(陰)은 '음지'를 뜻하고 영어 negative는 '부정적인' 것을 뜻한다. 음수는 원래 남에게 진 빚을 뜻하는 '부(負)수'가 되어야 했는데, 이 용어가 처음 우리나라에 소개될 당시에 양수가 양지를 뜻하는 양수(陽數)로 사용되고 있었기 때문에, 이와 반대라는 의미를 강조하기 위하여 음수(陰數)가 되었다. 따라서 음수는 양수와 반대인 수를 말한다.

예로부터 음수는 생활 속에서 반대 방향, 빌린 돈 등을 의미해 왔다. 수학에서 음수의 필요성은 뺄셈이라는 연산에 대해 완전해지기 위함과 방정식의 해를 구하는 것과 관련된다. 양수에서 양수를 빼면 그 결과가 양수가 아닌 경우가 생기는데, 만약 양수 외에 음수가 있다면 사칙연산을 자유롭게 할 수 있게 된다. 또한, 일차방정식 $x+3=0$이 해를 가지기 위해서는 음수가 반드시 필요하다.

핵심 ▶ 음의 정수, 음의 유리수, 음의 실수를 통틀어 '음수'라고 한다.

음의 정수는 정수 중에서 음수인 수를 말하고, 음의 유리수는 유리수 중에서 음수인 수를 말하며, 음의 실수는 실수 중에서 음수인 수를 말한다.

예 -3, $-\dfrac{7}{2}$, $-\sqrt{2}$

▶ 수직선에 음수의 위치는 0의 왼쪽이다.

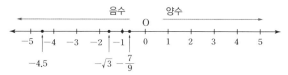

▶ 음수를 나타내는 부호는 '−(마이너스)'인데, 이 부호는 생략할 수 없다.

▶ **음수의 사칙연산**

음수의 사칙연산 결과는 다음과 같다.

① 덧셈: (음수)+(음수) ➡ (음수)

예 $(-3)+(-2)=-5$

② 뺄셈: 두 수의 절댓값에 따라 결과가 달라진다.

예 $(-3)-(-2)=-1 \rightarrow$ 음수, $(-3)-(-4)=+1 \rightarrow$ 양수

관련어
· 실수
· 유리수
· 절댓값
· 정수

③ 곱셈: (음수)×(음수) ➡ (양수)

　예 $(-3)×(-2)=+6$

④ 나눗셈: (음수)÷(음수) ➡ (양수)

　예 $(-3)÷(-2)=+\dfrac{3}{2}$

예제 ○ a가 음수일 때, 다음 중 가장 큰 수는?

① a　　　　② $-a$　　　　③ 0　　　　④ $2a$　　　　⑤ $-2a$

[풀이] a가 음수이므로 a와 $2a$는 음수이고, 음수인 a에 각각 -1과 -2를 곱한 $-a$와 $-2a$는
양수이다. 이때, 두 개의 양수 $-a$와 $-2a$ 중에서 더 큰 수는 $-2a$이다.

[정답] ⑤

🔊 주의점

• 문자의 경우에는 부호만 보고 양, 음을 판단해서는 안 된다. 문자와 음의 부호를 사용
한 '$-a$'가 양수인지 음수인지는 a의 값에 따라 다르다.
　예를 들어, $a=-3$이라면 $-a=-(-3)=+3$이므로 $-a$는 양수이다. 즉, 언뜻 보
기에 음수처럼 보이지만 실제로는 양수이다. 만약 $a=0$이라면 $-a=-0=0$이므로
$-a$는 양수도 음수도 아닌 0이다. 만약 $a=+7$이라면 $-a=-(+7)=-7$이므로
$-a$는 음수이다.

수학사 ○ **음수의 역사**

음수가 비로소 수학적 개념으로 인정받게 된
것은 19세기에 이르면서였다. 이렇게 오랜 세
월이 걸린 이유는 고대 그리스 이래로 서양 수
학에서는 수를 선분의 길이로 나타냈기 때문이
다. 음수는 아무것도 없는 0보다도 작은 수이

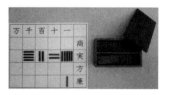

《구장산술》의 산목을 이용한 계산

기 때문에 실제 길이로는 나타낼 수가 없다. 그러니 음수는 존재할 수 없었다. 그리스
의 수학자 **디오판토스**(Diophantos, 246?~330?)조차 $4x+20=4$와 같이 해가 음수인
경우는 풀 수 없다고 생각했다.

음수를 처음으로 수(數)로 인식한 것은 동양이었다. 동양에서는 기원전부터 실용적
인 목적에서 음수를 사용해왔는데, 중국에서는 기원전부터 금전 문제에서 빚이나 지

불해야 할 양을 음수로 사용하였다. 음수에 대한 최초의 기록은 1세기경 중국의 《구장
산술, 九章算術》에 나와 있다. 이 책에는 양수는 붉은색 막대로, 음수는 검은색 막대로
표현되어 있다. 하지만 이런 표시가 처음부터 양수나 음수를 나타내기 위해서 만들어
진 것은 아니었고, 원래는 더하기나 빼기를 나타내기 위한 일종의 표시였다.

12세기 수학자 **이야**(李冶, 1192~1279)는 마지막 숫자에 대각선으로 획을 그려 음수
를 표현했다.

이야의 음수 표기 : 47 ⇒ ≡ ⊤   −47 ⇒ ≡ ⊤

인도에서는 7세기경 **브라마굽타**(Brahmagupta, 598~668)가 0과 더불어 재산을 양
수, 빚을 음수로 놓고, 그 크기를 비교하거나 계산 규칙에 대해 설명했다. 인도 수학자
바스카라(Bhaskara, 1114~1185)는 50과 −5를 해로 갖는 문제를 거론하면서 "사람들
이 음수를 인정하지 않을테니 두 번째 해(−5)는 받아들일 수 없다."라고 했다. 풀이
과정에는 음수를 사용하면서도 정답으로는 받아들이지는 않았던 것이다.

서양에서는 16세기에 이르러 방정식의 일반해를 연구하는 과정에서 음수를 도입하
지 않을 수가 없었다. 1545년에 **카르다노**(Cardano, 1501~1576)가 최초로 음수를 방
정식의 근으로 언급했는데, 이때 그는 음수 근을 '가짜 수'라고 부르며 불가능한 해라고
했다. 이차방정식에 등장하는 음근은 '없는 것보다 작은 수'라든지, 0에서 0 이상의 진
실한 수(양수)를 뺄 때 일어나는 '부조리 수' 등으로 취급되었다. 드디어 음수가 수로
인정을 받기 시작한 것은 17세기 **데카르트**(Descartes, 1596~1650) 이후이다. 하지만
여전히 수학자들은 음수에 대해 많은 혼란을 겪었으며 심지어는 음수를 사용하는 것
에 저항하기도 했다. 프랑스의 수학자 **아르노**(Arnauld, 1612~1694)도 "2−3과 같이
작은 수에서 큰 수를 빼는 것이 어떻게 가능한가?", "1 : (−4)=(−5) : 20과 같은 비
에서 더 큰 수와 더 작은 수의 관계가 어떻게 더 작은 수와 더 큰 수의 관계와 같을 수
있는가?"라는 말을 하기도 했다.

음수를 수로 널리 받아들이게 된 것은 그로부터 오랜 시간이 지난 19세기에 이르러
서이다. **피코크**(Peacock, 1791~1858)와 **한켈**(Hankel, 1839~1873)은 음수가 구체적
이고 실제적인 양을 나타내야 한다는 관점을 버리고 음수의 구조가 수학적으로 모순이
없다는 것을 보였는데, 이때부터 음수는 당당히 수로 인정받았다.

이차방정식 二次方程式, quadratic equation

정의 ○ (이차식)=0의 꼴로 나타낼 수 있는 방정식.

핵심 ▶ x에 대한 이차방정식은 모든 항을 좌변으로 이항하여 정리했을 때
(x에 대한 이차식)=0의 모양, 즉 $ax^2+bx+c=0$($a \neq 0$, a, b, c는 실수)꼴로
나타내어지는 방정식을 말한다.

예 $x^2+4x+5=0$, $2x^2-5x=0$, $-x^2+5=0$, $\frac{3}{4}x^2=7$: 이차방정식(○)

$x^2+3x+2=x(x-1) \rightarrow x^2+3x+2=x^2-x \rightarrow 4x+2=0$: 이차방정식(×)

▶ 이차방정식의 해는 '인수분해' 또는 '근의 공식'을 이용해서 구한다.

(1) 인수분해

이차방정식을 이루는 이차식을 두 일차식의 곱으로 인수분해할 수 있을 경우, 각
각의 일차식을 0으로 만드는 값이 이차방정식의 근이다.

예를 들어, 이차방정식 $6x^2+7x-20=0$에서

$6x^2+7x-20=(2x+5)(3x-4)=0$

$\rightarrow 2x+5=0$ 또는 $3x-4=0$

$\rightarrow x=-\frac{5}{2}$ 또는 $x=\frac{4}{3}$

$25x^2-70x+49=0 \rightarrow (5x-7)^2=0 \rightarrow 5x-7=0 \rightarrow x=\frac{7}{5}$

(2) 근의 공식

이차방정식 $ax^2+bx+c=0$ $(a \neq 0)$의 근을 구하는 공식을 '근의 공식'이라고 한
다. 근의 공식은 다음과 같이 완전제곱식을 이용한 이차방정식의 풀이를 통해 만
들어진다.

	$ax^2+bx+c=0$	예 $2x^2-7x+5=0$
양변을 a로 나누어 이차항의 계수를 1로 만든다.	$x^2+\frac{b}{a}x+\frac{c}{a}=0$	$x^2-\frac{7}{2}x+\frac{5}{2}=0$
⬇		
상수항을 우변으로 이항한다.	$x^2+\frac{b}{a}x=-\frac{c}{a}$	$x^2-\frac{7}{2}x=-\frac{5}{2}$

양변에 $\left(\dfrac{b}{2a}\right)^2$을 더한다.	$x^2+\dfrac{b}{a}x+\left(\dfrac{b}{2a}\right)^2$ $=-\dfrac{c}{a}+\left(\dfrac{b}{2a}\right)^2$	$x^2-\dfrac{7}{2}x+\left(\dfrac{7}{4}\right)^2$ $=-\dfrac{5}{2}+\left(\dfrac{7}{4}\right)^2$
좌변을 완전제곱식으로 만든다.	$\left(x+\dfrac{b}{2a}\right)^2$ $=\dfrac{-4ac}{4a^2}+\dfrac{b^2}{4a^2}$	$\left(x-\dfrac{7}{4}\right)^2=-\dfrac{40}{16}+\dfrac{49}{16}$
우변을 정리한다.	$\left(x+\dfrac{b}{2a}\right)^2=\dfrac{b^2-4ac}{4a^2}$	$\left(x-\dfrac{7}{4}\right)^2=\dfrac{9}{16}$
제곱근을 구한다.	$x+\dfrac{b}{2a}$ $=\pm\sqrt{\dfrac{b^2-4ac}{4a^2}}$	$x-\dfrac{7}{4}=\pm\sqrt{\dfrac{9}{16}}=\pm\dfrac{3}{4}$
간단하게 정리한다.	$x=\dfrac{-b\pm\sqrt{b^2-4ac}}{2a}$	$x=\dfrac{7}{4}\pm\dfrac{3}{4}$ 즉, $x=\dfrac{5}{2}$ 또는 $x=1$

▶ 이차방정식의 해는 2개이다. 이 2개의 해가 서로 다를 때도 있고 겹칠 때도 있으며 허수일 때도 있다. 주어진 이차방정식의 근(해)을 직접 구하지 않고 실근이 몇 개인지만 알고 싶다면 판별식을 이용하면 된다. 판별식은 근의 공식에서 근호 안에 들어가 있는 식을 말한다.

$$x=\dfrac{-b\pm\sqrt{b^2-4ac}}{2a} \leftarrow \text{'판별식'}$$

① $b^2-4ac>0$이면 서로 다른 두 실근

　예 $x^2-5x-3=0 \rightarrow b^2-4ac=25+12=37>0 \rightarrow$ 실근이 2개

② $b^2-4ac=0$이면 서로 겹치는 두 실근(중근)

　예 $4x^2-12x+9=0 \rightarrow b^2-4ac=144-144=0 \rightarrow$ 중근

③ $b^2-4ac<0$이면 서로 다른 두 허근

　예 $x^2-7x+13=0 \rightarrow b^2-4ac=49-52=-3<0 \rightarrow$ 실근이 0개

▶ 이차방정식 $ax^2+bx+c=0\,(a\neq0)$의 두 근이 α, β라고 할 때,

$$a(x-\alpha)(x-\beta)=0\,(a\neq0) \rightarrow x^2-(\alpha+\beta)\ x+\alpha\beta=0$$

$$ax^2+bx+c=0\,(a\neq0) \rightarrow x^2+\frac{b}{a}\ x+\frac{c}{a}=0$$

서로 같다.

따라서 이차방정식의 계수와 근 사이에는 다음 관계가 성립한다.

$$\alpha+\beta=-\frac{b}{a},\ \alpha\beta=\frac{c}{a}$$

예 이차방정식 $6x^2+7x-20=0$은 $x^2+\dfrac{7}{6}x-\dfrac{20}{6}=0$으로 바꿀 수 있다.

→ 두 근 $\alpha=-\dfrac{5}{2}$, $\beta=\dfrac{4}{3}$

→ $\alpha+\beta=\left(-\dfrac{5}{2}\right)+\dfrac{4}{3}=-\dfrac{7}{6}$, $\alpha\beta=\left(-\dfrac{5}{2}\right)\times\dfrac{4}{3}=-\dfrac{10}{3}=-\dfrac{20}{6}$

예제 ○ 다음 중 이차방정식이 아닌 것을 모두 고르면?

① $3x^2=2x+7$　　　　② $2x^2=2x(x-1)+3$　　　　③ $3x^2=2x^2$

④ $5-x^2=-x$　　　　⑤ $2x^2-2x=2x(x-1)$

[풀이] 모든 항을 좌변으로 이항하여 정리하였을 때 이차식이 되는지 살펴본다.

① $3x^2-2x-7=0\ (○)$　② $2x^2=2x^2-2x+3 \rightarrow 2x-3=0\ (\times)$

③ $x^2=0\ (○)$　　　　　④ $-x^2+x+5=0\ (○)$　　　⑤ $0=0\ (\times)$

🏴 주의점

• 이차방정식이 '실수의 범위에서 해가 없다'는 것은 그 해가 실수의 범위에서는 존재하지 않지만 허수의 범위에서는 존재한다는 것을 뜻한다.

예를 들어 이차방정식 $x^2-7x+13=0$의 해를 근의 공식에 따라 구하면,

$x=\dfrac{7\pm\sqrt{49-52}}{2}=\dfrac{7\pm\sqrt{3}i}{2}$인데 이 수는 허수이다. 따라서 실수 범위에서는 해가 없

지만 실수와 허수를 모두 포함하는 복소수의 범위에서는 해가 존재한다.

수학사 ○ **이차방정식의 역사**

이차방정식의 역사는 일차방정식만큼이나 오래되었다. 기원전 2000년경의 고대 바빌로니아의 점토판에는 이차방정식 문제들이 있는데 그중 하나는

정사각형 모양의 땅의 넓이에서 한 변을 빼니 14,30이다. 땅의 한 변의 길이는 얼마인가?

라는 문제이다. 육십진법인 14,30을 십진법으로 바꾸면, $14,30 = 14 \times 60 + 1 \times 30 = 840 + 30 = 870$이다. 직사각형의 한 변을 x라고 하면 직사각형의 넓이는 x^2이므로 이 문제는 $x^2 - x = 870$과 같다. 그들은

1의 절반인 $\frac{1}{2}$을 취하여 그것을 제곱한 다음 14,30을 더하면 29,30의 제곱이 된다. 29,30 에다 0,30를 더하면 30이 되는데 이것이 정답이다.

라고 했다. 이러한 풀이는 $x^2 - px = q$의 해를 구하는 근의 공식인 $x = \dfrac{p}{2} + \sqrt{\left(\dfrac{p}{2}\right)^2 + q}$와 똑같다.

또한, $x + y = p$와 $xy = q$를 만족하는 x, y를 찾는 문제도 있는데 이것은 이차 방정식 $x^2 + q = px$를 푸는 것과 같다.

의학에 관한 최초의 이집트 파피루스인 카훈 파피루스(Kahun papyrus)에는

'카훈 파피루스'

100이라는 넓이를 갖는 한 표면은 두 변의 비가 $1 : \frac{3}{4}$인 두 정사각형의 합으로 되어 있다.

라는 문제가 있다. 즉, $x^2 + y^2 = 100$, $x = \dfrac{3}{4}y$에서 x, y를 구하는 문제이다.

인도의 **브라마굽타**(Brahmagupta, 598~668)는 $ax^2 + 1 = y^2$의 꼴인 이차방정식에서 a의 값이 주어졌을 때의 자연수 해를 구했다. 예를 들어 $a = 3$일 때, $3x^2 + 1 = y^2$의 자연수 해는 (1, 2)와 (4, 7)이라는 것이다. 이러한 브라마굽타의 연구는 **오일러** (Euler, 1707~1783)의 착각 때문에 브라마굽타가 아닌 '펠의 방정식(Pells equation)' 으로 알려지게 되었다.

알콰리즈미(Alkwarizmi, 780~550?)는 《복원과 축소의 과학, Al-jabr wa al-muqabala》에서 지금 우리가 이차방정식의 일반형을 $ax^2 + bx + c = 0$ 하나로 나타내는 것을 5가지 유형으로 나누어 일차방정식과 함께 모두 6가지 유형이 있다고 했다. 그는 당시 다른 아라비아 수학자들과 마찬가지로, 기호를 사용해 식으로 나타내지 않고 말로 풀어서 나타냈는데 기호를 사용하면 다음과 같다.

근은 숫자와 같다. → $ax = b$
제곱은 숫자와 같다. → $ax^2 = b$
제곱은 근과 같다. → $ax^2 = bx$

이 책의 제 5장에는 이차방정식의 판별식의 값이 양수이어야 한다는 내용이 나오는데, "이러한 형태의 방정식에서 x의 계수의 반을 제곱했을 때 나오는 값이 상수항보다 작더라도 방정식 자체는 존재한다."라고 덧붙였다.

한편, 서양에서는 고대부터 근세 초기까지 $x^2 + px = q$, $x^2 = px + q$, $x^2 + q = px$ (단, p, q는 양수)꼴의 세 가지 형태의 이차방정식만 다루었다. 당시에는 음수를 수로 인정하지 않았기 때문이다. 양의 해가 없는 $x^2 + px + q = 0$의 꼴의 이차방정식은 그 이후에 다루어졌다.

13세기 중국의 수학자 양휘(楊輝, 1238~1298)가 지은 《양휘산법, 楊輝算法》에는

가로의 길이가 세로보다 12보 짧은 직사각형 모양의 땅의 넓이가 864보라고 한다. 가로는 얼마인가?

라는 이차방정식 문제가 있다. 양휘는 이 문제의 해를 구하기 위해 제곱을 해서 864가 되는 수를 추측했다.

근이 양수인 이차방정식의 해법은 고대 바빌로니아 시대부터 알려져 있었지만, 두 근이 음수인 경우를 포함하는 이차방정식의 일반적인 해법이 알려진 것은 현대에 이르러서이다.

이차식 二次式, quadratic expression

정의 ○ 최고차항의 차수가 2인 다항식.

핵심 ▶ 다항식에서 최고차항의 차수가 이차일 때, 그 다항식을 '이차식'이라고 한다.

예 x^2+5-3y^2+4y, $\frac{1}{2}a^2-5a+1$

▶ 어떤 한 문자에 대해 이차식이라고 한다.

예 $xy^2z^3 \rightarrow y$에 대한 이차식

$3a^2b^4c \rightarrow a$에 대한 이차식

▶ 이차식끼리 사칙연산을 할 수 있다.

① 덧셈과 뺄셈: 동류항끼리 묶어서 계산한다.

② 곱셈: 수는 수끼리 문자는 문자끼리 계산한다.

③ 나눗셈: 역수를 사용해 곱셈으로 고쳐서 계산한다.

(이차식)+(이차식)
동류항의 계수끼리 덧셈을 한다. ➡

예 $(-3x^2+5x)+(2x^2-4x)$
$=(-3+2)x^2+(5-4)x$
$=-x^2+x$

(이차식)−(이차식)
동류항의 계수끼리 뺄셈을 한다. ➡

예 $(-3x^2+5x)-(2x^2-4x)$
$=(-3-2)x^2+(5+4)x$
$=-5x^2+9x$

(이차식)×(수)
분배법칙을 이용해 전개한다. ➡

예 $(-3x^2+5x)\times7$
$=(-3x^2)\times7+5x\times7$
$=-21x^2+35x$

(이차식)÷(수)
나누는 수를 역수로 바꾸어 곱셈으로
만든 다음, 분배법칙을 이용한다. ➡

예 $(-3x^2+5x)\div7$
$=(-3x^2+5x)\times\frac{1}{7}$
$=(-3x^2)\times\frac{1}{7}+5x\times\frac{1}{7}$
$=-\frac{3}{7}x^2+\frac{5}{7}x$

관련어
· 다항식
· 단항식
· 이차방정식
· 일차식
· 차수

예제 ○ 다음 중 이차식은?

① $\dfrac{1}{4x^2}+6x$ ② $(a-4)^2$ ③ $2x-5$

④ $3a-4b+6$ ⑤ $x(x-3)-x^2$

[풀이] ① $\dfrac{1}{4x^2}+6x$ → 분모에 x^2이 있으므로 이차식이 아니다.

② $(a-4)^2=a^2-8a+16$ → a에 대한 이차식이다.

③ $2x-5$ → x에 대한 일차식이다.

④ $3a-4b+6$ → a와 b에 대한 일차식이다.

⑤ $x(x-3)-x^2=x^2-3x-x^2=-3x$ → x에 대한 일차식이다.

[정답] ②

💡 주의점

· 간단히 정리한 결과 최고차항이 이차항이 아닌 경우는 이차식이 아니다.

  예 $b(3b-2)-3b^2=3b^2-2b-3b^2=-2b$ → 최고차항이 일차이므로 이차식이 아니다.

· 분모에 이차식이 들어있는 경우에는 이차식이라고 하지 않는다.

  예 $\dfrac{4}{x^2}$, $\dfrac{1}{2x^2}+5x$ → 이차식이 아니다.

이차함수 二次函數, quadratic function

정의 ○ 함수 $y=f(x)$에서 $f(x)$가 x에 대한 이차식인 함수.

핵심 ▶ 이차함수는 y를 x에 대한 이차식으로 나타낼 수 있는 함수 $y=ax^2+bx+c\,(a\neq0)$
를 말한다.

    예 $y=(x+1)(2x-3)$, $y=-3x^2$, $y=\dfrac{1}{2}x^2-4x$, $y=3(x-1)^2$

▶ 이차함수 $y=ax^2+bx+c\,(a\neq0)$의 그래프

이차함수 $y=ax^2+bx+c\,(a\neq0)$에서 이 관계를 만족하
는 x값을 x좌표로 하고, y값을 y좌표로 하여 좌표평면에
나타내면 포물선 모양의 그래프가 된다. 포물선은 하나의
직선을 기준으로 서로 대칭인데, 대칭을 만드는 이러한 축
을 '대칭축', 축과 포물선의 교점을 '꼭짓점'이라고 한다.

▶ 이차함수 $y=ax^2+bx+c\,(a\neq0)$에서 a, b, c의 값의 의미

(1) x^2항의 계수 a: 이차함수의 그래프의 폭과 모양을 결정한다.

    ① a의 부호: 이차함수의 그래프가 아래로 볼록인지, 위로 볼록인지를 결정한다.
        $a>0$이면 그래프가 아래로 볼록, $a<0$이면 위로 볼록이다.

    ② $|a|$: 이차함수의 그래프의 폭이 좁은지, 넓은지를 결정한다. 이때, a의 절
        댓값이 클수록 그래프의 폭이 좁아진다.

(2) x항의 계수 b: x^2항의 계수 a의 부호와의 관계에 따라 대칭축의 위치를 결정
    한다.

$ab>0$	$b=0$	$ab<0$
대칭축: y축의 왼쪽	대칭축: y축	대칭축: y축의 오른쪽
예 $y=x^2+2x+3$ ㉠ $y=-x^2-2x+3$ ㉡	예 $y=x^2+3$ ㉠ $y=-x^2+3$ ㉡	예 $y=x^2-2x+3$ ㉠ $y=-x^2+2x+3$ ㉡

(3) 상수항 c: 이차함수의 그래프가 y축과 만나는 점이다. 즉, c는 y절편이다.

$c>0$	$c=0$	$c<0$
y절편: 양수	y절편: 0	y절편: 음수
예 $y=x^2-2x+3$ ㉠ $y=x^2+2x+3$ ㉡	예 $y=x^2-2x$ ㉠ $y=x^2+2x$ ㉡	예 $y=x^2-2x-3$ ㉠ $y=x^2+2x-3$ ㉡

▶ **대칭축과 꼭짓점**

완전제곱식을 이용해 $y=ax^2+bx+c\,(a\neq0)$를 $y=a(x-p)^2+q\,(a\neq0)$의 꼴로 만들면, 대칭축의 방정식과 꼭짓점의 좌표를 구할 수 있다.

$$y=ax^2+bx+c$$
$$y=a\left(x^2+\frac{b}{a}x\right)+c$$
$$y=a\left\{\left(x^2+\frac{b}{a}x+\left(\frac{b}{2a}\right)^2-\left(\frac{b}{2a}\right)^2\right)\right\}+c$$
$$y=a\left(x^2+\frac{b}{a}x+\frac{b^2}{4a^2}\right)-\frac{b^2}{4a}+c$$
$$y=a\left(x+\frac{b}{2a}\right)^2-\frac{b^2-4ac}{4a}$$

→ 대칭축의 방정식: $x=-\dfrac{b}{2a}$, 꼭짓점의 좌표: $\left(-\dfrac{b}{2a},\ -\dfrac{b^2-4ac}{4a}\right)$

예 $y=x^2-2x+3 \rightarrow y=(x^2-2x+1)+2 \rightarrow y=(x-1)^2+2$

따라서 대칭축의 방정식은 $x=1$, 꼭짓점의 좌표는 $(1,\ 2)$

▶ **x절편과 y절편**

① x축과의 교점(x절편)

$y=ax^2+bx+c$에 $y=0$을 대입하면 $0=ax^2+bx+c$

$x=\dfrac{-b\pm\sqrt{b^2-4ac}}{2a}$, 즉 $\left(\dfrac{-b\pm\sqrt{b^2-4ac}}{2a},\ 0\right)$

② y축과의 교점(y절편)

$y=ax^2+bx+c$에 $x=0$을 대입하면 $y=c$, 즉 $(0,\ c)$

예 $y=x^2-3x-4$에서

$y=0$을 대입하면 $x^2-3x-4=0 \rightarrow (x+1)(x-4)=0 \rightarrow x$절편은 1과 4

$x=0$을 대입하면 $y=-4 \rightarrow y$절편은 -4

▶ 이차함수의 식 $y=ax^2+bx+c$ $(a \neq 0)$ 구하기

꼭짓점 (p, q)와 그래프 위의 한 점의 좌표가 주어졌을 때	대칭축 $x=p$와 그래프 위의 두 점의 좌표가 주어졌을 때	그래프 위의 서로 다른 세 점의 좌표가 주어졌을 때
$y=a(x-p)^2+q$로 놓고 한 점의 좌표를 대입해 a의 값을 구한다.	$y=a(x-p)^2+q$로 놓고 두 점의 좌표를 대입하여 a, q의 값을 구한다.	$y=ax^2+bx+c$에 세 점의 좌표를 대입해 a, b, c의 값을 구한다.
예 꼭짓점이 (1, 2)이고 점 (3, 4)를 지날 때 꼭짓점이 (1, 2) $\rightarrow y=a(x-1)^2+2$ 이 식에 점 (3, 4)를 대입 $\rightarrow 4=a(3-1)^2+2$, $a=\dfrac{1}{2}$ 따라서 $y=\dfrac{1}{2}(x-1)^2+2$	예 대칭축은 $x=3$이고 두 점 $(-1, 2)$, (4, 1)을 지날 때 대칭축이 $x=3$ $\rightarrow y=a(x-3)^2+q$ 이 식에 점 $(-1, 2)$와 점 (4, 1)을 대입 $\rightarrow 2=a(-1-3)^2+q$, $1=a(4-3)^2+q$ 두 식을 연립하여 풀면 $\rightarrow a=\dfrac{1}{15}$, $q=\dfrac{14}{15}$ 따라서 $y=\dfrac{1}{15}(x-3)^2+\dfrac{14}{15}$	예 세 점 (0, 2), $(-1, 3)$, (4, 1)을 지날 때 $y=ax^2+bx+c$에 세 점을 각각 대입 $\rightarrow 2=c$, $3=a-b+c$, $1=16a+4b+c$ 세 식을 연립하여 풀면 $\rightarrow a=\dfrac{3}{20}$, $b=-\dfrac{17}{20}$, $c=2$ 따라서 $y=\dfrac{3}{20}x^2-\dfrac{17}{20}x+2$

▶ 이차함수 $y=ax^2$ $(a \neq 0)$의 그래프의 평행이동

이차함수 $y=ax^2$의 그래프를 x, y축으로 평행이동한 그래프가 나타내는 이차함수의 식은 다음과 같다.

	$a>0$	$a<0$
x축의 방향으로 p만큼 평행이동	꼭짓점은 $(p, 0)$, 축은 $x=p$ $x=p$에서 최솟값 0을 갖는다.	꼭짓점은 $(p, 0)$, 축은 $x=p$ $x=p$에서 최댓값 0을 갖는다.

▌ 관련어
· 이차식
· 일차함수
· 평행이동
· 함수
· x절편
· y절편

y축의 방향으로 q만큼 평행이동	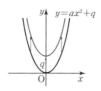	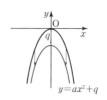
	꼭짓점은 $(0,\ q)$, 축은 $x=0(y$축$)$ $x=0$에서 최솟값 q를 갖는다.	꼭짓점은 $(0,\ q)$, 축은 $x=0(y$축$)$ $x=0$에서 최댓값 q를 갖는다.
x축의 방향으로 p만큼, y축의 방향으로 q만큼 평행이동	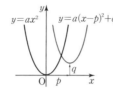	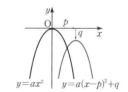
	꼭짓점은 $(p,\ q)$, 축은 $x=p$ $x=p$에서 최솟값 q를 갖는다.	꼭짓점은 $(p,\ q)$, 축은 $x=p$ $x=p$에서 최댓값 q를 갖는다.

▶ **이차함수의 그래프와 이차방정식의 해의 관계**

x에 대한 이차방정식 $ax^2+bx+c=0\ (a\neq0)$의 해는 이차함수 $y=ax^2+bx+c$ 의 그래프가 x축과 만나는 점의 x좌표이다.

예 이차방정식 $x^2-3x+2=0$의 해 → $x=1$ 또는 $x=2$

이차함수 $y=x^2-3x+2$의 그래프가 x축과 만나는 점의 좌표 → $(1,\ 0),\ (2,\ 0)$

예제 ◑ 다음 이차함수의 그래프 중에서 그래프의 폭이 가장 좁은 것은?

① $y=3x^2-1$ ② $y=-5x^2$ ③ $y=\dfrac{1}{2}x^2+2x+7$

④ $y=x^2+9x$ ⑤ $y=-2x^2+x+5$

[풀이] 이차함수 $y=ax^2+bx+c$의 그래프 폭은 a의 절댓값이 클수록 좁아지므로 구하는 것은 ②이다.

🔴 **주의점**

• 이차함수의 표준형 $y=a(x-p)^2+q\ (a\neq0)$를 전개해서 이차함수의 일반형인 $y=ax^2+bx+c\ (a\neq0)$의 꼴로 만들 수 있다.

이항 移項, transposition

정의 ○ 등식에서 어떤 항을 부호를 바꾸어 다른 변으로 옮기는 것.

어원 ○ 한자어 이(移)는 '옮기다'를, 영어 transposition은 '바꾸는 것'을 뜻한다. 따라서 이항이란 어떤 항을 다른 변으로 옮기는 것을 말한다.

핵심 ▶ 이항은 '등식의 성질'에서 '양변에 같은 수를 더하거 나 빼도 등식은 성립한다.'는 것과 관련이 있다.

$$x+3=5$$
$$x=5-3 \quad \text{) 이항}$$

좌변과 우변에 같은 수를 더하거나 빼면 마치 그 수 가 우변으로 옮겨지는 과정에서 부호가 반대로 바 뀐 것처럼 보인다. 즉, 양변에 같은 수를 빼면 양수

$$6x=-4x+9$$
$$6x+4x=9 \quad \text{) 이항}$$

가 음수가 된 것처럼 보이고, 양쪽에 같은 수를 더하면 음수가 양수가 된 것처럼 보인다. 결과적으로 그렇게 보이는 것일 뿐, 옮기는 과정에서 부호가 저절로 바뀌는 것은 아니라는 것에 주의해야 한다.

▌관련어

- 가감법
- 대입법
- 등식
- 방정식
- 소거
- 연립방정식

▶ 방정식의 우변의 모든 항을 좌변으로 이항하여 정리하면 (x에 대한 식)$=0$의 꼴로 만들 수 있다.

예 $x(x-2)=x^2-4 \rightarrow x^2-2x=x^2-4 \rightarrow -2x+4=0$: 일차방정식

$x(x-2)=x-4 \rightarrow x^2-2x=x-4 \rightarrow x^2-3x+4=0$: 이차방정식

예제 ○ 이항을 이용하여 $6x-3=3x-2$의 해를 구하여라.

[풀이] $6x-3=3x-2$) $3x$와 -3을 각각 이항

$6x-3x=-2+3$

$3x=1, \ x=\dfrac{1}{3}$

📖 주의점

- 이항은 곱셈과 나눗셈이 아니라 덧셈과 뺄셈에서만 이루어지는 과정이다. 예를 들어 $2x-6=0$을 $2x=6$으로 만드는 과정은 이항이지만 $2x=6$을 $x=\dfrac{6}{2}$으로 만드는 과정은 이항이 아니다.

이항이 처음 등장하는 것은 9세기 아라비아의 수학자 **알콰리즈미**(Alkwarizmi, 780 ~850?)의 책에서다. 알콰리즈미가 820년에 쓴 《복원과 축소의 과학, Al-jabr wa al-muqabala》에는 마치 양팔 저울 양쪽에 물건을 올려놓거나 덜어내는 과정처럼 '이항'이라는 기계적인 방식으로 방정식의 해를 구하는 과정이 들어있다.

고대 저울

알콰리즈미는 의학, 천문학과 더불어 상업이 발달한 이슬람 지역의 수학자였기에 상업 거래에서 흔히 사용하는 양팔 저울을 사용하여 방정식의 해를 구했던 것이다. 이 책의 제목에 있는 'al-jabr(알 자브르)'는 '한 방정식의 양변에 같은 값을 더한다'는 뜻인데, '접골의 치료'라는 뜻도 있다. 이차방정식의 풀이 과정에서 알콰리즈미가 이항을 사용한 이유는 음수 항을 없애고 양수로 만들기 위해서였다.

예를 들어 $x^2=40x-4x^2$에서 양변에 $4x^2$을 더하여 $5x^2=40x$로 만드는 것이 바로 이항이고, 이항을 통해 음수항이 사라진다. 그는 이차방정식에서 음수를 사용하지 않았으며, 0과 음수는 근으로 인정하지 않았다.

이 책에서는 문제와 풀이 과정을 말로 설명했는데 지금 우리가 사용하는 기호로 나타내면 다음과 같다.

문제
만약 10을 두 부분으로 나누어서 그중 하나를 제곱하면 이것은 나머지 수에 81을 곱한 것과 같다.

➡ $x, 10-x$
$(10-x)^2=81x$

풀이
10에서 근(x)을 뺀 수를 제곱하면 100과 x^2의 합보다 $20x$이 작고, 이것은 $81x$와 같다.

➡ $(10-x)^2=x^2-20x+100=81x$

100과 x^2의 합에서 $20x$를 떼어 내서 $81x$에다 더하라. 그러면 $100+x^2$이 되고 이것은 $101x$와 같다.	➡ $x^2+100=81x+20x$ $x^2+100=101x$
한 근의 절반과 다른 한 근의 절반의 합은 50과 $\dfrac{1}{2}$이 된다.	➡ $\dfrac{\alpha}{2}+\dfrac{\beta}{2}=50\dfrac{1}{2}$ ($x^2+100=101x$에서 $\alpha+\beta=101$이므로)
이 수를 제곱하면 2550과 $\dfrac{1}{4}$이 된다.	➡ $\left(\dfrac{\alpha}{2}+\dfrac{\beta}{2}\right)^2=2550\dfrac{1}{4}$
이 수에서 100을 빼라. 그러면 2450과 $\dfrac{1}{4}$이 된다.	➡ $2550\dfrac{1}{4}-100=2450\dfrac{1}{4}$ $\left(\text{즉, }\left(\dfrac{\alpha}{2}+\dfrac{\beta}{2}\right)^2-\alpha\beta=\left(\dfrac{\alpha}{2}-\dfrac{\beta}{2}\right)^2\right)$
한 근의 절반과 다른 한 근의 절반의 차는 49와 $\dfrac{1}{2}$이 된다.	➡ $\sqrt{2450\dfrac{1}{4}}=49\dfrac{1}{2}=\dfrac{\alpha}{2}-\dfrac{\beta}{2}$
따라서 근은 10이다.	➡ $\left(\dfrac{\alpha}{2}+\dfrac{\beta}{2}\right)+\left(\dfrac{\alpha}{2}-\dfrac{\beta}{2}\right)=1$, 즉 $\alpha=1$
다른 한 근은 9이다.	➡ $\beta=9$

알콰리즈미가 소개한 이런 풀이 절차는 일차방정식과 이차방정식을 푸는 체계적인 방법으로 매우 유명해져서 유럽까지 널리 퍼졌다.

인수 因數, factor

정의 ○ 자연수나 다항식을 2개 이상의 자연수나 다항식의 곱으로 분해했을 때, 분해된 각
각의 수나 식.

어원 ○ 한자어 인(因)은 '원인을 이루는 것'을, 영어 factor는 '약수'를 뜻한다. 따라서 인
수란 어떤 수나 식을 곱셈으로 분해했을 때 나오는 각각의 수나 식을 말한다.

핵심 ▶ **자연수에서의 인수**

12를 12보다 작은 자연수의 곱으로 분해하면 $12 = 3 \times 4$ 또는 $12 = 2 \times 2 \times 3$
이다. 이때, 2, 3, 4를 12의 인수라고 한다.

▶ **다항식에서의 인수**

자연수를 곱셈으로 분해하여 약수를 구하는 것처럼 다항식을 곱셈으로 분해하여
인수를 구할 수 있다.

  예 다항식 $x^3 - 3x^2 + 2x$를 다음과 같이 다항식의 곱으로 분해할 수 있다.

  $x^3 - 3x^2 + 2x = x(x-1)(x-2) = x(x^2 - 3x + 2) = (x^2 - x)(x-2) = (x-1)(x^2 - 2x)$

  이때, x, $x-1$, $x-2$, $x^2 - 3x + 2$, $x^2 - x$, $x^2 - 2x$는 다항식 $x^3 - 3x^2 + 2x$의 인수이다.

▶ **공통인수**

관련어
· 근의 공식
· 다항식
· 이차방정식
· 인수분해

두 다항식에서 공통인 인수를 '공통인수'라고 한다.

  예 다항식 $12y^2 z$와 $3xy^2$에서 공통인수는 $3y^2$이고, 다항식 $x(y-z)$와 $(x+y)(y-z)$에서 공
  통인수는 $(y-z)$이다.

예제 ○ **다음 중 다항식 $x^5 - x$의 인수를 모두 골라라.**

x	$x-1$	$x+1$	$x+2$	$x-2$
x^2+1	x^2-1	x^2+x	x^3+1	x^4+1

풀이 $x^5 - x$를 인수분해하면 인수를 구할 수 있다.

$x^5 - x = x(x^4 - 1) = x(x^2 + 1)(x^2 - 1) = x(x^2 + 1)(x+1)(x-1)$

따라서 인수는 x, $x-1$, $x+1$, x^2+1, x^2-1, x^2+x이다.

📖 주의점

• 수에서는 주로 약수라는 용어를 사용하고, 식에서는 주로 인수라는 용어를 사용한다. 약수(divisor)는 나눗셈 관점에서 어떤 수를 나누어떨어지게 하는 수를 말하고, 인수 (factor)는 곱셈 관점에서 곱해진 낱낱의 식을 말한다.

• 인수 중에는 소수인 것도 있고 합성수인 것도 있다.

수학사 ○ ## 약수의 역사

인수 개념은 소수, 약수 개념과 관련이 깊고, 그 역사는 소수만큼이나 오래되었다. 기원전 3세기에 활동한 고대 그리스 수학자 유클리드 (Euclid, BC 300년경)의 《원론, Elements》 제 7권 명제1은 두 수의 최대공약수를 찾는 '유 클리드 호제법'에 대한 것이다. 이 방법에 따라 135와 75의 최대공약수가 무엇인지 알아내는 과정은 다음과 같다.

파피루스에 기록된 유클리드 원론의 조각

먼저, 두 수 중에서 큰 수인 135에서 75를 뺀다. 그러면 60이 된다. 다음으로, 75에서 60 을 뺀다. 그러면 15가 되는데, 15는 60의 약수이다. 따라서 135와 75의 최대공약수는 15 이다.

14세기 중국 명나라의 수학자 **안지제(安止齊)**가 1373년에 쓴 《상명산법, 詳明算法》 에는 유클리드 호제법과 같은 방법으로 분수를 기약분수로 만드는 문제가 나온다. 이 책에 있는 "$\frac{75}{135}$를 약분하라."라는 문제에 대한 풀이 과정을 살펴보면 다음과 같다.

먼저, 분모에서 분자를 뺀다. 그리고 빼는 수가 뺄셈 결과의 배수가 될 때까지 계속 뺀다.

$$\left(즉, \frac{75}{135} \rightarrow 135 - 75 = 60 \rightarrow 75 - 60 = 15 \right)$$

빼는 수인 60이 뺄셈 결과인 15의 배수이므로 여기서 멈춘다.

그다음 이렇게 해서 구한 수로 분모와 분자는 나누면 된다.

$$\left(즉, 15로 분모와 분자를 나눈다. \frac{75}{135} = \frac{5}{9}, 답은 \frac{5}{9} \right)$$

인수분해 因數分解, factorization

정의 ○ 하나의 다항식을 2개 이상의 다항식의 곱으로 나타내는 것.

어원 ○ 한자어 인수분해(因數分解)와 영어 factorization은 '인수로 분해하는 것'을 뜻한다. 따라서 인수분해는 주어진 다항식을 인수들의 곱으로 분해한 것을 말한다.

핵심 ▶ 인수분해는 다항식을 전개하는 것과는 반대의 과정이다.

$$x^2+3x+2 \xleftarrow[\text{전개}]{\text{인수분해}} (x+1)(x+2)$$

▶ 중요한 인수분해 공식은 다음과 같다.

공통인수가 있을 경우	$mx+ma=m(x+a)$	예 $2x^2+6x=2x(x+3)$
완전제곱식이 될 경우	$x^2+2ax+a^2=(x+a)^2$	예 $x^2+6x+9=(x+3)^2$
	$x^2-2ax+a^2=(x-a)^2$	예 $x^2-12x+36=(x-6)^2$
	$x^2+y^2+z^2+2xy+2yz+2zx$ $=(x+y+z)^2$	예 $x^2+y^2+9+2xy+6y+6x$ $=(x+y+3)^2$
세제곱식이 될 경우	$x^3+3ax^2+3a^2x+a^3=(x+a)^3$	예 $x^3+6x^2+12x+8=(x+2)^3$
	$x^3-3ax^2+3a^2x-a^3=(x-a)^3$	예 $x^3-9x^2+27x-27$ $=(x-3)^3$
합·차를 이용할 경우	$x^2-a^2=(x+a)(x-a)$	예 $x^2-81=(x+9)(x-9)$
	$x^4+a^2x^2+a^4$ $=(x^2-ax+a^2)(x^2+ax+a^2)$	예 x^4+4x^2+16 $=(x^2-2x+4)(x^2+2x+4)$
합·곱을 이용할 경우	$x^2+(a+b)x+ab$ $=(x+a)(x+b)$	예 x^2+5x+6 $=(x+2)(x+3)$
	$acx^2+(ad+bc)x+bd$ $=(ax+b)(cx+d)$	예 $8x^2+22x+15$ $=(2x+3)(4x+5)$

▮ 관련어
- 방정식
- 이차방정식
- 인수
- 전개

삼차식의 경우	$x^3+a^3=(x+a)(x^2-ax+a^2)$	예 x^3+27 $=(x+3)(x^2-3x+9)$
	$x^3-a^3=(x-a)(x^2+ax+a^2)$	예 x^3-8 $=(x-2)(x^2+2x+4)$
	$x^3+y^3+z^3-3xyz$ $=(x+y+z)(x^2+y^2+z^2-xy$ $-yz-zx)$	예 $x^3+8y^3+z^3-6xyz$ $=(x+2y+z)(x^2+4y^2+z^2$ $-2xy-2yz-zx)$

▷ 인수분해를 이용해 이차방정식의 근을 구할 수 있다.

(x에 대한 이차식)$=0$에서 이차식을 인수분해하여 (일차식)$\times$(일차식)$=0$의 꼴로 만든다. (일차식)$\times$(일차식)$=0$이 성립하는 것은 각각의 일차식이 0이 되는 경우이다.

예 $x^2-4x-21=0 \rightarrow (x+3)(x-7)=0$

$\qquad\qquad\qquad \rightarrow x+3=0$ 또는 $x-7=0$

$\qquad\qquad\qquad \rightarrow x=-3$ 또는 $x=7$

$\quad x^2+4x+4=0 \rightarrow (x+2)^2=0 \rightarrow x+2=0 \rightarrow x=-2$ (중근)

▷ 인수분해를 이용해 식의 값을 구할 수 있다.

예를 들어 $x=\sqrt{5}-3$일 때, x^2+6x+9의 값을 구하면 다음과 같다.

$\underline{x^2+6x+9}=\underline{(x+3)^2}=\{(\sqrt{5}-3)+3\}^2=(\sqrt{5})^2=5$

$\qquad$ 인수분해 $\qquad x=\sqrt{5}-3$을 대입

예제 ○ 다음 식을 인수분해하여라.

(1) $x^2-10x+21$ $\qquad\qquad$ (2) $a^2-14ab+49b^2$

(3) $2a^2-8b^2$ $\qquad\qquad$ (4) $3y^2-5y-2$

(5) $x^3+6x^2y+12xy^2+8y^3$ $\qquad$ (6) x^4-13x^2+36

[풀이] (1) $x^2-10x+21=(x-3)(x-7)$

(2) $a^2-14ab+49b^2=a^2-2\times a\times 7b+(7b)^2=(a-7b)^2$

(3) $2a^2-8b^2=2(a^2-4b^2)=2\{a^2-(2b)^2\}=2(a+2b)(a-2b)$

(4) $3y^2-5y-2=(y-2)(3y+1)$

(5) $x^3+6x^2y+12xy^2+8y^3=x^3+3\times x^2\times 2y+3\times x\times (2y)^2+(2y)^3=(x+2y)^3$

(6) $x^4-13x^2+36=(x^2-4)(x^2-9)=(x+2)(x-2)(x+3)(x-3)$

🔵 주의점

• 인수분해를 한 결과는 반드시 다항식의 곱셈꼴이 되어야 한다.

예를 들어 $(x-3)(x-7)+4$는 $(x-3)(x-7)$와 4의 합의 꼴로 되어 있기 때문에 인수분해 된 것이 아니다.

수학사 ○ 인수분해의 역사

인수분해를 이용해 방정식 문제를 해결한 최초의 수학자는 영국 수학자이자 천문학자인 **해리엇**(Harriot, 1560~1621)이다. 해리엇은 동시대의 수학자 **비에트**(Viete, 1540~1603)와 더불어 방정식의 발달을 이끌었지만, 자신의 연구를 책으로 발표하지 않았기 때문에 비에트

$$\left.\begin{array}{c} b-a \\ c-a \\ df+aa \end{array}\right| \text{II}$$

$$bcdf-bdfa-dfaa-baaa$$
$$-cdfa-bcaa-caaa-aaaa$$

$$\text{II}\,0000$$

해리엇의 방정식

만큼 유명해지지는 못했다. 당시에 사용하던 비에트의 기호 체계에는 불편한 점이 많았는데, 해리엇은 대수식에서 수나 미지량(아직 모르는 양)을 문자로 나타내는 비에트의 방법을 더 발전시켜 모든 대수적인 표현을 기호를 써서 나타냈다. 또한, 그는 근과 계수와의 관계를 체계화하고, 부등식의 기호를 도입하는 등 방정식의 해법을 포함해 대수학의 근대적 발전에 크게 이바지했다.

일차방정식 一次方程式, linear equation

정의 ○ (일차식)=0꼴로 나타낼 수 있는 방정식.

핵심 ▶ x에 대한 일차방정식은 모든 항을 좌변으로 이항하여 정리했을 때 (x에 대한 일차식)=0의 모양, 즉 $ax+b=0(a\neq0,\ a,\ b$는 실수)꼴로 나타내어지는 방정식을 말한다.

> 예 $2x-1=6x-9 \rightarrow 2x-1-6x+9=0 \rightarrow -4x+8=0$: 일차방정식 (○)
>
> $3x+1=3(x-4) \rightarrow 3x+1=3x-12 \rightarrow 13=0$: 일차방정식(×)

▶ 일차방정식은 미지수의 개수에 따라 다음과 같이 분류할 수 있다.

미지수가 1개인 일차방정식	➡ 예 $4x-7=0$	해: x
미지수가 2개인 일차방정식	➡ 예 $4x-7y+3=0$	해: (x, y)
미지수가 3개인 일차방정식	➡ 예 $4x-7y+3z-5=0$	해: (x, y, z)

실수의 범위에서 해를 구할 때, 미지수가 1개인 일차방정식의 해는 1개이다. 반면, 미지수가 2개 이상인 일차방정식의 해는 순서쌍으로 나오며 그 해는 하나로 정할 수 없이 무수히 많다. 만약 미지수의 개수만큼 연립방정식이 있을 경우에는 해의 쌍을 정할 수 있다.

▶ 일차방정식을 풀 때는 등식의 성질을 사용하여 $ax=b$의 꼴로 정리한 다음, 해를 구한다.

관련어
·등식
·방정식
·소거
·연립방정식
·이항
·일차부등식
·일차식
·일차함수
·직선의 방정식

양변에 일차식이 있는 경우
$ax=b$의 꼴로 정리한다. ➡

> 예 $2x-1=6x-9 \rightarrow 2x-6x=-9+1$
>
> $\rightarrow -4x=-8$
>
> $\rightarrow x=2$

괄호가 있는 경우
괄호를 먼저 푼 다음, $ax=b$의 꼴로 정리한다. ➡

> 예 $4(x+3)=9 \rightarrow 4x+12=9$
>
> $\rightarrow 4x=-3$
>
> $\rightarrow x=-\dfrac{3}{4}$

계수에 소수가 있는 경우
양변에 똑같은 수를 곱하여 계수를
정수를 고친 다음, $ax=b$의 꼴로
정리한다.

➡️ (예) $0.4x=0.1 \rightarrow 0.4x \times 10 = 0.1 \times 10$
$\rightarrow 4x=1$
$\rightarrow x=\dfrac{1}{4}$

계수에 분수가 있는 경우
양변에 똑같은 수를 곱하여 계수를
정수를 고친 다음, $ax=b$의 꼴로
정리한다.

➡️ (예) $\dfrac{1}{4}x=-\dfrac{1}{2} \rightarrow \dfrac{1}{4}x \times 4 = -\dfrac{1}{2} \times 4$
$\rightarrow x=-2$

▶ 미지수가 2개인 일차방정식 $ax+by+c=0$에서 이 방정식을 만족하는 해를 순서
쌍으로 나타내어 그래프로 그리면 직선 모양이 된다.

$a \neq 0,\ b=0$	$a=0,\ b \neq 0$	$a \neq 0,\ b \neq 0$

예제 ○ **다음 중 일차방정식이 아닌 것은?**

① $3x=2x-7$ ② $2x^2=2x(x-1)+3$ ③ $2x+4x=3x$

④ $5-x=-x$ ⑤ $2x-3=5-2x$

[풀이] 모든 항을 좌변으로 이항하여 정리하여 일차식이 되는지 살펴본다.

① $x+7=0\ (\bigcirc)$ ② $2x^2=2x^2-2x+3 \rightarrow 2x-3=0\ (\bigcirc)$ ③ $3x=0\ (\bigcirc)$

④ $5=0\ (\times)$ ⑤ $4x-8=0\ (\bigcirc)$

🔴 주의점

• x에 대한 일차방정식에서 x의 계수를 1로 만들기 위해서는 x의 계수의 역수를 양변에
곱하면 된다.

(예) $3x+6=0 \rightarrow \dfrac{1}{3} \times 3x + \dfrac{1}{3} \times 6 = 0 \rightarrow x+2=0 \rightarrow x=-2$

일차방정식 문제에 대한 최초의 기록은 고대 이집트의 린드 파피루스에 있다. 린드 파피루스에서는 빵을 분배하는 문제나 맥주의 농도를 구하는 문제, 가축들에게 먹이를 주는 문제, 곡식의 저장에 관한 문제, 땅의 면적을 구하거나 곡물 창고 크기를 계산하는 문제 등과 같은 실생활 문제들이 들어있는데, 가장 대표적인 일차방정식 문제는 다음 24번 문제이다.

'린드 파피루스'

아하(aha)와 아하의 $\frac{1}{7}$의 합이 19일 때 아하를 구하여라.

여기서 '아하'는 미지수를 뜻하는 것으로, 아하를 x로 두고 현대적 표기로 바꾸면 일차방정식 $x+\frac{1}{7}x=19$의 해를 구하는 문제가 된다.

고대 이집트인의 풀이법은 '임시가정법'이었다. 임시가정법이란 정답이 될 만한 수를 차례로 대입해 등식이 성립되는 수를 찾아내는 방법으로 그 과정은 다음과 같다.

(i) 아하를 7이라고 가정한다.

(ii) $7+\frac{1}{7}\times 7=8$

그런데 8이 아니라 19가 되는 수를 찾아야 한다.

(iii) 8을 19로 만들기 위해서는 얼마를 곱해야 하는지 알아본다.

$8\times 2+8\times\frac{1}{4}+8\times\frac{1}{8}=19$이므로 8에다 $\left(2+\frac{1}{4}+\frac{1}{8}\right)$을 곱해야 19가 된다.

(iv) 마찬가지로, 처음에 예상했던 7에다 $\left(2+\frac{1}{4}+\frac{1}{8}\right)$을 곱해야 8이 아닌 19가 된다.

$$7\times\left(2+\frac{1}{4}+\frac{1}{8}\right)=14+\frac{7}{4}+\frac{7}{8}=14+\frac{14}{8}+\frac{7}{8}$$
$$=14+\frac{21}{8}=14+2+\frac{5}{8}$$
$$=16+\frac{4}{8}+\frac{1}{8}=16+\frac{1}{2}+\frac{1}{8}$$

단위분수를 사용하는 이집트 방식으로 답을 구하면

$$16+\frac{1}{2}+\frac{1}{8}$$

이 문제를 등식의 성질을 이용하는 오늘날의 방식대로 풀면 다음과 같다.

$$x+\frac{1}{7}x=19\ \rightarrow\ \frac{8}{7}x=19\ \rightarrow\ x=\frac{133}{8}$$

한편, 고대 바빌로니아 점토판의 전형적인 일차방정식 문제들은 다음과 같은 유형이었다.

나는 돌 하나를 주웠는데 무게를 재지 않았다. 그 돌 무게의 절반인 두 번째 돌을 보탰더니 전체 무게는 15근이 되었다. 첫 번째 돌의 무게는 무엇인가?

이것을 식으로 쓰면 $x+\frac{1}{2}x=15$인 일차방정식 문제가 된다.

기원전 1800년에서 기원전 1600년대의 점토판인 YBC4652의 11개의 문제 중에는 다음과 같은 문제도 있다.

나는 돌 하나를 주웠는데 무게를 재지 않았다. 돌 무게에 6배를 하고 2를 더한 다음, 이 값의 24배의 7분의 1의 3분의 1을 보탰더니 총 무게가 60근이 되었다.

돌 무게를 x라 하고 이것을 식으로 쓰면 역시 일차방정식 문제가 된다.

$$(6x+2)+\frac{1}{3}\times\frac{1}{7}\times24\times(6x+2)=60$$

고대 그리스인은 방정식 문제를 해결할 때 비례로 푸는 방법을 사용했다. 예를 들어 $ax=bc$라는 일차방정식의 근은 비례식 $a:b=c:x$의 해와 같고, 이때 x는 다음과 같이 평행선 작도법을 통해 구한다.

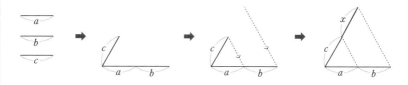

일차부등식 一次不等式, linear inequality

정의 ○ (일차식)<0, (일차식)>0, (일차식)≤0, (일차식)≥0의 꼴로 나타낼 수 있는 부등식.

핵심 ▶ x에 대한 일차부등식은 모든 항을 좌변으로 이항하여 정리했을 때

$$ax+b<0, \quad ax+b>0, \quad ax+b\le0, \quad ax+b\ge0\,(a\ne0)$$

의 꼴로 나타내어지는 부등식을 말한다.

예 $2x-5<5x \to -3x-5<0$: 일차부등식 (○)

$x+2>x-5 \to 7>0$: 일차부등식 (×)

$x^2-2\le-2x+4 \to x^2+2x-6\le0$: 일차부등식 (×)

▶ 일차부등식은 미지수의 개수에 따라 다음과 같이 분류할 수 있다.

미지수가 1개인 일차부등식	➡	예 $4x-7>0$
미지수가 2개인 일차부등식	➡	예 $4x-7y+3<0$
미지수가 3개인 일차부등식	➡	예 $4x-7y+3z-5\le0$

▶ 일차부등식을 풀 때는 부등식의 성질을 사용하여 $ax>b$ (또는 $ax<b$)의 꼴로 정리한다음, 해를 구한다.

양변에 일차식이 있는 경우
$ax>b$ (또는 $ax<b$)의 꼴로 정리한다.

예 $2x-1<6x-9$
$\to 2x-6x<-9+1$
$\to -4x<-8$
$\to x>2$

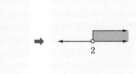

괄호가 있는 경우
괄호를 먼저 푼 다음,
$ax>b$ (또는 $ax<b$)의 꼴로
정리한다.

예 $4(x+3)>9$
$\to 4x+12>9$
$\to 4x>-3$
$\to x>-\dfrac{3}{4}$

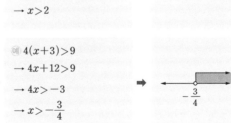

관련어
· 부등식
· 일차식
· 연립부등식

계수에 소수가 있는 경우
양변에 똑같은 수를 곱하여 계수를 정수로 고친 다음, $ax > b \, (ax < b)$의 꼴로 정리한다.

➡

예 $0.4x \geq 0.1$
→ $0.4x \times 10 \geq 0.1 \times 10$
→ $4x \geq 1$
→ $x \geq \dfrac{1}{4}$

➡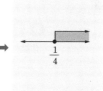

계수에 분수가 있는 경우
양변에 똑같은 수를 곱하여 계수를 정수로 고친 다음, $ax > b \, (ax < b)$의 꼴로 정리한다.

➡

예 $\dfrac{1}{4}x \leq -\dfrac{1}{2}$
→ $\dfrac{1}{4}x \times 4 \leq -\dfrac{1}{2} \times 4$
→ $x \leq -2$

➡

예제 ◦ 일차부등식 $-x + 2 \geq 2x - 4$의 해를 구하여라.

풀이 우변의 $-2x$ 항과 좌변의 2를 이항하면 $-x - 2x \geq -4 - 2$, $-3x \geq -6$
양변을 -3으로 나누어 해를 구하면 $x \leq 2$이다.

▮ 주의점

• 부등식의 해를 구하는 과정에서 어떤 수를 이항할 때 그 수의 부호만 바뀔 뿐 부등호의 방향은 그대로이다.

  예 $3x - 4 < 2 \rightarrow 3x < 2 + 4$

일차식 一次式, linear expression

정의 ○ 최고차항의 차수가 1인 다항식.

핵심 ▶ 다항식에서 최고차항의 차수가 일차일 때, 그 다항식을 '일차식'이라고 한다.

예 $x+5$, $-3y+4$, $\frac{1}{2}a-1$, $2x-3y+8$

▶ 어떤 한 문자에 대해 일차식이라고 한다.

예 $xy^2z^3 \rightarrow x$에 대한 일차식, $3a^2b^4c \rightarrow c$에 대한 일차식

▶ 일차식끼리 사칙연산을 할 수 있다.

① 덧셈과 뺄셈: 동류항끼리 묶어서 계산한다.

② 곱셈: 수는 수끼리 문자는 문자끼리 계산한다.

③ 나눗셈: 역수를 사용하여 곱셈으로 고쳐서 계산한다.

(일차식)+(일차식)
동류항의 계수끼리 덧셈을 한다.

➡ 예 $-3x+2x=(-3+2)\times x$
$=(-1)\times x=-x$

(일차식)−(일차식)
동류항의 계수끼리 뺄셈을 한다.

➡ 예 $-3x-2x=(-3-2)\times x$
$=(-5)\times x=-5x$

(일차식)×(수)
분배법칙을 이용하여 전개한다.

➡ 예 $-3(x-5)=-3\times x+(-3)\times(-5)$
$=-3x+15$

(일차식)×(일차식)
분배법칙을 이용하여 전개한다.

➡ 예 $(2x+3)(4x-5)$
$=2x\times 4x+2x\times(-5)+3\times 4x+3\times(-5)$
$=8x^2+2x-15$

(일차식)÷(수)
나누는 수를 역수로 바꾸어 곱셈으로 만든 다음, 분배법칙을 이용한다.

➡ 예 $(x-5)\div 3=(x-5)\times\frac{1}{3}$
$=x\times\frac{1}{3}+(-5)\times\frac{1}{3}$
$=\frac{x}{3}-\frac{5}{3}$

관련어
- 다항식
- 단항식
- 이차식
- 일차방정식
- 차수

예제 ○ 다음 중 일차식이 아닌 것을 모두 고르면?

① $1 - \dfrac{x}{3}$ ② $0.1x + 7$ ③ $\dfrac{1}{x} + x$

④ -2 ⑤ $0 \cdot x^2 - 5x + 8$

[풀이] ① $1 - \dfrac{x}{3}$ → x에 대한 일차식이다.

② $0.1x + 7$ → x에 대한 일차식이다.

③ $\dfrac{1}{x} + x$ → 분모에 x가 있으므로 일차식이 아니다.

④ -2 → 상수항에는 문자가 없으므로 일차식이 아니다.

⑤ $0 \cdot x^2 - 5x + 8$ → x에 대한 이차항이 없어서 최고차항이 일차가 되므로 x에 대한 일차
식이다.

[정답] ③, ④

🏴 **주의점**

• $0 \times x + 3$과 같이 일차항의 계수가 0인 다항식은 일차식이 아니다.

• 간단히 정리한 결과 최고차항이 일차항이 아닌 경우는 일차식이 아니다.

    [예] $2(x-1) - 2x + 8 = 2x - 2 - 2x + 8 = 6$ → 상수항이므로 일차식이 아니다.

• 분모에 일차식이 들어있는 경우에는 일차식이라고 하지 않는다.

    [예] $\dfrac{4}{x}, \dfrac{1}{2x} + 5x$ → 일차식이 아니다.

일차함수 一次函數, linear function

정의 함수 $y=f(x)$에서 $f(x)$가 x에 대한 일차식인 함수.

핵심 일차함수는 y의 x에 대한 일차식으로 나타낼 수 있는 함수 $y=ax+b\,(a\neq0)$를 말한다.

예 $y=2x-3$, $y=3x$, $y=-\dfrac{1}{2}x+3$

일차함수 $y=ax+b\,(a\neq0)$의 그래프

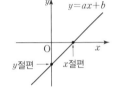

일차함수 $y=ax+b$에서 이 관계를 만족하는 x값을 x좌표로 하고, y값을 y좌표로 하여 좌표평면에 나타내면 직선 모양의 그래프가 된다.

이 직선이 x축과 만나는 점을 'x절편', y축과 만나는 점을 'y절편'이라고 한다.

일차함수 $y=ax+b\,(a\neq0)$에서 a, b의 값의 의미

(1) x항의 계수 a: 일차함수의 그래프가 x축으로부터 얼마나 기울어져 있는가 하는 것은 x항의 계수 a의 값에 달려있다. 이때, a를 '기울기'라고 한다.

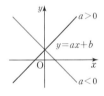

① $a>0$이면 일차함수의 그래프는 왼쪽 아래에서 오른쪽 위를 향하는 직선이 된다. 따라서 x의 값이 증가하면 y의 값도 증가한다.

② $a<0$이면 일차함수의 그래프는 왼쪽 위에서 오른쪽 아래를 향하는 직선이 된다. 따라서 x의 값이 증가하면 y의 값은 감소한다.

(2) 상수항 b: 일차함수의 그래프가 y축과 만나는 점이다. 즉, b는 y절편이다.

① $b>0$이면 $y=ax$의 그래프를 y축의 방향으로 b(양수)만큼 평행이동한 그래프이다.

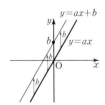

② $b<0$이면 $y=ax$의 그래프를 y축의 방향으로
b(음수)만큼 평행이동한 그래프이다.

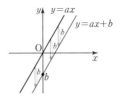

③ $b=0$이면 $y=ax$의 그래프이다.

▶ **일차함수의 식 $y=ax+b\,(a\neq0)$ 구하기**

주어진 조건을 이용하여 일차함수의 식 $y=ax+b\,(a\neq0)$를 구할 수 있다.

기울기와 y절편이 주어졌을 때	기울기와 한 점이 주어졌을 때	두 점의 좌표가 주어졌을 때	x절편과 y절편이 주어졌을 때
$y=ax+b$에 기울기 a와 y절편 b의 값을 대입한다.	$y=ax+b$에 기울기 a의 값을 대입한 다음, 주어진 점의 좌표를 대입하여 b의 값을 구한다.	주어진 두 점을 이용하여 기울기를 구한 다음, 두 점 중에서 한 점을 대입한다.	$y=ax+b$에 y절편의 값을 대입한 다음, x절편의 좌표를 대입하여 a의 값을 구한다.
예 기울기는 3이고 y절편이 -1인 그래프 ➡ $y=ax+b$에서 $a=3$, $b=-1$ → $y=3x-1$	예 기울기는 3이고 한 점 $(1,2)$를 지나는 그래프 ➡ $y=3x+b$에서 $(1,2)$를 대입 → $2=3\times1+b$ → $b=-1$ → $y=3x-1$	예 점 $(-1,-4)$와 점 $(1,2)$를 지나는 그래프 ➡ 기울기는 $\dfrac{2-(-4)}{1-(-1)}=3$ → $y=3x+b$ $(-1,-4)$ 대입 $-4=3\times(-1)+b$ → $b=-1$ → $y=3x-1$	예 x절편이 $\dfrac{1}{3}$, y절편이 -1인 그래프 ➡ y절편이 -1 → $y=ax-1$ x절편의 좌표 $\left(\dfrac{1}{3},0\right)$ 대입 → $0=a\times\dfrac{1}{3}-1$ → $a=3$ → $y=3x-1$

▶ **일차함수의 식이 주어졌을 때 그래프 그리기**

(ⅰ) 일차함수 식을 만족하는 두 점을 좌표평면에 표시한다.
예를 들어 일차함수의 식 $y=4x+3$이 주어졌을 때, 먼저 이 식을 만족하는 두 점 $(0,3)$과 $(1,7)$을 좌표평면에 표시한다.

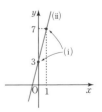

(ⅱ) 오른쪽 그림과 같이 두 점 $(0,3)$과 $(1,7)$을 직선으로 잇는다.

▶ **일차함수와 일차방정식의 관계**

일차함수와 일차방정식 사이에는 다음과 같은 관계가 있다.

① x와 y에 대한 일차방정식 $ax+by+c=0(a\neq0,\ b\neq0)$을 y에 대한 식으로 바꾸면 일차함수 $y=-\dfrac{a}{b}x-\dfrac{c}{b}$가 된다.

> 예 일차방정식 $2x+3y-5=0$ → 일차함수 $y=-\dfrac{2}{3}x+\dfrac{5}{3}$

② x에 대한 일차방정식 $ax+b=0\ (a\neq0)$의 해는 일차함수 $y=ax+b(a\neq0)$의 그래프가 x축과 만나는 점의 x좌표이다.

> 예 일차방정식 $3x-4=0$의 해 → $x=\dfrac{4}{3}$
>
> 일차함수 $y=3x-4$의 그래프가 x축과 만나는 점의 좌표 → $\left(\dfrac{4}{3},\ 0\right)$

▶ **일차함수의 그래프와 연립방정식의 해의 관계**

연립방정식 $\begin{cases} ax+by=c \\ a'x+b'y=c' \end{cases}$ 의 해는 두 일차함수의 그래프의 교점이다.

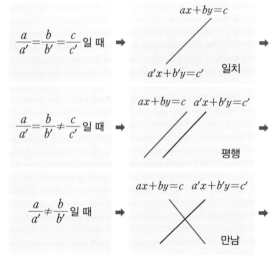

예제 ○ 오른쪽 함수의 그래프 중에서 $y=\dfrac{1}{2}x-1$의 그래프를 골라라.

[풀이] $y=\dfrac{1}{2}x-1$에서 기울기는 $\dfrac{1}{2}$(양수)이고 y절편은 -1(음수)이다. 주어진 그래프 중에서 기울기가 양수인 것은 ③, ④, ⑤이고, 이 중에서 y절편이 음수인 것은 ⑤뿐이다.

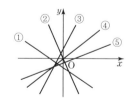

■ 주의점

• 분모가 x에 대한 다항식으로 되어 있는 $y=\dfrac{1}{2x}-1$은 일차함수가 아니다.

수학사

일차함수의 역사

일차함수를 그림으로 나타내면 직선 모양이 된다는 사실은 17세기 프랑스 수학자이며 좌표를 만든 데카르트(Descartes, 1596~1650)가 발견했다. 그는 고대 그리스의 기하를 연구하는 과정에서 모든 직선에서 직선 위의 점들의 x, y좌표가 항상 어떤 규칙에 따른다는 것을 찾아냈다. 데카르트보다 300년 전에 그래프 개념을 생각한 오렘(Oresme, 1325~1382) 또한 곡선이 좌표들

오렘

간의 관계로 정의될 수 있다는 것을 발견했고 직선의 방정식도 알아냈다. 하지만 당시에는 이를 나타낼 수 있는 기호가 없었기 때문에 더 이상 나아가지 못했다. 그 후 데카르트는 기호를 결합해 대수학과 기하학을 연결할 수 있었다.

작도 作圖, construction

정의 ○ 눈금 없는 자와 컴퍼스만을 사용하여 도형을 그리는 것.

어원 ○ 한자어 작(作)은 '제작하다'를, 도(圖)는 '그림'을 뜻한다. 영어 construction은 '구성'을 뜻한다. 수학에서 작도는 도형에서 가장 기본인 선분과 원을 이용하여 도형을 그리는 것을 말한다.

핵심 ▶ 작도는 눈금 없는 자와 컴퍼스만을 이용하는데, 눈금 없는 자는 길이를 재는 것이 아니라 곧은 선을 그리는 데 사용하고, 컴퍼스는 원을 그리거나 선분의 길이를 다른 데로 옮기는 데 사용한다.

▷ **주어진 선분과 길이가 같은 선분 작도하기**

주어진 선분 AB가 있을 때, 이 길이와 같은 선분을 작도하는 과정은 다음과 같다.

눈금 없는 자를 이용하여 직선 l을 그린다.	직선 l 위의 한 점 P를 잡는다.	컴퍼스를 이용해 $\overline{AB}$의 길이를 잰다.	점 P를 중심으로 하고, $\overline{AB}$의 길이를 반지름으로 하는 원을 그린 후, 직선 l과의 교점 Q를 표시한다.	$\overline{PQ}=\overline{AB}$
A●——●B l ●——	A●——●B l ●——●P	A●——●B(△) l ●P	A●——●B l P／Q	A●——●B P●——●Q

▷ **주어진 각과 크기가 같은 각 작도하기**

주어진 각 ∠XOY가 있을 때, 이 각과 크기가 같은 각을 작도하는 과정은 다음과 같다. 이 기본 작도법을 이용하면 삼각형도 작도할 수 있다.

관련어
• 삼각형의 합동 조건

반직선 $\overrightarrow{PQ}$를 그리고, ∠XOY 의 점 O를 중심으로 하는 원을 그린 다음, $\overrightarrow{OX}$, $\overrightarrow{OY}$와의 교점을 각각 A, B라 한다.	점 P를 중심으로 하고 반지름이 $\overline{OA}$인 원을 그려 $\overrightarrow{PQ}$와의 교점 C를 표시한다.	컴퍼스를 사용해 $\overline{AB}$를 구한다.	점 C를 중심으로 반지름의 길이가 $\overline{AB}$인 원을 그리고 앞에서 구한 원과의 교점 D를 표시한다.	두 점 P와 D를 지나는 직선을 그린다. ∠XOY = ∠DPC

▶ **삼각형 작도하기**

다음 세 가지 경우에 삼각형을 작도할 수 있으며 그 과정을 다음과 같다.

(1) 세 변의 길이가 주어졌을 때 (⌒a ⌒b ⌒c)

직선 l을 그리고 그 위에 a를 옮긴 다음, B와 C를 표시한다.	점 B를 중심으로 반지름의 길이가 c인 원을 그린다.	점 C를 중심으로 반지름의 길이가 b인 원을 그린다.	두 원의 교점을 A라 하고 서로 직선으로 이으면 △ABC가 된다.

(2) 두 변의 길이와 그 끼인 각의 크기가 주어졌을 때 (⌒a ⌒c B∠)

직선 l을 그리고 그 위에 a를 옮긴 다음, B와 C를 표시한다.	$\overline{BC}$를 한 변으로 하고 주어진 ∠B와 크기가 같은 각을 작도한다.	점 B를 중심으로 반지름의 길이가 c인 원을 그리고 교점을 A라 한다.	서로 직선으로 이으면 △ABC가 된다.

(3) 한 변의 길이와 양 끝 각의 크기가 주어졌을 때 ($\underline{\quad a \quad}$ B $\diagdown$ C$\diagup$)

직선 l을 그리고 그 위에 a를 옮긴 후, B와 C를 표시한다.	$\overline{BC}$를 한 변으로 하고 주어진 ∠B와 크기가 같은 ∠PBC를 작도한다.	$\overline{CB}$를 한 변으로 하고 주어진 ∠C와 크기가 같은 ∠QCB을 작도한다.	$\overline{BP}$와 $\overline{CQ}$의 교점을 A라 하고 서로 직선으로 이으면 △ABC가 된다.
B ⟋ C ⟋ l ⟋B—a—C	P l B—a—C	Q P l B—a—C	A B—a—C

🔲 주의점

• 삼각형 세 변의 길이가 a, b, c이고 가장 긴 변의 길이가 a일 때, $a < b + c$이다.

작도의 역사

작도에는 자와 컴퍼스가 필요하다. 이것은 고대 이집트에서 사용한 밧줄이 발전된 것인데, 밧줄을 사용하면 직선을 만들 수 있고 원도 그릴 수 있기 때문이다. 서양에서 눈금 없는 자와 컴퍼스만을 사용하여 작도하는 것은 **플라톤**(Platon, BC 427?~347) 때부터이다. 그는 수학이란 자와 컴퍼스만 사용해 문제를 해결해야 의미가 있다고 했다.

기하학에서 가장 유명한 책은 파피루스 두루마리에 기록된 고대 그리스 수학자 **유클리드**(Euclid, 기원전 300년경)의 《원론, Elements》이다. 총 13권으로 된 이

아테네 학당의 유클리드

책의 내용은 평면기하학, 산술, 입체기하학으로 나뉘어 있으며, 23개의 정의, 5개의 공리, 5개의 공준을 토대로 465개의 정리가 증명되어 있다. 1권에서 5권까지의 평면기하학은 점, 선, 면과 같은 기본 용어에 대한 정의가 나오고, "주어진 한 점에서 다른 임의의 점까지 직선을 그을 수 있다.", "주어진 중심과 반지름으로 원을 그릴 수 있다." 등 눈금 없는 자와 컴퍼스로 작도할 수 있는 공리들이 나온다. 이 책에서 유클리드는 삼각

형, 오각형, 15각형의 작도법을 내놓았으며 각도를 이등분하는 방법으로 6각형, 8각형, 10각형의 작도도 내놓았다. 하지만 정 7각형, 정 9각형 등의 작도에 대한 언급은 없다.

18세기 수학자 **가우스**(Gauss, 1777~1855)는 **데카르트**(Descartes, 1596~1650)가 발견한 좌표 개념을 활용해 정 p각형의 작도 문제가 다음과 같은 다항 방정식의 해와 관련이 있음을 알아냈다.

$$x^{p-1}+x^{p-2}+x^{p-3}+\cdots+x^2+x+1=0$$

또한, 16차방정식은 이차방정식으로 바꿀 수 있음을 발견했다. p가 소수일 때 정 p다 각형을 작도할 수 있으려면 최고차항의 지수인 $p-1$이 2의 거듭제곱이 되어야 한다. 예를 들어 삼각형에서 $p=3$이므로 소수이고 $p-1=2$이므로 2의 거듭제곱이 된다. 또한, 오각형은 $p=5$이고 $p-1=4$이므로 2의 거듭제곱이 된다. 가우스는 이 원리를 활용해 19세의 나이에 정 17각형의 작도법을 발견했다. $p=17$이고 $p-1=16$이고 16은 2의 네 제곱이기 때문이다. 정다각형의 작도를 방정식의 해와 연결한 가우스 덕분에 정수론이 기하학과 연결되었다.

가우스의 방법을 사용하면 정 257각형과 정 65,537각형도 작도할 수 있다. 실제로 1832년에 리헬로트는 정 257각형의 작도법을 발견했고, 약간의 오류가 있지만 1894년에는 헤르메스가 정 65,537각형의 작도법을 발견했다.

전개 展開, expansion

정의 ○ 다항식과 다항식의 곱을 하나의 다항식으로 나타내는 것.

어원 ○ 한자어 전(展)은 '펴다', '늘리다'를, 개(開)는 '열다'를 뜻한다. 영어 expansion은 '펼치는 것'을 뜻한다. 따라서 '전개'는 묶여진 것을 열어 펼치는 것을 말한다.

핵심 ▶ 다항식을 전개할 때는 분배법칙을 사용한다. 이때, 전개하여 얻은 식을 '전개식'이라고 한다.

$$(a-1)(2a+3) = 2a^2 + 3a - 2a - 3 = 2a^2 + a - 3$$

관련어 다항식을 전개할 때 다음과 같은 곱셈 공식을 이용하기로 한다.
· 다항식   ① x^2의 계수가 1이 아닐 때 ➡ $(ax+b)(cx+d) = acx^2 + (ad+bc)x + bd$
· 단항식   ② x^2의 계수가 1일 때 ➡ $(x+a)(x+b) = x^2 + (a+b)x + ab$
· 인수분해

예제 ○ 다음 식을 전개하여라.

$$2x(x-3y) - (3x-2y)(4x+y)$$

[풀이] $2x(x-3y) - (3x-2y)(4x+y)$

$= 2x \times x + 2x \times (-3y) - (3x \times 4x + 3x \times y - 2y \times 4x - 2y \times y)$

$= 2x^2 - 6xy - (12x^2 - 5xy - 2y^2)$

$= 2x^2 - 6xy - 12x^2 + 5xy + 2y^2$

$= -10x^2 - xy + 2y^2$

주의점

· 다항식을 전개한 것을 하나의 공식으로 만든 것이 '곱셈 공식'이다.

○ **전개와 파스칼의 삼각형의 역사**

x와 y, 두 개의 문자로 이루어진 항의 거듭제곱을 전개하여 계수만 쓰면 다음과 같은 삼각형 모양이 된다.

$$(x+y) \rightarrow \qquad\qquad\qquad 1 \quad 1$$

$$(x+y)^2 \rightarrow x^2 + 2xy + y^2 \qquad\qquad 1 \quad 2 \quad 1$$

$$(x+y)^3 \rightarrow x^3 + 3x^2y + 3xy^2 + y^3 \qquad 1 \quad 3 \quad 3 \quad 1$$

...

이것을 17세기 프랑스 수학자이자 철학자인 **파스칼**(1623~1662)의 이름을 따서 '파스칼의 삼각형'이라고 한다. 파스칼이 이 삼각형을 발견하게 된 것은 다항식을 전개하기 위해서가 아니라, 확률 문제를 해결하기 위해서였다. 그는 1655년에 도박사 친구인 드 메레가 질문한 문제를 다른 학자들과 편지를 주고받으며 논의하는 과정에서 이 삼각형을 발견했다. 하지만 이 삼각형은 매우 오래전부터 알려져 있었다. 950년경에 쓰인 《찬다스 샤스트》라는 고대 인도 책에도 이 삼각형이 나와 있고, 페르시아의 수학자 **오마르 하이얌**

오마르 하이얌

(Omar Khayyam, 1048~1131)도 이 삼각형을 알고 있었다. 이란에서는 이것을 '하이얌 삼각형'이라고 부른다.

동양의 경우 파스칼의 삼각형은 중국 남송 시대의 수학자 **양휘**(楊輝, 1238~1298)가 쓴 《상해구장산법, 詳解九章算法》과 원나라의 수학자 **주세걸**(朱世傑, 1249~1314)이 쓴 《사원옥감, 四元玉鑑》에도 등장한다.

절댓값 絕對값, absolute value

정의 ○ 수직선 위의 원점과 어떤 수를 나타내는 한 점 사이의 거리.

어원 ○ 한자어 절대(絕對)는 '아무 제약이 없음'을, 영어 absolute는 '자유롭게 하다'는 뜻의 라틴어인 absolutus 에서 유래되었고, '절대적인'을 뜻한다. 수학에서 절댓값 은 그 점과 원점 사이의 거리를 말한다.

어떤 수 a의 절댓값
$|a|$

예 $|-2.4|=2.4$, $\left|+\dfrac{8}{3}\right|=\dfrac{8}{3}$

핵심 ▶ 어떤 수의 절댓값은 0 또는 양수이다. 그런데 양수의 경우 부호를 생략한다. 절댓 값이 마치 부호를 떼어버리는 것처럼 보이지만 실제로는 양의 부호가 생략된 것 이다.

▶ **절댓값의 성질**

① 절댓값은 항상 0보다 크거나 같다.

예 $|-3|=3>0$, $|+100|=100>0$

② 절댓값이 가장 작은 수는 0이며 0의 절댓값은 0이다.

예 $|0|=0$

③ 원점에서 멀리 떨어질수록 절댓값이 크다.
음수의 경우 절댓값이 큰 수가 더 작다.

예 $|-5|>|-3|$이지만 $-5<-3$이다.

④ 절댓값이 $a(a>0)$인 수는 $+a$, $-a$로 항상 2개이다.

예 $|-3|=3=|+3|$

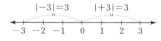

⑤ 절댓값이 같은 두 점 사이의 거리가 k라면 두 점의 위치는 $-\dfrac{k}{2}$와 $\dfrac{k}{2}$이다.

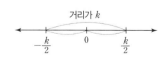

예 절댓값이 같은 두 점 사이의 거리가 5라면 두 점의 위치는 $-\dfrac{5}{2}$, $\dfrac{5}{2}$이다.

┃┃ **관련어**
· 수직선
· 원점

283

예제 ○ 다음 중 절댓값이 가장 큰 수는?

① -5.4 ② $+3$ ③ 0 ④ $\dfrac{3}{2}$ ⑤ -4

[풀이] ① $|-5.4|=5.4$ ② $|+3|=3$ ③ $|0|=0$ ④ $\left|\dfrac{3}{2}\right|=\dfrac{3}{2}$ ⑤ $|-4|=4$

따라서 절댓값이 가장 큰 수는 ① -5.4이다.

▋ 주의점

• 문자가 있을 때는 절댓값 기호 안의 문자의 값이 양수인지 음수인지 반드시 확인해야
한다. a가 양수인 경우에는 $|a|=a$이지만, a가 음수인 경우에는 $|a|=-a$이다. 따라서
$|a|=a$가 항상 성립하는 것은 아니다.
   예 $a=-2$일 때, $|a|=|-2|=+2=-(-2)=-a$

수학사 ○ **절댓값 기호의 역사**

절댓값 기호를 처음 사용한 수학자는 19세기 독일의 바
이어슈트라스(Weierstrass, 1815~1897)이다. 그가 이 기
호를 사용한 것은 복소수의 크기를 정하기 위해서였다.
복소수 $z=x+yi$의 좌표는 $(x,\ y)$이므로 피타고라스
정리에 의하면 원점과 이 점과의 거리는 $\sqrt{x^2+y^2}$이다.
바이어슈트라스는 절댓값을 이용하여 $|z|=\sqrt{x^2+y^2}$이라
고 나타냈다.

바이어슈트라스

  바이어슈트라스는 대학을 졸업하지 못했다. 당시 교
사자격증 시험을 통해 김나지움 교사가 되었는데, 교사로 15년간 일하면서 수학 연
구에 몰두했다. 그 후 베를린 대학 교수가 되어서 이를 바탕으로 복소해석학이라는
분야에서 많은 업적을 남겼으며, 슈바르츠(Schwarz, 1843~1921), 칸토어(Cantor,
1845~1918), 힐베르트(Hilbert, 1862~1943) 등 유명한 제자를 많이 양성했다.

(원의) 접선

接線, tangent line

정의 ○ 원과 한 점에서 만나는 직선.

어원 ○ 한자어 접(接)은 '교차하다'를, 영어 tangent는 '접촉하는'을 뜻한다. 수학에서 접선은 어떤 곡선과 한 점에서 만나는 직선을 말한다. 원과 한 점에서 만나는 직선은 '원의 접선'이고, 포물선과 한 점에서 만나는 직선은 '포물선의 접선'이다. 접선과 곡선이 만나는 점을 '접점'이라고 한다.

핵심 ▶ **원의 접선과 반지름**

원의 접선은 그 접점을 지나는 반지름과 수직이다.

$$\overline{OT} \perp m$$

예 직선 l은 $\overline{OA}$와 수직이므로

$$\angle x = 180° - (64° + 90°) = 26°$$

▶ **원의 접선의 길이**

① 원 밖의 한 점에서 원에 그을 수 있는 접선은 2개이다. 접점을 각각 A, B라고 할 때, $\overline{PA}$와 $\overline{PB}$의 길이를 '접선의 길이'라고 한다.

② 한 점에서 그은 접선의 길이는 모두 같다.

➡ $\overline{PA} = \overline{PB}$

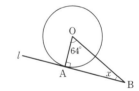

$$\overline{PA} = \overline{PB}$$

증명 위의 그림에서 접선과 반지름이 서로 수직이므로 △OAP와 △OBP는 직각삼각형이다.

$\overline{OA}$와 $\overline{OB}$는 원의 반지름이므로 길이가 같고, 빗변 $\overline{OP}$는 서로 공통이다.

직각삼각형의 합동조건에 의해서 △OAP ≡ △OBP

따라서 $\overline{PA} = \overline{PB}$

관련어
• 삼각형의 합동 조건
• 원주각
• 할선

▶ **원의 접선과 현의 관계**

원의 접선과 그 접점을 지나는 현이 이루는 각의 크기는 그 각의 내부에 있는 호에 대한 원주각의 크기와 같다.

➡ ∠BAT＝∠BCA

예각	직각	둔각
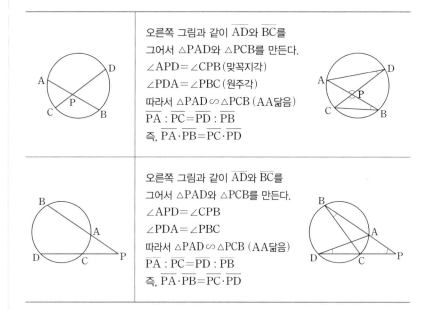		
∠BAT＝90°−∠DAB ＝90°−∠DCB ＝∠BCA	∠BAT＝90°＝∠BCA	∠BAT＝90°＋∠BAD ＝90°＋∠BCD ＝∠BCA

▶ **원에서의 비례 관계**

한 원에서 두 현 AB, CD 또는 이들의 연장선의 교점을 P라고 하면 다음 관계가 성립한다.

➡ $\overline{PA}\cdot\overline{PB}=\overline{PC}\cdot\overline{PD}$

(원 그림)	오른쪽 그림과 같이 $\overline{AD}$와 $\overline{BC}$를 그어서 △PAD와 △PCB를 만든다. ∠APD＝∠CPB (맞꼭지각) ∠PDA＝∠PBC (원주각) 따라서 △PAD∽△PCB (AA닮음) $\overline{PA}:\overline{PC}=\overline{PD}:\overline{PB}$ 즉, $\overline{PA}\cdot\overline{PB}=\overline{PC}\cdot\overline{PD}$
(원 그림)	오른쪽 그림과 같이 $\overline{AD}$와 $\overline{BC}$를 그어서 △PAD와 △PCB를 만든다. ∠APD＝∠CPB ∠PDA＝∠PBC 따라서 △PAD∽△PCB (AA닮음) $\overline{PA}:\overline{PC}=\overline{PD}:\overline{PB}$ 즉, $\overline{PA}\cdot\overline{PB}=\overline{PC}\cdot\overline{PD}$

▶ 원에서의 비례 관계를 활용하면 다음을 알 수 있다.

$\overline{PA}\cdot\overline{PB}=\overline{PC}^2=\overline{PD}^2$	$\overline{PA}\cdot\overline{PB}=\overline{PC}\cdot\overline{PD}$ $=(r-\overline{OP})(r+\overline{OP})$ $=r^2-\overline{OP}^2$	$\overline{PA}\cdot\overline{PB}=\overline{PC}\cdot\overline{PD}$ $=(\overline{OP}-r)(\overline{OP}+r)$ $=\overline{OP}^2-r^2$

예제 ◐ 오른쪽 그림에서 □ABCD는 원 O에 외접하고, ∠C와 ∠D
가 직각이다. $\overline{AB}=13\,cm$, $\overline{OE}=4\,cm$일 때, □ABCD의
둘레의 길이를 구하여라.

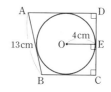

[풀이] $\overline{CD}$는 원의 지름과 길이가 같으므로 8 cm이다.

점 D와 점 C에서 그린 접선의 길이는 원의 반지름의 길이
와 같으므로 4 cm이다.

점 A와 점 B에서 그린 접선의 길이를 각각 p cm, q cm라
고 하면 □ABCD의 둘레의 길이는

$8+4+4+2p+2q=16+2(p+q)$

이때, $p+q=13$ cm이므로 둘레의 길이는 $16+2\times13=42\,(cm)$

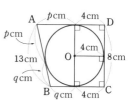

🔵 **주의점**

• 일반적으로, 곡선 위의 두 점 A와 B로 정의되는
할선 AB에서 점 B가 곡선을 따라 점 A에 한없이
가까워질 때$(B_1, B_2, B_3, \cdots, B_n)$ 만들어지는 직선
AB_n을 점 A에서의 접선이라고 한다.

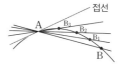

• 원과 접선은 단 한 점에서만 만나지만, 접선과 한
점 이상에서 만나는 곡선도 있다.

원의 접선의 역사

원의 접선에 대한 논쟁은 오래전부터 있었다. 고대 그리스의 유명한 소피스트 중 한 사람이었던 **프로타고라스**(Protagoras, BC 500~430)는 원의 접선이란 존재할 수 없다며 다음과 같이 말했다.

> 원과 한 점에서 접하는 접선이라는 것이 존재할 수 있나? 원과 직선이 떨어져 있으면 한 점도 공유할 수 없을 것이고, 또 붙어있다면 한 점이 아닐 것이기 때문이다.

이에 대해 **데모크리토스**(Demokritos, BC 461~370)는

> 인간은 불완전한 도구를 사용하기 때문에 실제로는 원의 접선을 그릴 수 없다. 하지만 우리는 정신의 눈으로 볼 수 있으며 논증을 통해 그것을 알 수 있다.

라고 했다. **유클리드**(Euclid, BC 300년경)의 《원론, Elements》 제 3권은 원에 대한 내용인데, 다음과 같이 원의 접선에 대한 정의가 있다.

> 어떤 직선이 원과 만나지만 그 직선을 아무리 길게 늘여도 원을 자르고 지나가지 않으면 그 직선은 원에 접한다고 말한다(정의 2).

17세기 프랑스 수학자 **데카르트**(Descartes, 1596~1650)는 방정식을 통해 원의 접선을 구하는 방법을 연구했다. 그는 기하학 문제를 방정식으로 해결할 수 있으며, 도형을 사용해서 방정식의 해를 구할 수도 있다고 주장했다. 예를 들어 이차방정식 $x^2 = ax + b^2$의 해를 구하기 위해 원의 접선을 이용하는 방법은 다음과 같다.

AC의 길이를 x라고 하면 $AO = x - \dfrac{a}{2}$이다.

피타고라스 정리에 의해 $\left(x - \dfrac{a}{2}\right)^2 = \left(\dfrac{a}{2}\right)^2 + b^2$이다.

이 식을 정리하면 $x^2 - ax + \dfrac{a^2}{4} = \dfrac{a^2}{4} + b^2$

즉, $x^2 = ax + b^2$

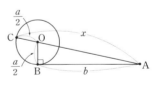

따라서 원의 접선을 이용하여 이차방정식의 근을 구할 수 있다.

한편, 임의의 곡선에서의 할선과 접선은 미적분과 연결된다. 할선은 함수 $y = f(x)$ 그래프의 서로 다른 두 점 $(x, f(x))$와 점 $(x+h, f(x+h))$를

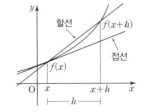

지나는 직선이므로 할선의 기울기는 다음과 같다.

$$\frac{f(x+h)-f(x)}{h}$$

이때, 두 점이 한없이 서로 가까워지면 할선은 접선이 된다. 따라서 한 점 $(x, f(x))$에서의 접선의 기울기는 다음과 같다.

$$\lim_{h \to 0} \frac{f(x+h)-f(x)}{h}$$

미분은 이와 같은 곡선의 접선을 찾는 방법에서 시작되었고, 적분은 평면도형의 넓이와 입체의 부피를 계산하는 방법에서 시작되었다. 즉, 미분은 변화율을 계산하는 방법을 제공하고 적분은 어떤 양의 변화율이 주어졌을 때 그 양을 찾는 데 쓰인다. 미분과 적분의 창시자는 영국의 17~18세기 영국의 뉴턴(Newton, 1642~1727)과 독일의 라이프니츠(Leibniz, 1646~1716)로 알려져 있다.

정다면체

正多面體, regular polyhedron

정의 ○ 모든 면이 합동인 정다각형이고, 각 꼭짓점에 모이는 면의 개수가 모두 같은 다면체.

어원 ○ 한자어 정(正)은 '바르다'를, 영어 regular는 '규칙적인'을 뜻한다. 다면체(多面體)와 polyhedron은 여러 개의 면으로 된 입체를 뜻한다.

핵심 ▶ **정다면체의 조건:** 다음 두 가지 조건을 만족하는 다면체만 정다면체가 될 수 있다.

(ⅰ) 각 면이 모두 합동인 정다각형이다.

(ⅱ) 각 꼭짓점에 모인 면의 개수가 모두 같다.

▶ **정다면체의 종류:** 정다면체는 모두 5가지이다.

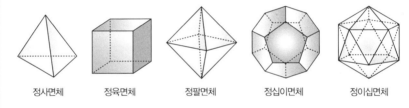

| 정사면체 | 정육면체 | 정팔면체 | 정십이면체 | 정이십면체 |

▶ **정다면체가 5개뿐인 이유**

한 꼭짓점에서 3개 이상의 면이 만나고 한 꼭짓점에서 모인 각의 크기의 합이 360°보다 작아야 입체도형이 될 수 있다. 따라서 정다면체의 면의 모양이 될 수 있는 것은 정삼각형, 정사각형, 정오각형 3가지뿐이다.

(1) 한 면이 정삼각형인 경우: 정삼각형의 한 내각의 크기는 60°이므로 한 꼭짓점에서 모일 수 있는 정삼각형의 개수는 3, 4, 5뿐이다.

한 꼭짓점에 정삼각형이 3개씩 모이면

➡ 정사면체

한 꼭짓점에 정삼각형이 4개씩 모이면

➡ 정팔면체

▶ 관련어
- 각기둥
- 각뿔
- 각뿔대
- 다면체

한 꼭짓점에 정삼각형이 5개씩 모이면

➡ 정이십면체

(2) 한 면이 정사각형인 경우: 정사각형의 한 내각의 크기는 90°이므로 한 꼭짓점에서 모일 수 있는 정사각형의 개수는 3뿐이다.

한 꼭짓점에 정사각형이 3개씩 모이면

➡ 정육면체

(3) 한 면이 정오각형인 경우: 정오각형의 한 내각의 크기가 108°이므로 한 꼭짓점에 모일 수 있는 정오각형의 개수는 3뿐이다.

한 꼭짓점에 정오각형이 3개씩 모이면

➡ 정십이면체

▶ 정다면체의 특징은 다음과 같다.

	정사면체	정육면체	정팔면체	정십이면체	정이십면체
면의 모양	정삼각형	정사각형	정삼각형	정오각형	정삼각형
한 꼭짓점에 모인 면의 개수	3	3	4	3	5
면의 개수	4	6	8	12	20
꼭짓점의 개수	4	8	6	20	12
모서리의 개수	6	12	12	30	30

▶ **정다면체의 전개도:** 정다면체를 펼친그림은 다음과 같다. 같은 도형이라도 펼치는 방법에 따라 전개도는 달라질 수 있다.

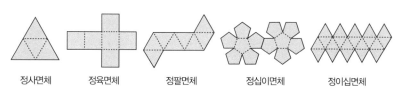

정사면체   정육면체   정팔면체   정십이면체   정이십면체

▶ 5개의 정다면체에 대해 각 면의 중심을 꼭짓점으로 하는 다면체는 다음과 같다.

정사면체	정육면체	정팔면체	정십이면체	정이십면체
정사면체	정팔면체	정육면체	정이십면체	정십이면체

예제 ○ 다음은 각 면이 합동인 정삼각형으로 이루어진 다면체이다.
이 입체도형이 정다면체가 아닌 이유를 설명하여라.

풀이 꼭짓점 A에서는 4개의 면이 모였지만,
꼭짓점 B에서는 5개의 면이 모여 있다.
한 꼭짓점에 모이는 면의 개수가 모두 같지
않으므로 정다면체가 아니다.

■ **주의점**

• 정육각형은 한 내각의 크기가 120°이므로 각 꼭짓점에 정육각형이 3개만 모여도 360°
가 되어 완전히 펼쳐지므로 한 면이 정육각형인 경우에는 입체도형이 될 수 없다.

수학사 ○ **정다면체의 역사**

인류는 오래전부터 정다면체에 관심을 품었다. 고대 이집트인도 정사면체, 정육면
체, 정팔면체에 대해서는 알고있었고, 기원전 2000년부터 1600년까지의 것으로 보
이는 고대 바빌로니아 점토판 중에 직육면체의 부피를 구하는 문제가 있는 것도 있었
다. 본격적으로 정다면체를 이론적으로 연구하기 시작한 것은 기원전 6세기경 고대 그
리스의 피타고라스학파부터이다. 하지만 정다면체가 동시에 모두 발견된 것은 아니
었다. 정사면체, 정육면체, 정십이면체는 피타고라스학파가 발견했고 정팔면체와 정
이십면체는 **플라톤**(Platon, BC 427?~347)의 친구인 **테아이테투스**(Theaetetus, BC
414?~369?)가 발견했다고 한다.

고대 그리스 사람들은 정다면체를 완벽한 기하학적인 구조와 아름다움을 지닌 도형

으로 생각했다. 그 이유는 정다면체가 어느 방향에서 보더라도 완벽한 대칭을 이루고 있기 때문이다. 정다면체의 개수가 오직 5개뿐이라는 사실에 신비감을 가지고 특별한 의미를 부여한 사람 중에는 플라톤이 가장 유명하다. 기원전 350년경 플라톤은 《티마이오스, Timaeus》에서 5개의 정다면체를 세상을 이루는 4원소와 우주로 연결시켰다. 당시 그리스 사람들은 세상을 이루는 4원소로 불, 흙, 공기, 물이라고 생각했는데,

플라톤의 입체

플라톤이 정다면체의 모양과 이를 연결한 것이다. 불은 날카롭고 가벼우므로 정사면체에 해당하고, 흙은 가장 안정적인 정육면체에 해당하며, 물은 유동적이므로 가장 잘 굴러갈 수 있는 정이십면체에 해당한다는 것이다. 또한, 정팔면체는 마주보는 꼭짓점을 잡고 바람을 불면 잘 돌아가므로 공기에 해당하고, 정십이면체는 면이 12개이므로 별자리인 황도 12궁과 1년이 12개월임을 생각해서 우주에 해당한다고 생각했다. 그 이후 정다면체는 '플라톤의 입체'라고도 불리게 되었다.

그리스 수학자 유클리드(Euclid, BC 300년경)의 《원론, Elements》 중에서 마지막 책인 제13권은 전체가 정다면체에 대한 내용으로 채워져 있다.

헬레니즘 시대의 수학자 아르키메데스(Archimedes, BC 287?~212)는 모든 면이 정다각형이지만, 모든 정다각형이 합동은 아닌 '준정다면체'를 연구했다. 예를 들어, 정이십면체는 합동인 20개의 정삼각형으로 이루어져있지만 '깎은 정이십면체'는 정오각형과 정육각형으로 이루어져있고 축구공 모양을 하고 있다.

실제로 황산나트륨이나 소금 등의 결정에서 정다면체가 발견되고 각종 바이러스들이 정다면체 모양을 하고 있으므로, 정다면체는 물체를 구성하는 입자라고 볼 수 있다.

정비례 正比例, direct proportion

정의 ○ 두 변수 x와 y에서 x값이 2배, 3배, 4배 …가 될 때, y값도 2배, 3배, 4배 …가 되는 관계.

어원 ○ 한자어 정(正)은 '바르다'를, 영어 direct는 '똑바른'을 뜻한다. 수학에서 정비례는 두 변수 x와 y의 사이의 '비가 일정하게 유지되는 경우'를 말한다.

예 xL의 연료로 자동차가 달릴 수 있는 거리가 $y$km일 때 → 정비례 관계

핵심 ▶ **정비례 관계식과 비례상수**

정비례 관계에서는 $\dfrac{y}{x}$의 값이 항상 일정하다. 즉, $\dfrac{y}{x}=a$ 또는 $y=ax$ (단, $a \neq 0$) 이때, a를 '비례상수'라고 한다.

예 3 L의 연료로 21 km를 달리는 자동차가 x L로 달릴 수 있는 거리 y km → $\dfrac{y}{x}=\dfrac{21}{3}=7$

▶ **$y=ax\,(a \neq 0)$의 그래프**

정비례 관계 $y=ax\,(a \neq 0)$를 그래프로 나타내면 오른쪽과 같은 직선이 된다. 이때, a의 값이 클수록 경사가 가파르다.

관련어
· 반비례
· 일차함수
· 함수

예제 ○ 다음 관계가 정비례 관계인지 판별하여라.

> 현재 통장에 0원이 있는데 이달부터 한 달에 3000원씩 저금하면 x개월 후 통장에는 y원이 있다.

[풀이] 정비례 관계인지 판별하려면 $\dfrac{y}{x}$의 값이 일정한지 살펴보면 된다.

1개월 후 통장에는 3000원이 있고 2개월 후에 통장에는 6000원이 있다.

따라서 $\dfrac{3000}{1}=\dfrac{6000}{2}$, 즉 $\dfrac{y}{x}=3000$ → x와 y는 정비례 관계

🔲 주의점

· 일차함수 $y=x+3$과 같이 y절편이 0이 아닌 경우는 정비례가 아니다.

정수 整數, integer

정의 ● 양의 정수, 0, 음의 정수를 통틀어 부르는 말.

어원 ● 한자어 정(整)은 '가지런함'을 뜻하고, 영어 integer는 '손대지 않는 완전한 것'이라는 말에서 유래되었다. 따라서 정수는 분수처럼 쪼개지지 않은 그대로의 수를 말한다.

핵심 ▶ **정수의 분류**

정수는 0을 기준으로 양의 정수와 음의 정수로 나뉜다.

① 0: 양과 음의 '기준'이 되는 수이며, 양의 정수도 음의 정수도 아니다.

② 양의 정수: 자연수에 +부호가 붙은 수

예 $+1, +2, +3, \cdots$

③ 음의 정수: 자연수에 −부호가 붙은 수

예 $-1, -2, -3, \cdots$

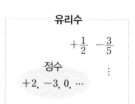

▶ **양의 정수와 자연수의 관계**

양의 정수에서 +기호를 생략하여 쓰면 자연수가 된다. 따라서 모든 자연수는 양의 정수와 같다.

예 $+2=2, +4=4, +99=99$

▶ **정수와 유리수의 관계**

모든 정수는 분수로 나타낼 수 있다. 따라서 정수는 유리수에 포함된다.

예 $+2=+\dfrac{4}{2}=+\dfrac{6}{3}=\cdots, \ -3=-\dfrac{6}{2}=-\dfrac{9}{3}=\cdots,$

$0=\dfrac{0}{2}=\dfrac{0}{3}=\dfrac{0}{4}=\cdots$

▶ **정수의 대소 비교**

뺄셈을 이용하여 두 정수의 크기를 비교할 수 있다.

① $a-b>0$이면 $a>b$

② $a-b<0$이면 $a<b$

③ $a-b=0$이면 $a=b$

▶ **정수의 사칙연산**

정수끼리의 사칙연산은 다음과 같은 방법으로 한다.

① 덧셈: 두 정수의 부호가 같을 때는 두 절댓값의 합에 두 수의 공통 부호를 붙이고, 두 정수의 부호가 다를 때는 두 수의 절댓값의 차를 구한 후 절댓값이 큰 수의 부호를 붙인다.

$$(-3)+(-7)=-10 \qquad (+3)+(-7)=-4$$

② 뺄셈: 뺄셈을 덧셈으로 바꾸어 계산한다. 뺄셈을 덧셈으로 바꾸면 빼는 수의 부호가 바뀐다.

$$(-3)-(+7)=(-3)+(-7)=-10$$

③ 곱셈: 두 정수의 부호가 같을 때는 두 절댓값의 곱에 양의 부호($+$)를 붙이고, 두 정수의 부호가 다를 때는 두 절댓값의 곱에 음의 부호($-$)를 붙인다.

$$(-3)\times(-7)=+21 \qquad (+3)\times(-7)=-21$$

④ 나눗셈: 두 정수의 부호가 같을 때는 두 절댓값의 몫에 양의 부호($+$)를 붙이고, 두 정수의 부호가 다를 때는 두 절댓값의 몫에 음의 부호($-$)를 붙인다.

$$(-3)\div(-7)=+\frac{3}{7} \qquad (+3)\div(-7)=-\frac{3}{7}$$

⑤ 혼합계산: 거듭제곱 → 괄호 → 곱셈과 나눗셈 → 덧셈과 뺄셈(식 순서대로)으로 계산한다.

$$(+10)-\{(-3)^2+(-2)\times(+5)\}-(+6)$$
$$=(+10)-\{(+9)+(-10)\}-(+6)$$
$$=(+10)-(-1)-(+6)$$
$$=(+10)+(+1)+(-6)$$
$$=+5$$

관련어
· 무리수
· 실수
· 양수
· 유리수
· 음수
· 절댓값

▶ **정수의 성질**

① 자연수의 경우에는 뺄셈의 결과가 자연수가 아닌 경우가 있지만, 정수의 경우

에는 덧셈, 뺄셈, 곱셈의 결과가 항상 정수이다.

② 정수를 제곱하면 항상 0보다 크거나 같다.

예제 ○ 다음 중에서 정수를 모두 찾아라.

$$+3 \qquad -10 \qquad 0 \qquad \frac{2}{5} \qquad -2.65 \qquad -\frac{15}{3} \qquad \frac{6}{4} \qquad 1$$

[정답] $+3, -10, 0, -\frac{15}{3}(=-5), 1$

■ 주의점

• 분수를 약분하여 기약분수로 만들었을 때 정수가 되는 경우가 있다. 이런 경우 분수 모양을 하고 있어도 정수라고 한다.

예 $\frac{4}{2}=\frac{2}{1}=2$이므로 $\frac{4}{2}$는 정수이다.

수학사 ○ **정수의 역사**

빈자리를 나타내는 자리지기에 불과했던 0을 '계산에 사용할 수 있는 수(數)'로 바꾼 것은 인도 수학자들이다. 7세기의 인도 수학자 **브라마굽타**(Brahmagupta, 598~668)는 천문학 책인 《우주의 개관, Brahmasphutasiddhanta》에서 0을 설명하면서 양수를 '재산'이라 하고 음수는 '빚'이라고 했으며, 0과 음수를 포함한 계산 규칙에 대해 다음과 같이 밝혔다.

브라마굽타

• 0과 음수의 덧셈은 음수이며, 0과 양수의 덧셈은 양수이고, 0과 0의 합은 0이다.
• 0에서 음수를 빼면 양수가 되고, 0에서 양수를 빼면 음수가 되며, 0에서 0을 빼면 0이다.
• 0과 양수의 곱은 0이고, 0과 음수의 곱도 0이다. 0과 0의 곱은 0이다.

이는 정수의 사칙연산에 대해 최초로 체계적으로 정리한 것으로 지금 우리가 중학교 교과서에서 배우는 내용이 되었다.

12세기 인도 수학자 **바스카라**(Bhaskara, 1114~1185)는 최초로 현재와 같은 인도·아라비아 숫자 0, 1, 2, 3, 4, …에 대한 체계적인 설명을 했다. 그가 쓴 《릴라바티,

Lilavati)에는 0이 수로서 어떤 의미를 갖고 있는지에 대한 내용도 들어있다.

인도의 수학책은 아라비아에 전해져 아라비아어로 번역되었다. 이를 유럽에 널리 알린 사람은 이탈리아의 **피보나치**(Fibonacci, 1174?~1250?)이다. 당시 이탈리아의 피사는 피렌체, 제노아, 베니스, 밀라노 등의 도

피보나치의 《산반서》

시와 함께 아라비아와 최초로 통상 관계를 맺었기 때문에 이탈리아 상인들은 이슬람 문화를 많이 접할 수 있었다. 이탈리아 상인이었던 피보나치의 아버지는 아들이 자신과 같이 상인이 되기를 원하여 아라비아 수학을 배우도록 했다. 피보나치는 이집트와 시리아 등을 다니며 아라비아 수학을 열심히 공부하여 깊은 내공을 쌓았고, 마침내 1202년에 총 15장으로 된 《산반서, Liber Abaci》 제 1판을 냈다. 개정판은 1228년에 냈는데, 아라비아 수체계를 소개하는 내용과 이 체계를 로마 등 다른 수체계와 비교하고 다른 수체계를 아라비아 수체계로 바꾸는 방법에 대한 내용으로 되어있다. 여기서 그는 음수를 '꾼 돈'으로 두고 방정식을 풀었다.

한편, 동양의 경우에는 1300년경에 활동한 중국의 수학자 **주세걸**(朱世傑, 1249~1314) 이 쓴 《산학계몽, 算學啓蒙》에 양수와 음수의 사칙연산에 대한 내용이 들어있다.

제곱근 제곱根, square root

정의 ○ 제곱해서 a가 되는 수를 a의 제곱근이라고 함.

어원 ○ 우리말 '제곱'은 거듭해서 곱하는 것을, 영어 square는 '제곱'을 뜻한다. 또한, 한 자어 근(根)과 영어 root는 수학에서의 '해(解)'를 뜻한다. 따라서 $x^2 = a$일 때, x 를 a의 제곱근이라고 한다.

핵심 ▶ 제곱근은 기호 $\sqrt{\ }$ 로 나타내고 이를 '근호'라고 부른다.

$\sqrt{a}$는 '제곱근 a' 또는 '루트 a'라고 읽는다.

▶ 어떤 수의 제곱근은 제곱해서 그 수가 되는 수를 말한다. 따라서 제곱근을 제곱하면 처음의 어떤 수가 된다. 이때, 제곱근 a는 $\sqrt{a}$이고, a의 제곱 근은 $\pm\sqrt{a}$이다.

예 제곱근 7 ➡ $\sqrt{7}$

7의 제곱근 ➡ 제곱해서 7이 되는 수 ➡ $+\sqrt{7}$, $-\sqrt{7}$

▶ 양수 a의 제곱근은 절댓값은 같으면서 부호만 반대인 두 개의 수이다. 이때, $\sqrt{a}$를 '양의 제곱근', $-\sqrt{a}$를 '음의 제곱근'이라고 한다.

예 $x^2 = 3$이면 $x = \sqrt{3}$, $-\sqrt{3}$

➡ 3의 양의 제곱근은 $\sqrt{3}$, 3의 음의 제곱근은 $-\sqrt{3}$

$x^2 = 9$이면 $x = \sqrt{9} = 3$, $-\sqrt{9} = -3$

➡ 9의 양의 제곱근은 $\sqrt{9} = 3$, 9의 음의 제곱근은 $-\sqrt{9} = -3$

▶ 근호 안의 수가 제곱수이냐 아니냐에 따라 그 수가 유리수인지 무리수인지가 결정된다. 근호 안의 수가 제곱수일 때는 근호를 사용하지 않고 그 수를 나타낼 수 있으므로 유리수이다. 근호 안의 수가 제곱수가 아닐 때는 근호를 사용하지 않고는 그 수를 나타낼 수 없으므로 무리수이다.

예 $\sqrt{4} = 2$, $\sqrt{\dfrac{16}{25}} = \dfrac{4}{5} \rightarrow$ 유리수, $\sqrt{3}$, $\sqrt{\dfrac{17}{23}} \rightarrow$ 무리수

▶ **제곱근의 성질**

제곱근의 정의에 따라 다음 성질이 성립한다.

① $a \geq 0$일 때 ➡ $(\sqrt{a})^2 = a$, $(-\sqrt{a})^2 = a$

예 $(\sqrt{6})^2 = \sqrt{6} \times \sqrt{6} = \sqrt{36} = 6$, $(-\sqrt{6})^2 = (-\sqrt{6}) \times (-\sqrt{6}) = \sqrt{36} = 6$

② $a<0$일 때 ➡ $\sqrt{a^2}=-a$, $-\sqrt{a^2}=a$

　　예 $\sqrt{(-5)^2}=\sqrt{25}=5$, $-\sqrt{(-5)^2}=-\sqrt{25}=-5$

▶ **제곱근의 대소 관계**

$a>0$, $b>0$일 때, 다음의 대소 관계가 성립한다.

① $a<b$이면 $\sqrt{a}<\sqrt{b}$ 　　　　　예 $3<4$ ➡ $\sqrt{3}<\sqrt{4}$

② $a<b$이면 $-\sqrt{a}>-\sqrt{b}$ 　　　예 $3<4$ ➡ $-\sqrt{3}>-\sqrt{4}$

▶ **제곱근의 사칙연산**

$a>0$, $b>0$이고, m, n이 유리수일 때, 제곱근의 사칙연산은 다음과 같이 한다.

① $m\sqrt{a}+n\sqrt{a}=(m+n)\sqrt{a}$ 　　　예 $2\sqrt{3}+7\sqrt{3}=9\sqrt{3}$

② $m\sqrt{a}-n\sqrt{a}=(m-n)\sqrt{a}$ 　　　예 $2\sqrt{3}-7\sqrt{3}=-5\sqrt{3}$

③ $\sqrt{a}\times\sqrt{b}=\sqrt{a\times b}$ 　　　　예 $\sqrt{3}\times\sqrt{7}=\sqrt{21}$

관련어

· 근호
· 무리수
· 제곱
· 허수

④ $m\sqrt{a}\times n\sqrt{b}=mn\sqrt{a\times b}$ 　　예 $2\sqrt{3}\times5\sqrt{7}=10\sqrt{21}$

⑤ $\sqrt{a}\div\sqrt{b}=\sqrt{\dfrac{a}{b}}$ 　　　　　예 $\sqrt{3}\div\sqrt{7}=\sqrt{\dfrac{3}{7}}$

⑥ $m\sqrt{a}\div n\sqrt{b}=\dfrac{m}{n}\sqrt{\dfrac{a}{b}}$ 　　　예 $2\sqrt{3}\div5\sqrt{7}=\dfrac{2}{5}\sqrt{\dfrac{3}{7}}$

예제 ○ **다음을 계산하여라.**

(1) $\sqrt{(-1.4)^2}\times(-\sqrt{3})^2$

(2) $\sqrt{81}+\sqrt{(-4)^2}-\sqrt{(-11)^2}$

(3) $(-\sqrt{1.2})^2\div\sqrt{0.1^2}$

[풀이] (1) $\sqrt{(-1.4)^2}\times(-\sqrt{3})^2=1.4\times3=4.2$

(2) $\sqrt{81}+\sqrt{(-4)^2}-\sqrt{(-11)^2}=9+4-11=2$

(3) $(-\sqrt{1.2})^2\div\sqrt{0.1^2}=1.2\div0.1=12$

주의점

· 0의 제곱근은 0뿐이다.
· 제곱근의 근삿값을 구할 때는 제곱근표를 이용한다.
· 실수의 범위에서는 양수와 음수를 제곱하면 항상 양수이므로 음수의 제곱근이 존재하지 않는다. 하지만 복소수 범위에서는 음수도 제곱근이 존재한다. (→ 허수)
· $\sqrt{a}$는 $\sqrt[2]{a}$에서 2를 생략한 것이다. 세제곱해서 a가 되는 수는 'a의 세제곱근'이라 하고 $\sqrt[3]{a}$로 나타낸다.

○ **제곱근의 역사**

고대 바빌로니아인은 제곱근 개념을 이미 알고 있었다. 그들은 어떤 수의 제곱뿐 아니라 제곱근도 구할 수 있었고, 기원전 1750년에 그들은 이미 제곱근을 표로 만들어서 계산할 때 사용하고 있었다. 가장 대표적인 예는 현재 예일 대학교 박물관에 소장된 'YBC 7289'라는 점토판이다. 여기에는 정사각형과 대각선이 그려져 있고, 한 변의 길이가 30인

'YBC 7289' 서판에 새겨진 쐐기형 숫자

정사각형의 대각선의 길이가 $30\sqrt{2}$ 라는 것이 60분법을 사용한 쐐기 문자로 소수점 아래 셋째 자리까지 계산되어 있다. 이때, $\sqrt{2}$ 는 기호를 사용하지 않은 근삿값으로 되어 있는데, 그 값은 약 1.414222이다.

인도 수학자 **브라마굽타**(Brahmagupta, 598~668)는 서기 630년에 제곱근의 근삿값을 구하는 과정을 고안했다.

제곱근을 나타내는 기호인 루트 기호($\sqrt{}$)가 세상에 알려진 것은 16세기에 들어서였다. 1525년 독일 수학자 **루돌프**(Rudolph, 1500~1545?)는 대수학 안내서 《대수, Coss》라는 책에서 근호를 '$\sqrt{}$'로 표시했다. 즉, 제곱근 2는 $\sqrt{2}$로 나타낸 것이다. 하지만 이런 모양은 항이 여러 개일 때 매우 혼란스러웠다. 예를 들어 $\sqrt{2}x-1$의 경우, $\sqrt{2x}-1$인지 $\sqrt{2x-1}$인지 알 수 없기 때문이다.

이런 문제점을 해결하기 위해 현재와 같이 $\sqrt{}$ 위에 옆줄을 그어 $\sqrt{}$ 와 같이 표기한 사람은 프랑스의 수학자 **데카르트**(Descartes, 1596~1650)였다. 반지름을 뜻하는 r를 살짝 바꾸어 $\sqrt{}$ 로 나타냈다고 한다. 그는 세제곱근을 나타내는 기호로는 $\sqrt{c}$ 를 사용했다.

ᄌ

좌표

座標, coordinates

정의 ○ 직선, 평면, 공간 위에서 점의 위치를 나타내는 수(數)나 순서쌍.

어원 ○ 한자어 좌(座)는 '자리' 또는 '위치'를, 표(標)는 '나타내다'를 뜻한다. 영어 coordinate는 '위도와 경도로 본 위치'라는 뜻이 있다. 따라서 좌표는 지도에서 위도나 경도를 나타내는 것과 같은 방식으로 수학에서 어떤 점의 위치를 나타내는 것을 말한다.

핵심 ▶ 좌표를 나타내는 방법은 그 점이 직선 위에 있는지, 평면 위에 있는지, 공간 위에 있는지에 따라 다르다.

▶ **수직선에서의 좌표**

수직선 위의 점 P는 그에 대응하는 수 a를 써서 P(a)로 나타낸다.

예

$$\longleftrightarrow \quad \overset{A}{\underset{-4 \ -3 \ -2 \ -1 \ \ 0 \ \ 1 \ \ 2}{\bullet}} \overset{B}{\bullet} \longrightarrow$$ 점 A의 좌표는 A(-3), 점 B의 좌표는 B(1)

▶ **좌표평면에서의 좌표**

좌표평면 위의 점 P는 순서쌍 (a, b)를 써서 P(a, b)로 나타낸다. 이때, a를 x좌표, b를 y좌표라고 한다.

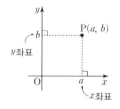

예

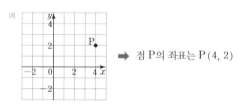

➡ 점 P의 좌표는 P($4, 2$)

관련어
· 수직선
· 순서쌍
· 원점
· 좌표축
· 함수의 그래프
· x좌표
· y좌표

좌표공간에서의 점의 좌표

좌표공간 위의 점 P는 순서쌍 (a, b, c)를 써서 P(a, b, c)로 나타낸다. 이때, a를 x좌표, b를 y좌표, c를 z좌표라고 한다.

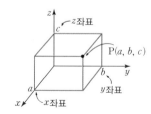

예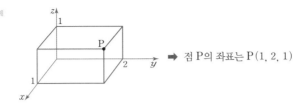

➡ 점 P의 좌표는 P$(1, 2, 1)$

예제 ○ 오른쪽 좌표평면에서 점 A, B, C, D의 좌표를 기호로 나타내어라.

[정답] A$(3, 2)$, B$(-2, 1)$, C$(0, -3)$, D$(4, -1)$

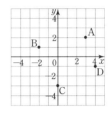

◾ 주의점

• 좌표에는 순서가 있으므로 $a \neq b$일 때, 두 점 A(a, b)와 B(b, a)는 서로 다른 점이다.

○ **좌표의 역사**

좌표의 기원은 지도와 관련이 있다. 고대에도 지도가 있었는데 기원전 2300년경에 만들어진 고대 바빌로니아의 점토판 지도에는 재산세에 관한 메모가 있었다. 기원전 2000년경 이집트와 바빌로니아에는 땅의 경계와 소유자를 표시한 지도가 흔하게 사용되었다. 그리스인들이 만든 최초의 세계지도는 기원전 550년경 **아낙시만드로스**(Anaximandros, BC 610~546)가 만들었다. 기원전 330년경에 그리스인들은 동전에 지도를 그려 놓기도 했다.

지구 표면에서 나의 위치를 나타내려면 위도와 경도라는 두 개의 좌표가 필요하다. 고대의 물리학자였던 **아리스토텔레스**(Aristoteles, BC 384~322)는 지구 위에서의 위치가 기후에 주는 영향을 연구해 남북 방향의 위치에 따라 세계를 5개의 기후권으로 구분할 것을 제안했다. 그 후 **히파르코스**(Hipparchus, BC 180?~125?)는 기후권들을 같은 간격으로 배열하고 남북을 잇는 수직선을 덧붙이는 것을 생각해냈다. **프톨레마이오스**(Ptolemaeos, 85?~165?)는 자신의 책《지리학 안내서, Gegraphik hyphgsis》에 입체를 평면에 투사하는 것과 비슷한 방식으로 지구를 평면에 나타냈고, 위치를 규정하기 위해 위도와 경도를 좌표로 도입했다. 또한, 기후권을 가르는 선과 덧붙여진 수직선에 위선(위도)과 경선(경도)라는 이름이 붙였다. 그는 자신이 알고 있는 모든 지점 8000곳에 좌표를 부여했다.

"나는 생각한다. 고로 나는 존재한다."
라는 말로 유명한 프랑스 철학자이자 수학
자인 데카르트(Descartes, 1596~1650)
는 수학에서의 좌표 개념을 처음 생각한
사람으로 알려져 있다. 데카르트는 매우
몸이 허약해서 잠이 깬 뒤에도 침대에 누

데카르트와 〈기하학〉

워 이리저리 뒹굴면서 사색하는 것을 즐겼다고 한다. 1619년 그가 군대에서 장교로 근
무했을 때, 하루는 침대에 누워 쉬고 있다가 우연히 파리 한 마리가 천장에서 이리저리
날아다니는 것을 보았다. 그는 갑자기 파리가 움직이는 것을 어떻게 정확하게 표현할 수
있을까 하는 생각을 하다가 파리의 위치를 점으로 표현하면 점의 위치로 파리의 움직임
을 정확하게 설명할 수 있을 것이라는 생각에 이르렀다. 그는 점의 위치를 나타내려면
어떤 기준이 있어야 함을 깨닫고 천장의 두 모서리를 기준으로 하여 점이 이 모서리로부
터 각각 얼마나 떨어졌는지를 적었다. 그리고 점의 위치를 (x, y) (x', y')와 같이 나
타냈는데 이것이 지금의 좌표 개념이 되었다는 것이다. 이 일화가 널리 알려져 있지만,
사실 데카르트가 좌표에 대한 아이디어를 생각하게 된 이유는 도형의 증명을 도형 자
체가 아닌 계산을 통해 하기 위해서였다는 주장도 있다. 그는 좌표 개념을 이용해서 기
하학적 곡선을 대수적 방정식으로 나타낼 수 있다는 것과, 특별한 영감이 떠오르지 않
아도 단계적인 절차를 통해 기하학 문제를 풀 수 있다는 것을 보여주었다. 데카르트의
좌표계와 프톨레마이오스가 지도에 표시한 좌표와의 차이점은 프톨레마이오스는 단지
위치를 나타내기 위해 좌표를 표시했지만, 데카르트는 움직임을 나타내기 위해서 좌표
를 사용했다는 데 있다.

사실 좌표 개념은 같은 시기에 페르마(Fermat, 1601~1665)가 데카르트보다 먼저
발명했지만 페르마는 자신의 연구 결과를 출간하지 않았다. 데카르트의 좌표계는 가우
스(Gauss, 1777~1855)와 리만(Riemann, 1826~1866)을 통해 더욱 크게 발전했고 아
인슈타인(Einstein, 1879~1955)의 일반상대성 이론에도 영향을 주었다.

좌표는 우리의 일상생활에서 이제는 떼려야 뗄 수 없는 일부가 되었으며, 설계에 필
수적인 CAD 프로그램이나 자동차에 장착된 GPS에도 응용되고 있다. GPS는 인공위성
에서 자동차까지 전파 신호가 도착하는 데 걸리는 시간을 측정하여 둘 사이의 거리를
알아낸다. 이때, 전파 속도는 초속 약 30만 km이다.

좌표축 座標軸, coordinate axis

정의 　평면과 공간에서 좌표를 만드는 기준이 되는 축.

핵심 　좌표축은 좌표를 만드는 기준이 되는 축으로, 좌표축끼리는 서로 수직이다.

평면에서의 좌표축

수직선의 원점에서 세로 방향으로 새로운 수직선을 그으면 2차원 평면이 만들어진다. 이렇게 만들어진 평면에서 가로 수직선을 'x축', 세로 수직선을 'y축'이라 하고, 두 축을 통틀어 '좌표축'이라고 한다. 이때, x축과 y축이 교차하는 점이 원점이다.

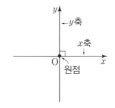

공간에서의 좌표축

좌표평면의 원점에서 좌표평면과 수직인 수직선을 한 개 더 그으면 3차원 공간이 만들어진다. 이렇게 만들어진 공간에서 가로 수직선을 'x축', 세로 수직선을 'y축', 높이를 나타내는 수직선을 'z축'이라 하고, 세 개의 축을 통틀어 '좌표축'이라고 한다.
이때, x축, y축, z축이 교차하는 점이 원점이다.

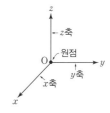

대칭이동인 점의 좌표

좌표평면에서 좌표축에 대하여 점 $P(x, y)$와 대칭인 점의 좌표를 구할 수 있다. 어떤 축에 대하여 서로 대칭인 점은 그 축에 대해 서로 반대편이면서 축으로부터 같은 거리에 있다.
좌표평면 위의 점 $P(x, y)$에 대하여 이 점과 좌표축에 대해 대칭인 점의 좌표는 다음과 같다.

(1) x축에 대하여 대칭인 점 ➡ $P_1(x, -y)$

　x축에 대하여 대칭인 점은 x축에 대하여 반대편에 위치하므로 x좌표는 그대로이고 y좌표의 부호가 바뀐다.

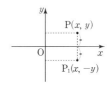

305

(2) y축에 대하여 대칭인 점 ➡ $P_2(-x, y)$

y축에 대하여 대칭인 점은 y축에 대하여 반대편에 위치하므로 y좌표는 그대로이고 x좌표의 부호가 바뀐다.

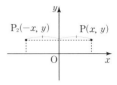

▶ **평행이동한 점의 좌표**

(1) 좌표평면에서 점 $P(x, y)$를 좌표축의 방향으로 평행이동한 점의 좌표를 구할 수 있다.

(2) 어떤 축에 대하여 그 방향으로 평행이동한 점은 평행이동한만큼 좌표가 바뀐다.

(3) 좌표평면 위의 점 $P(x, y)$에 대하여 이 점과 좌표축의 방향으로 평행이동한 점의 좌표는 다음과 같다.

x축으로 평행이동	y축으로 평행이동	x, y축으로 평행이동
한 점 $P(x, y)$를 x축의 방향으로 p만큼 평행이동하면 y좌표는 그대로이고 x좌표는 $x+p$가 된다. 즉, $Q(x+p, y)$	한 점 $P(x, y)$를 y축의 방향으로 q만큼 평행이동하면 x좌표는 그대로이고 y좌표는 $y+q$가 된다. 즉, $R(x, y+q)$	한 점 $P(x, y)$를 x축으로 p만큼, y축의 방향으로 q만큼 평행이동하면 x좌표는 $x+p$, y좌표는 $y+q$가 된다. 즉, $S(x+p, y+q)$
(그래프) $P(x, y)$ $Q(x+p, y)$ p	(그래프) $R(x, y+q)$ q $P(x, y)$	(그래프) $S(x+p, y+q)$ p q $P(x, y)$
예 $P(1, 3)$을 x축의 방향으로 5만큼 평행이동한 좌표 Q는 $Q(1+5, 3)=Q(6, 3)$	예 $P(1, 3)$을 y축의 방향으로 5만큼 평행이동한 좌표 R는 $R(1, 3+5)=R(1, 8)$	예 $P(1, 3)$을 x축의 방향으로 7만큼, y축의 방향으로 5만큼 평행이동한 좌표 S는 $S(1+7, 3+5)=S(8, 8)$

┇┃ **관련어**
• 원점
• 좌표
• 좌표평면
• x좌표
• y좌표

■ **주의점**

• 어떤 점이 'x축 위에 있다'는 것은 x축 위에 떠 있는 것이 아니라 'x축과 만난다.'는 것을 말한다.

좌표평면 座標平面, coordinate plane

정의 ○ x축과 y축으로 이루어진 평면.

핵심 ▶ 평면이 x축과 y축으로 인해 네 개의 부분으로 나뉜 것을
좌표평면이라고 한다.

좌표평면은 2개의 좌표축으로 인해 4개의 면으로 나뉘
는데, x좌표와 y좌표가 모두 양수인 사분면을 제 1사분
면으로 하여 시계 반대 방향으로 돌면서 제 2사분면, 제
3사분면, 제 4사분면이라고 부른다.

각 사분면에서 x, y좌표의 부호는 다음과 같다.

	제 1사분면	제 2사분면	제 3사분면	제 4사분면
x좌표의 부호	+	−	−	+
y좌표의 부호	+	+	−	−

예 점 $(3, 2)$: x좌표 양수, y좌표 양수 ➡ 제 1사분면

점 $(-2, 1)$: x좌표 음수, y좌표 양수 ➡ 제 2사분면

점 $(-5, -3)$: x좌표 음수, y좌표 음수 ➡ 제 3사분면

점 $(4, -1)$: x좌표 양수, y좌표 음수 ➡ 제 4사분면

점 $(0, -3)$: x좌표 0, y좌표 음수 ➡ y축(어느 사분면에도 속하지 않음)

점 $(5, 0)$: x좌표 5, y좌표 0 ➡ x축(어느 사분면에도 속하지 않음)

■ **관련어**
• 원점
• 좌표
• 좌표축

예제 ○ **점 $A(a, b)$가 제 3사분면 위의 점일 때, 점 $B(-a, ab)$는 몇 사분면에 속하는 점인지 구하여라.**

풀이 점 $A(a, b)$가 제 3사분면에 속하고, 제 3사분면에 속하는 x좌표와 y좌표가 모두 음수
이므로 $a<0$, $b<0$이다. 따라서 $-a>0$이고, $ab>0$이다. 그러므로 점 $B(-a, ab)$는 제 1사
분면에 속하는 점이다.

─────────────

▶ **주의점**

• 좌표축 위의 점은 어느 사분면에도 속하지 않는다.

좌표평면의 역사

점의 위치를 나타내기 위해 좌표평면을 사용하여 수치화한 수학자는 17세기 프랑스 수학자 **데카르트**(Descartes, 1596~1650)이다. 하지만 데카르트의 좌표평면이 처음부터 좌표평면 위의 점의 위치를 수직으로 교차하는 두 개의 축을 사용한 모양은 아니었다. 처음에는 x축과 y축이 서로 직각을 이루는 것도 아니었고, 음수를 사용하지 않은 좌표평면으로 제 1사분면만 있었다. 어쨌든 점의 위치를 수로 나타낼 수 있게 됨에 따라 그때까지만 해도 도형의 형태를 연구하는 것에만 머물러 있었던 기하학을 수를 사용한 식으로 표현할 수 있게 되었다. 예를 들면, 기존에

좌표평면을 복소수로 확대한
가우스의 복소평면

는 원의 성질을 연구하기 위해 원을 그리고 쪼개고 붙이거나 위치를 이동시키는 등의 방법을 사용했는데, 이제는 원을 이루는 점의 위치를 사용해서 원을 하나의 방정식으로 나타낼 수 있게 된 것이다. 따라서 작도가 아니라 계산을 통해서도 원의 특성을 연구할 수 있게 되었다. 수와 문자를 통해 도형의 성질을 연구할 수 있게 되면서 기하학과 대수학이 통합된 '해석기하학'이라는 분야가 새롭게 탄생했다.

줄기와 잎 그림 stem-and-leaf plot

정의 ○ 자료의 변량을 줄기와 잎 형태로 나타낸 것.

자료의 변량을 나타낸 모양이 마치 큰 줄기에 여러 개의 잎이 붙어 있는 것처럼 생긴 것을 '줄기와 잎 그림'이라고 한다.

핵심 ▶ 줄기와 잎 그림은 도수분포표와 히스토그램을 하나로 합해놓은 것이다. 줄기와 잎 그림을 시계 반대 방향으로 90° 회전하면 히스토그램이 된다.

▶ 줄기와 잎 그림에서는 가운데 세로선을 기준으로 왼쪽 칸과 오른쪽 칸을 나누고, 왼쪽을 '줄기', 오른쪽을 '잎'이라고 한다. 이때, 주어진 자료에서 큰 자리 수는 줄기에 쓰고 작은 자리 수는 잎에 쓴다.

줄기와 잎 그림

줄기	잎
(큰 자리의 수)	(작은 자리의 수)

예

줄기			잎			
③	0	③	4	7	8	9
4	1	2	③	4	5	6	9
5	1	2	③	6	8	
6	1	2	7	9		
7	2	③				

➡ 줄기에 있는 3은 30을 나타내고, 잎에 있는 3은 3을 나타낸다.

▶ 줄기와 잎 그림의 특성은 다음과 같다.
① 원래 자료를 모두 사용한다.
② 특정한 위치에 있는 값을 쉽게 구할 수 있다.
③ 가장 큰 값과 가장 작은 값, 중앙값을 쉽게 구할 수 있다.
④ 자료의 양이 많거나 자료의 범위가 클 때는 시간이 많이 걸리고 번거롭다.

관련어
• 계급
• 도수
• 도수분포표
• 변량
• 히스토그램

어떤 자료를 줄기와 잎 그림으로 나타내는 과정은 다음과 같다.

방학동안 읽은 책의 수 (단위: 권)

| 24 | 31 | 5 | 13 | 38 | 23 | 10 | 33 | 20 |
| 29 | 6 | 27 | 19 | 12 | 23 | 30 | 18 | 25 |

[1단계] 표에 제목을 쓰고 변량에서 기준을 정해 줄기와 잎을 정한다.

방학동안 읽은 책의 수

줄기	잎
(십의 자리의 수)	(일의 자리의 수)

줄기에는 십의 자리 수를, 잎에는 일의 자리 수를 쓰기로 한다.

[2단계] 줄기에 큰 자리의 수를 작은 값부터 차례로 쓴다.

방학동안 읽은 책의 수

줄기	잎
0	
1	
2	
3	

[3단계] 잎의 자리에 작은 자리의 수를 차례로 쓴다.

방학동안 읽은 책의 수

줄기	잎
0	5 6
1	0 2 3 8 9
2	0 3 3 4 5 7 9
3	0 1 3 8

← 십의 자리 수가 0인 자료들의 일의 자리 수
← 십의 자리 수가 1인 자료들의 일의 자리 수
← 십의 자리 수가 2인 자료들의 일의 자리 수
← 십의 자리 수가 3인 자료들의 일의 자리 수

[4단계] 괄호 안에 $a|b$를 설명한다.

방학동안 읽은 책의 수 (2|3은 23권) ← $a|b$를 설명

줄기	잎
0	5 6
1	0 2 3 8 9
2	0 3 3 4 5 7 9
3	0 1 3 8

예제 ○ 오른쪽 표는 우리 반 학생들의 줄넘기 횟수를 줄기와 잎 그림으로 만든 것이다. 물음에 답하여라.

(1) 줄넘기를 한 횟수가 50회 미만인 학생은 모두 몇 명인가?

(2) 줄넘기를 가장 많이 한 학생과 가장 적게 한 학생의 횟수 차이는 얼마인가?

풀이 (1) 줄기가 나타내는 것은 십의 자리이므로 줄기의 2, 3, 4의 칸에 해당하는 잎의 개수를 세면 된다. 따라서 2+3+2=7(명)

(2) 가장 많이 한 학생은 108회, 가장 적게 한 학생은 21회이므로 108−21=87(회)

줄넘기 횟수 (2|1은 21회)

줄기	잎
2	1 9
3	3 6 8
4	5 8
5	6
6	1 3 8 8 9 9
7	7 9
8	2 4 5 7 7 8
9	3 6
10	0 3 8

🔖 **주의점**

• 원 자료에서 같은 값이 여러 번 반복될 경우, 줄기와 잎 그림으로 나타낼 때는 그 반복되는 횟수만큼 나열해야 한다. 그렇게 하지 않으면 원 자료에서 사라지는 자료가 생기게 되어 자료의 총 개수가 달라지기 때문이다.

수학사 ○ **줄기와 잎 그림의 역사**

줄기와 잎 그림을 처음 소개한 사람은 20세기 미국의 통계학자 투키(Tukey, 1915~2000)이다. 그는 1977년에 출간한 자신의 책 《탐색적 자료 분석, Exploratory Data Analysis》에 이를 소개했다. '탐색적 자료 분석'이라는 것은 자료를 어떤 모형에 적용시키기보다는

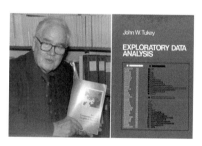

투키와 그의 책

자료를 정리하고 요약하여 원 자료에 잘 드러나지 않는 특성을 분석해 자료가 말하고자 하는 것이 무엇인지를 탐색하는 방법이다. 투키는 이 책에서 자료를 정리하는 방법으로 '줄기와 잎 그림'과 더불어 '상자 그림(box plot)'도 제시했다.

중근 重根, multiple root

정의 ○ 이차 이상의 방정식이 두 개 이상의 같은 근(해)을 가질 때, 이 근(해)을 지칭하는 말.

어원 ○ 한자어 중(重)은 '중복되다'를, 영어 multiple은 '다수의'라는 뜻이 있다. 중근은 중복되는 근이다. 따라서 중근은 여러 개가 하나로 겹쳐져 하나의 해가 되는 것을 말한다.

일차방정식은 해가 한 개이므로 중근이 있을 수 없다. 중근은 이차 이상의 방정식에서 존재한다.

핵심 ▶ 이차방정식이 (완전제곱식)=0의 꼴일 때 이 이차방정식은 중근을 갖는다. 따라서 이차방정식이 중근을 가지려면 (완전제곱식)=0의 꼴로 고칠 수 있어야 한다.

$$(ax+b)^2=0 \ \Rightarrow \ (ax+b)\times(ax+b)=0$$
$$\Rightarrow \ x=-\frac{b}{a} \ \text{또는} \ x=-\frac{b}{a} \ (\text{중근})$$

예 $3x^2-12x+12=0 \to 3(x^2-4x+4)=0 \to 3(x-2)^2=0 \to x=2\,(\text{중근})$

▶ 이차방정식 $ax^2+bx+c=0(a\neq0)$의 근의 공식 $x=\dfrac{-b\pm\sqrt{b^2-4ac}}{2a}$에서 근호 안의 식 b^2-4ac의 값이 0이면 이 방정식은 중근을 갖는다.

관련어
• 방정식
• 완전제곱식
• 이차방정식
• 해(근)

예 이차방정식 $3x^2-12x+12=0$에서
→ $a=3$, $b=-12$, $c=12$
→ $b^2-4ac=(-12)^2-4\times3\times12=144-144=0$: 중근

예제 ○ 이차방정식 $x^2+ax+b=0$이 중근으로 $\frac{1}{2}$을 가질 때, a와 b의 값을 구하여라.

[풀이] $\frac{1}{2}$을 중근으로 갖는 이차방정식은 $\left(x-\dfrac{1}{2}\right)^2=0$이다.

이를 전개하면 $x^2-x+\dfrac{1}{4}=0$이므로 $a=-1$, $b=\dfrac{1}{4}$

🔴 **주의점**

• 이차방정식 $x^2-\dfrac{1}{4}=0$은 (완전제곱식)=0의 꼴로 고칠 수 없으므로 중근을 갖지 않는다.

중선

中線, median line

정의 ○ 삼각형에서 한 꼭짓점과 그 대변의 중점을 이은 선분.

어원 ○ 한자어 중(中)과 영어 median은 '가운데'를 뜻한다. 수학에서 중선은 삼각형의 한 꼭짓점과 그 대변의 중점을 이은 선분을 말한다.

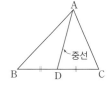

핵심 ▶ 중선의 성질

① 삼각형에서 각 중선은 삼각형의 넓이를 이등분한다.

② 삼각형에서 세 중선은 한 점에서 만난다. 이 점을 삼각형의 '무게중심'이라고 한다.

‖ 관련어
• 대변
• 무게중심

⬛ 주의점

• 한 삼각형에는 중선이 3개 있다.

수학사 ○ **중선의 역사**

'파푸스의 중선 정리'로 알려진 다음 정리는 외국에서는 '아폴로니우스의 정리'로 더 많이 알려져 있다. 만약 이 삼각형이 $\overline{AB}=\overline{AC}$인 이등변삼각형이라면

$$\overline{AB}^2+\overline{AC}^2=2\overline{AB}^2=2(\overline{BM}^2+\overline{AM}^2)$$

즉, $\overline{AB}^2=\overline{BM}^2+\overline{AM}^2$이고, 이것은 피타고라스의 정리와 같다.

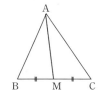

$\overline{BM}=\overline{CM}$일 때,
$$\overline{AB}^2+\overline{AC}^2=2(\overline{BM}^2+\overline{AM}^2)$$

한편, '피보나치의 수열'로 유명한 13세기 이탈리아 수학자 **피보나치**(Fibonacci, 1174?~1250?)는 삼각형의 세 중선이 한 점에서 만난다는 것을 기하학적으로 증명하기도 했다.

중앙값 中央값, median

정의 ○ 자료를 작은 값부터 크기순으로 나열할 때 중앙에 위치한 값.

어원 ○ 한자어 중앙(中央)과 영어 median은 '한가운데'를 뜻한다. 따라서 중앙값은 변량을 작은 값부터 차례로 나열할 때, 중앙에 위치한 값을 말한다.

중앙값은 평균, 최빈값과 더불어 자료의 대푯값 중 하나이다.

예 2, 5, 3, 6, 8, 3, 9, 7, 8 → 크기순으로 다시 나열하면 2, 3, 3, 5, 6, 7, 8, 8, 9

→ 따라서 중앙값은 6

핵심 ▶ 중앙값의 특징은 다음과 같다.

① 중앙값은 크기순으로 나열했을 때 가운데 값이므로 극단적인 값의 영향을 받지 않는다.

② 중앙값은 모든 자료의 값을 고려하지 않는다는 단점이 있다.

▶ 전체 자료의 개수가 홀수이면 크기순으로 나열했을 때 한가운데 있는 값이 중앙값이고, 전체 자료의 개수가 짝수이면 크기순으로 나열했을 때 가운데 있는 두 값의 평균이 중앙값이다.

| 관련어
- 대푯값
- 최빈값

예제 ○ 다음 자료의 중앙값을 구하여라.

9,	5,	3,	6,	8,	2

[풀이] 크기순으로 다시 나열하면 → 2, 3, 5, 6, 8, 9

→ 자료의 수가 짝수이므로 가운데에 위치한 값이 5와 6으로 2개이다.

→ 중앙값: $\dfrac{5+6}{2}=5.5$

🏴 주의점

• 자료에 극단적인 값이 있을 때의 대푯값으로는 중앙값을 많이 사용한다.

중점 中點, midpoint

정의 ○ 선분의 길이를 이등분하는 선분 위의 점.

어원 ○ 한자어 중(中)과 영어 midpoint는 '가운데'를 뜻한다. 따라서 중점이란 한가운데 있는 점을 말한다.

핵심 ▶ **중점의 좌표**

① 수직선에서 두 점 $A(x_1)$, $B(x_2)$의

중점 M의 좌표는 ➡ $M\left(\dfrac{x_1+x_2}{2}\right)$

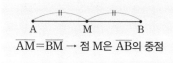

$\overline{AM}=\overline{BM} \rightarrow$ 점 M은 $\overline{AB}$의 중점

② 좌표평면에서 두 점 $A(x_1, y_1)$, $B(x_2, y_2)$ 의 중점 M의 좌표는

➡ $M\left(\dfrac{x_1+x_2}{2}, \dfrac{y_1+y_2}{2}\right)$

③ 좌표공간에서 두 점 $A(x_1, y_1, z_1)$, $B(x_2, y_2, z_2)$의 중점 M의 좌표는

➡ $M\left(\dfrac{x_1+x_2}{2}, \dfrac{y_1+y_2}{2}, \dfrac{z_1+z_2}{2}\right)$

▶ **삼각형의 중점연결정리**

① 삼각형의 두 변의 중점을 연결한 선분은 나머지 변과 평행하고, 그 길이는 나머지 변의 길이의 $\dfrac{1}{2}$이다.

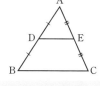

$\overline{DE} /\!/ \overline{BC}$, $\overline{DE}=\dfrac{1}{2}\overline{BC}$

② 삼각형의 한 변의 중점을 지나서 다른 한 변에 평행한 직선은 나머지 한 변의 중점을 지난다.

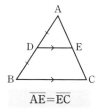

$\overline{AE}=\overline{EC}$

예제 ○ 오른쪽 그림에서 점 M은 $\overline{\text{AB}}$의 중점이고, 점 N은 $\overline{\text{BM}}$의 중점일 때, $\overline{\text{MN}}$의 길이를 구하여라.

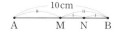

[풀이] 점 M이 $\overline{\text{AB}}$의 중점이므로 $\overline{\text{AM}}=\overline{\text{BM}}$이다.

그러므로 $\overline{\text{AM}}=\overline{\text{BM}}=\dfrac{1}{2}\overline{\text{AB}}=5\,\text{cm}$

점 N이 $\overline{\text{BM}}$의 중점이므로 $\overline{\text{MN}}=\overline{\text{NB}}$이다.

$\overline{\text{BM}}=5\,\text{cm}$이므로 $\overline{\text{MN}}=\overline{\text{NB}}=\dfrac{1}{2}\overline{\text{BM}}=2.5\,\text{cm}$

🌸 주의점

· 선분, 직선, 반직선의 정의는 다음과 같다.
  (1) 선분: 두 점을 양 끝으로 곧게 이은 선
  (2) 직선: 한 점으로부터 양쪽 방향으로 한없이 연장한 선
     ➡ 서로 다른 두 점 A, B를 지나는 직선: $\overleftrightarrow{\text{AB}}$
  (3) 반직선: 한 점으로부터 한쪽 방향으로 한없이 연장한 선
     ➡ 직선 AB 위의 한 점 A로부터 점 B의 방향으로 뻗어가는 반직선: $\overrightarrow{\text{AB}}$
     ➡ 직선 AB 위의 한 점 B로부터 점 A의 방향으로 뻗어가는 반직선: $\overrightarrow{\text{BA}}$
· 중점은 선분에서만 구할 수 있다.

지수 指數, exponent

정의 ○ 같은 수나 문자를 거듭해서 곱한 횟수.

어원 ○ 한자어 지(指)는 '가리키다'를, 영어 exponent는 '상징'이나 '표시'를 뜻한다. 따라서 지수는 어떤 수나 문자의 오른쪽 위에 덧붙여 쓰여 거듭제곱한 횟수를 가리키는 일종의 표시라고 볼 수 있다.

지수는 아주 큰 수 또는 아주 작은 수를 간단히 나타내기 위해 만들어졌다.

예 우주에 존재하는 모든 수소 원자의 개수는 약 1.7×10^{77}개이다.

핵심 ▶ 지수법칙

a가 0이 아닐 때, 지수에 대하여 다음 법칙이 성립한다.

	m, n이 자연수일 때	m, n이 정수일 때
$a^m \times a^n$ $= a^{m+n}$	예 $a^5 \times a^2 = (a \times a \times a \times a \times a) \times (a \times a)$ $= a^{5+2} = a^7$	예 $a^2 \times a^{-5} = a^{2+(-5)}$ $= a^{-3}$
$a^m \div a^n$ $= a^{m-n}$	예 $a^5 \div a^2 = \dfrac{a \times a \times a \times a \times a}{a \times a} = a^{5-2} = a^3$ $a^5 \div a^5 = \dfrac{a \times a \times a \times a \times a}{a \times a \times a \times a \times a}$ $= a^{5-5} = a^0 = 1$ $a^2 \div a^5 = \dfrac{a \times a}{a \times a \times a \times a \times a} = \dfrac{1}{a^3}$	예 $a^{-2} \div a^5 = a^{-2-5}$ $= a^{-7}$ $a^2 \div a^{-5} = a^{2-(-5)}$ $= a^7$
$(a^m)^n$ $= a^{mn}$	예 $(a^5)^2 = (a \times a \times a \times a \times a) \times (a \times a \times a \times a \times a)$ $= a^{5 \times 2} = a^{10}$	예 $(a^{-5})^2 = a^{-5 \times 2}$ $= a^{-10}$
$(ab)^m$ $= a^m b^m$ $\left(\dfrac{b}{a}\right)^m = \dfrac{b^m}{a^m}$	예 $(ab)^5 = (a \times b) \times (a \times b) \times (a \times b) \times$ $(a \times b)$ $= a^5 b^5$ $\left(\dfrac{b}{a}\right)^5 = \left(\dfrac{b}{a}\right) \times \left(\dfrac{b}{a}\right) \times \left(\dfrac{b}{a}\right) \times \left(\dfrac{b}{a}\right) \times \left(\dfrac{b}{a}\right)$ $= \dfrac{b^5}{a^5}$	예 $(ab)^{-5} = a^{-5} b^{-5}$ $\left(\dfrac{b}{a}\right)^{-5} = \dfrac{b^{-5}}{a^{-5}} = \dfrac{a^5}{b^5}$ $2(ab)^3 = 2a^3 b^3$ $(2a)^3 = 2^3 \times a^3 = 8a^3$

┃ 관련어

· 거듭제곱
· 인수분해

▶ a^m (단, a는 양수)

① 지수가 1: $a^1 = a$ (→ 지수 1 생략)

② 지수가 0: $a^0 = 1$

③ 지수가 음수: $a^{-n} = \dfrac{1}{a^n}$ (n은 양수)

④ 지수가 유리수: $a^{\frac{1}{m}} = \sqrt[m]{a}$, $a^{\frac{n}{m}} = \sqrt[m]{a^n}$

예제 ○ 다음 식을 간단히 하여라.

(1) $x^3 \times x \times x^8$ 　　(2) $(a^2 b^3)^4$ 　　(3) $\left(\dfrac{b^2}{a^5}\right)^3$ 　　(4) $y^{15} \div y^5 \div (y^4)^3$

[풀이] (1) $x^3 \times x \times x^8 = x^{3+1+8} = x^{12}$

(2) $(a^2 b^3)^4 = a^{2 \times 4} b^{3 \times 4} = a^8 b^{12}$

(3) $\left(\dfrac{b^2}{a^5}\right)^3 = \dfrac{b^{2 \times 3}}{a^{5 \times 3}} = \dfrac{b^6}{a^{15}}$

(4) $y^{15} \div y^5 \div (y^4)^3 = y^{15-5} \div y^{4 \times 3} = y^{10} \div y^{12} = \dfrac{1}{y^{12-10}} = \dfrac{1}{y^2} = y^{-2}$

■ 주의점

• 다음과 같이 계산하면 안 된다. $2^8 \div 2^2 \neq 2^{8 \div 2}$, $2^4 \times 2^3 \neq 2^{4 \times 3}$

• 중학교에서는 지수의 범위가 자연수인 경우에 대해서만 배우지만, 고등학교에서는 지수의 범위가 정수와 유리수, 실수까지 확장된다.

수학사 ○ **지수 표기의 역사**

거듭제곱에 대한 표기는 3세기의 **디오판토스**(Diophantos, 246?~330?)가 처음 만들었지만, 현재와 같은 지수 표기는 16세기 프랑스의 **비에트**(Viete, 1540~1603)로부터 시작되었다. 하지만 그 과정도 한번에 이루어진 것은 아니었다. 비에트는 미지수를 한번 곱한 것을 A, 미지수를 두 번 곱한 것을 A quadratum, 미지수를 세 번 곱한 것을 A cubum으로 나타냈는데, 그 후 다른 사람들이 이를 간단히 줄여 A, A q, A c와 같이 나타냈다.

비에트

16~17세기에는 독일 수학자 **슈티펠**(Stifel, 1487~1567)이 《산술전서, Arithmetica

Integra》에 미지량의 네제곱을 AAAA로 나타냈고, 영국 수학자 **해리엇**(Harriot, 1560~1621)은 주로 소문자 모음을 사용해 제곱은 aa로, 세제곱은 aaa로 썼다. 지수 표기는 그 후로도 계속 수정되었고, 지금과 같은 간단한 지수 표기는 **데카르트**(Descartes, 1596~1650)에 이르러서 완성되었다. 데카르트는 지금과 같이 x^3, x^4으로 표현했는데 때로는 x^2을 xx로도 나타내기도 했다. 그러다 **가우스**(Gauss, 1777~1855)가 x^2을 xx로 쓰는 것을 하지 않았고, 그 후 모두가 이에 따라 x^2을 사용했다.

한편, 지수를 나타낼 때 문자가 아닌 숫자를 사용한 한 사람은 1636년 **흄**(James Hume, 17세기경)이 처음이었다. 당시 흄이 사용한 숫자는 아라비아 숫자가 아니라 로마 숫자였다. 또 프랑스 수학자 **슈케**(Chuquet, 1487~1567)는 0에서 20까지의 2의 거듭제곱 표를 만들다가 문득 지수로 나타낸 두 수의 밑이 같을 때, 두 수의 곱을 하려면 지수끼리 더하기만 하면 된다는 것을 깨달았다고 한다.

직교 直交, orthogonal

정의 ○ 두 직선이나 두 평면이 직각으로 만나는 것.

어원 ○ 한자어 직(直)은 '직각'을, 교(交)는 '만나다'를 뜻한다. 영어 orthogonal은 '직각의'를 뜻한다. 따라서 직교는 서로 직각으로 만나는 것을 말한다.

핵심 ▶ **직선과 직선의 직교**

직교하는 두 직선을 '서로 수직'이라고 하고, 이때 한 직선은 다른 직선의 '수선'이라고 한다.

서로 만나는 두 선분 AB, CD가 이루는 교각이 90°일 때, '$\overline{AB}$와 $\overline{CD}$는 직교한다.'라고 한다.

$$\overline{AB} \perp \overline{CD}$$

▶ **직선과 평면의 직교**

직선 l이 평면 α에 수직일 때, '직선 l과 평면 α는 직교한다.'라고 한다.

▶ **평면과 평면의 직교**

평면 α가 평면 β에 수직인 직선 l을 포함할 때, '평면 α와 평면 β는 직교한다.'라고 한다.

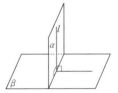

▮관련어
• 교각
• 수선의 발
• 수직이등분선
• 작도

예제 ○ 오른쪽 그림의 직선 l, m, n, p 중에서 서로 직교하는 직선을 구하여라.

[정답] $l \perp m$, $n \perp p$

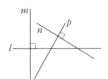

🕮 **주의점**
• '수직으로 만난다'와 '직교한다'는 같은 뜻이다.

직선의 방정식

直線의 方程式, equation of straight

정의 ○ $ax+by+c=0$ (a, b, c는 상수, a와 b가 동시에 0은 아니다).

핵심 ▶ 순서쌍을 좌표로 하여 좌표평면 위에 나타냈을 때, 그 모양이 직선이 되는 방정식을 직선의 방정식이라고 한다.

▶ $ax+by+c=0$에서 a와 b의 값에 따라 직선의 방정식을 그래프로 나타내면 다음과 같다.

(1) $a=0$이고 $b \neq 0$일 때

$a=0$을 대입하면, $ax+by+c=0$은 $0 \times x+by+c=0$이 된다.

이 식을 y에 대해 정리하면 $y=-\dfrac{c}{b}$

이때, 이 그래프는 x축에 평행한 직선이 된다. 또한, $y=-\dfrac{c}{b}$는 함수이기는 하지만 x의 일차항이 없으므로 일차함수는 아니고 상수함수이다.

예 $0 \times x+3y+2=0$을 y에 대해 정리하면 $y=-\dfrac{2}{3}$이다.

이때, 이 그래프는 점 $\left(0, -\dfrac{2}{3}\right)$를 지나고 x축에 평행한 직선이다.

(2) $a \neq 0$이고 $b=0$일 때

$b=0$을 대입하면, $ax+by+c=0$은 $ax+0 \times y+c=0$이 된다.

이 식을 x에 대해 정리하면 $x=-\dfrac{c}{a}$

이때, 이 그래프는 y축에 평행한 직선이 된다. 또한, $x=-\dfrac{c}{a}$는 함수가 될 수 없다.

예 $3x+0 \times y+2=0$을 x에 대해 정리하면 $x=-\dfrac{2}{3}$이다.

이때, 이 그래프는 점 $\left(-\dfrac{2}{3}, 0\right)$을 지나고, y축에 평행한 직선이다.

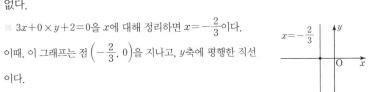

관련어
- 기울기
- 방정식
- 직선
- 함수
- x절편
- y절편

(3) $a \neq 0$이고 $b \neq 0$일 때

$ax+by+c=0$을 y에 대해 정리하면 일차함수 $y=-\dfrac{a}{b}x-\dfrac{c}{b}$가 된다. 따라

서 일차방정식 $ax+by+c=0$의 그래프는 일차함수 $y=-\dfrac{a}{b}x-\dfrac{c}{b}$의 그래프와 서로 같다. 이때, 그래프는 기울기가 $-\dfrac{a}{b}$이고, y절편이 $-\dfrac{c}{b}$인 직선이다.

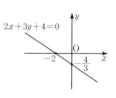

예 $2x+3y+4=0$을 y에 대해 정리하면 $y=-\dfrac{2}{3}x-\dfrac{4}{3}$이다. 이때, 이 그래프는 기울기가 $-\dfrac{2}{3}$이고, y절편이 $-\dfrac{4}{3}$인 직선이다.

▶ 직선의 방정식을 구하는 방법은 다음과 같다.

(1) 기울기와 y절편이 주어질 때

기울기가 m이고, y절편이 n인 직선의 방정식 ➡ $y=mx+n$

예 기울기가 -2이고, y절편이 $\dfrac{1}{3}$인 직선의 방정식은 $y=-2x+\dfrac{1}{3}$

(2) 기울기와 한 점이 주어질 때

기울기가 m이고, 점 $(p,\ q)$를 지나는 직선의 방정식 ➡ $y-q=m(x-p)$

또는, 기울기가 m이므로 $y=mx+b$라고 놓은 다음, 주어진 점 $(p,\ q)$를 대입하여 b의 값을 구해도 된다.

예 기울기가 3이고, 점 $(1,\ -2)$를 지나는 직선의 방정식은 $y=3x+b$로 놓은 다음, 점 $(1,\ -2)$를 대입하면 $-2=3+b,\ b=-5$

따라서 이 직선의 방정식은 $y=3x-5$이다.

(3) 두 점이 주어질 때

두 점 $(x_1,\ y_1)$과 $(x_2,\ y_2)$를 지나는 직선의 방정식 ➡ $y-y_1=\left(\dfrac{y_2-y_1}{x_2-x_1}\right)(x-x_1)$

기울기는 $\dfrac{y_2-y_1}{x_2-x_1}$이므로 $y=\dfrac{y_2-y_1}{x_2-x_1}x+b$라고 놓은 다음, 주어진 두 점 중에서 하나를 대입하여 b의 값을 구한다.

예 두 점 $(1,-1)$, $(4,\ 2)$를 지나는 직선의 방정식은 기울기가 $\dfrac{2-(-1)}{4-1}=1$이므로 $y=x+b$라고 놓은 다음, 점 $(1,-1)$을 대입하면 $-1=1+b,\ b=-2$

따라서 이 직선의 방정식은 $y=x-2$이다.

예제 ○ x절편이 -2이고, y절편이 3인 직선의 방정식을 구하여라.

[풀이] 두 점 $(-2,\ 0)$과 $(0,\ 3)$을 지나는 직선의 기울기는 $\dfrac{3-0}{0-(-2)}=\dfrac{3}{2}$이고, y절편이 3이므로 구하는 직선의 방정식은 $y=\dfrac{3}{2}x+3$

- x축에 평행하거나 y축에 평행한 직선은 일차함수의 그래프는 아니지만 직선의 방정식
 의 그래프이다.

수학사 ○ **직선의 방정식의 역사**

임의의 점을 기준점(O)으로 잡고, 이 점을 통과하는 두 개의 직교하는 직선을 각각
x축과 y축으로 삼는다면 순서쌍 $(x,\ y)$로 평면상의 모든 점을 정의할 수 있다.

수학의 역사에서 이러한 도형의 '점'이 갖는 의미를 깊게 분석하고 기하학을 방정식
으로 표현할 수 있는 도구를 발명해 수학의 주류를 바꾼 사람은 바로 '근대 철학의 아
버지'라고 불리는 프랑스 철학자이자 수학자 데카르트(Descartes, 1596~1650)이다.
평면좌표계에서 특정한 방정식 $f(x,\ y)=0$을 만족시키는 무수히 많은 점의 집합은 직
선이나 곡선이 될 수 있다. 데카르트가 도입한 좌표 개념으로 원뿔의 단면으로 만들 수
있는 포물선, 타원, 쌍곡선, 원 등의 곡선을 다음과 같은 하나의 식으로 나타낼 수 있게
되었다.

$$ax^2+bxy+cy^2+dx+ey+f=0$$

사실 데카르트는 이에 대한 증명을 내놓지는 않았
다. 하지만 특수한 경우 이 식이 이차방정식이 될 수 있
음을 보였다. 위 일반형에서 $b=c=e=0$이면 이차방
정식 $ax^2+dx+f=0$이 된다. 이로써 작도(作圖)라는
행위 대신에 대수식으로부터 계산을 통해서 기하학의
문제를 풀 수 있게 되었다.

한편, '도형의 방정식'이라는 아이디어를 생각한 사람

페르마

은 페르마(Fermat, 1601~1665)였다. 그는 일정한 방정식을 만족하는 좌표를 갖는 점
의 집합을 이 방정식의 '도형'이라고 했다.

차수 次數, degree

정의 ○ 단항식에서는 그 항에 곱해진 문자의 개수.
다항식에서는 차수가 가장 큰 항의 차수.

어원 ○ 한자어 차수(次數)는 수학에서 '문자의 개수'를, 영어 degree는 '계급'을 뜻한다.
이때, 단항식에서의 차수와 다항식에서의 차수의 의미가 다르다.

핵심 ▶ **단항식에서의 차수**

단항식에서의 차수는 그 항에 곱해져 있는 문자의 개수를 뜻한다.

예) $\dfrac{2}{7}x = \dfrac{2}{7} \times x$ → 차수: 1차

$4x^2y = 4 \times x \times x \times y$ → 차수: 3차

$3a^2b^4c = 3 \times a \times a \times b \times b \times b \times b \times c$ → 차수: 7차

이때, 어떤 한 문자에 대해서 차수를 말할 때는 식에 곱해져 있는 그 문자의 개수를 뜻한다.

예) $3a^2b^4c$ $\begin{cases} a\text{에 대한 차수} \rightarrow 2\text{차} \\ b\text{에 대한 차수} \rightarrow 4\text{차} \\ c\text{에 대한 차수} \rightarrow 1\text{차} \end{cases}$

▶ **다항식에서의 차수**

다항식에서의 차수는 그 다항식을 이루는 여러 항 중에서 차수가 가장 큰 항의 차수를 말한다.

예) 다항식 $\underset{1\text{차}}{2x} - \underset{1\text{차}}{3y} + 6$ 의 차수 → 1차

다항식 $\underset{2\text{차}}{-5x^2} + \underset{1\text{차}}{3x} - 1$ 의 차수 → 2차

관련어
• 계수
• 다항식
• 단항식
• 상수항
• 항

예제 ○ 다음 다항식 중에서 x에 대한 2차식을 모두 고르면?

① $2x^2y$ ② $2x^2 - y$ ③ $2xy$

④ $2x + x$ ⑤ $2x - x^2$

풀이 ③ $2xy$: x에 대한 1차식   ④ $2x + x = 3x$: x에 대한 1차식

정답 ①, ②, ⑤

ㅊ

■ 주의점

• 상수항의 차수는 0이다.

수학사 ○ **차수의 역사**

차수 개념을 처음 도입한 사람은 16세기 수학자 프랑스 수학자 **비에트**(Viete, 1540~1603)이다. 당시까지만 해도 수학에서는 그리스 수학의 영향에서 벗어나지 못하여 x는 선분의 길이, x^2은 정사각형의 면적, x^3은 정육면체의 부피로 생각하는 등 문자끼리의 곱을 도형과 관련해서 생각하는 경향이 있었는데, 비에트 덕분에 문자끼리의 곱의 의미가 도형을 벗어나게 되었다.

한편, 이차곡선, 삼차곡선 …과 같이 곡선을 차수로 구분한 것은 영국의 수학자 뉴턴(Newton, 1642~1727)이었다.

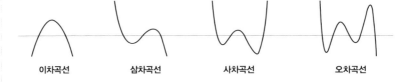

| 이차곡선 | 삼차곡선 | 사차곡선 | 오차곡선 |

최빈값 ^{最頻값, mode}

정의 ○ 자료의 값 중에서 가장 많이 나타나는 값.

어원 ○ 한자어 빈(頻)은 '자주, 빈번히'를, 영어 mode는 수학 용어로 최빈값을 뜻한다. 따라서 최빈값은 전체 자료의 값 중에서 도수가 가장 큰 값을 말하며, 평균, 중앙값과 더불어 자료의 대푯값 중 하나이다.

핵심 ▶ 최빈값의 특징은 다음과 같다.

① 자료의 값 중에서 도수가 가장 큰 값이 1개 이상이면 그 값이 모두 최빈값이다.

② 각 자료의 값의 도수가 모두 같으면 최빈값은 없다.

예를 들어 다음 자료에서 최빈값을 구하려면 도수를 세어야 한다.

우리 반 학생들의 좋아하는 과일

사과, 배, 사과, 딸기, 오렌지, 귤, 참외, 사과, 바나나, 수박, 복숭아, 딸기, 사과,
포도, 키위, 배, 딸기, 복숭아, 귤, 배, 사과, 딸기, 수박, 오렌지, 키위, 사과, 키위

관련어
• 대푯값
• 도수
• 중앙값
• 평균

→ 사과(6번), 배(3번), 딸기(4번), 오렌지(2번), 귤(2번), 참외(1번), 바나나(1번), 수박(2번), 복숭아(2번), 포도(1번), 키위(3번)

→ 최빈값: 사과

예제 ○ 다음 자료 중 최빈값이 없는 경우는?

① 6, 5, 3, 6, 8, 3, 1, 3 　　　② 3, 4, 5, 7, 6, 2 　　　③ 3, 4, 5, 3, 4, 2

[풀이] ① 최빈값: 3 　　② 최빈값: 없음 　　③ 최빈값: 3, 4

■ 주의점

• 최빈값은 수치로 되어 있지 않은 자료일 때, 대푯값으로 주로 사용된다.

편차 偏差, deviation

정의 ○ 각 변량에서 평균을 뺀 값.

핵심 ▶ 편차는 각각의 자료가 평균에서 얼마나 흩어져
있는지를 나타낸 값으로, 변량에서 평균을 빼서
구한다.

$$(\text{편차}) = (\text{변량}) - (\text{평균})$$

▶ 편차의 특징은 다음과 같다.

① 변량이 평균보다 크면 편차는 양수이고, 변량이 평균보다 작으면 편차는 음수
이다.

② 편차의 절댓값이 클수록 그 변량은 평균에서 멀리 떨어져 있고, 편차의 절댓값
이 작을수록 그 변량은 평균에 가까이 있다.

③ 편차의 합은 항상 0이다.

　예 변량이 5, 6, 7, 8, 9일 때

관련어
· 변량
· 분산
· 산포도
· 표준편차

→ 평균: $\dfrac{5+6+7+8+9}{5} = \dfrac{35}{5} = 7$

→ 편차: $5-7 = -2$, $6-7 = -1$, $7-7 = 0$, $8-7 = 1$, $9-7 = 2$

→ 편차의 합: $(-2) + (-1) + 0 + 1 + 2 = 0$

예제 ○ **다음은 어떤 학생의 수학 점수의 편차를 나타낸 것이다. x의 값을 구하여라.**

| -2, | $+3$, | -5, | $+4$, | x |

　풀이 편차의 합은 0이다. 즉, $-2+3-5+4+x = 0$

따라서 $x = 0$

🔖 주의점

· 편차를 통해 개별적인 각각의 자료가 평균과 얼마나 차이가 나는지는 알 수 있지만, 전
체적으로 자료가 평균에 몰려있는지 흩어져있는지는 알 수 없다.

Ⅱ

평각 平角, straight angle

정의 ○ 한 점에서 서로 반대 방향으로 그은 2개의 반직선이 일직선이 될 때 두 반직선이 이루는 각.

어원 ○ 한자어 평(平)은 '평평하다'를, 영어 straight는 '일직선의'를 뜻한다. 수학에서 평각은 크기가 180°인 각을 말한다.

예제 ○ 오른쪽 그림에서 ∠AOB가 평각일 때, ∠x의 값을 구하여라.

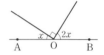

[풀이] ∠x + 90° + 2∠x = 180°이므로

∠x + 2∠x = 90°, 3∠x = 90°, ∠x = 30°

⬛ 주의점

• 각은 다음과 같이 분류할 수 있다.

(1) 평각: 크기가 180°인 각

(2) 직각: 평각의 $\frac{1}{2}$, 즉 크기가 90°인 각

(3) 예각: 0도보다 크고 직각보다 작은 각   예 45°

(4) 둔각: 직각보다 크고 평각보다 작은 각   예 120°

┃·관련어

• 교각
• 동위각
• 맞꼭지각
• 엇각

평행이동 平行移動, translation

정의 ○ 어떤 도형을 일정한 방향으로 일정한 거리만큼 옮기는 것.

핵심 ▶ 평행이동이란 어떤 도형 위의 모든 점을 같은 방향으로 같은 거리만큼 이동하는 것을 말한다. 평행이동한 도형은 이동하기 전 도형과 모양과 크기는 같고, 위치만 바뀐다.

▶ **x축 방향으로 평행이동하기**

함수 $y=f(x)$의 그래프의 모든 점을 x축의 방향으로 p만큼 평행이동하면 $(x,\ y)$의 점들은 각각 $(x+p,\ y)$로 옮겨진다. 이때, 처음 도형의 함수식을 이용하여 새로운 점들로 만들어진 새로운 도형의 함수식을 구할 때는 원래 식의 x자리에 $x-p$를 대입하면 된다.

$$y=f(x)$$
$$(x+p, y)=(x', y')$$
$$\rightarrow x'=x+p, y'=y$$
$$\rightarrow x=x'-p, y=y'$$
$$\rightarrow y'=f(x'-p)$$

예를 들어, 일차함수 $y=2x$의 그래프를 x축의 방향으로 3만큼 평행이동한 그래프의 함수식은 다음과 같이 두 가지 방법으로 구할 수 있다.

(ⅰ) $y=2x$를 만족하는 임의의 점을 평행이동한 다음, 옮겨진 점을 이용해서 새로운 직선의 방정식을 구한다. 원래 직선 위에 있던 $(1, 2)$와 $(2, 4)$를 x축의 방향으로 3만큼 평행이동하면

$$(1, 2) \rightarrow (4, 2), (2, 4) \rightarrow (5, 4)$$

이 두 점 $(4, 2)$와 $(5, 4)$를 지나는 직선의 방정식은 $y=2x-6$이다.

(ⅱ) 처음 식의 x자리에 $x'-3$, y자리에 y'를 대입한다.

$$y=2x \rightarrow y'=2(x'-3) \rightarrow y'=2x'-6$$

이때, x'과 y'은 임의로 만든 기호이므로 일반적으로 변수를 나타내는 기호인 x, y를 사용하면 $y=2x-6$이 된다.

예 이차함수 $y=2x^2$의 그래프를 x축의 방향으로 3만큼 평행이동한 그래프의 식은 처음 식의 x자리에 $x'-3$, y자리에 y'를 대입한 다음, 일반적인 변수 기호인 x, y로 바꾼다.

$$y=2x^2 \rightarrow y'=2(x'-3)^2 \rightarrow y=2(x-3)^2$$

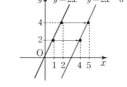

! **관련어**
- 이차함수
- 일차함수
- 좌표
- 포물선

▶ **y축 방향으로 평행이동하기**

함수 $y=f(x)$의 그래프의 모든 점을 y축의 방향으로 q만큼 평행이동하면 (x, y)의 점들은 각각 $(x, y+q)$로 옮겨진다. 이때, 처음 도형의 함수식을 이용하여 새로운 점들로 만들어진 새로운 도형의 함수식을 구할 때는 원래 식의 y자리에 $y-q$를 대입하면 된다.

$$y=f(x)$$
$$(x, y+q)=(x', y')$$
$$\rightarrow x'=x, \ y'=y+q$$
$$\rightarrow x=x', \ y=y'-q$$
$$\rightarrow y'-q=f(x')$$

예를 들어, 일차함수 $y=2x$의 그래프를 y축의 방향으로 3만큼 평행이동한 그래프의 함수식은 다음과 같이 두 가지 방법으로 구할 수 있다.

(i) $y=2x$를 만족하는 임의의 점을 평행이동한 다음, 옮겨진 점을 이용해서 새로운 직선의 방정식을 구한다.

원래 직선 위에 있던 $(1, 2)$와 $(2, 4)$를 y축의 방향으로 3만큼 평행이동하면
$$(1, 2) \rightarrow (1, 5), \ (2, 4) \rightarrow (2, 7)$$
이 두 점 $(1, 5)$와 $(2, 7)$을 지나는 직선의 방정식은 $y=2x+3$이다.

(ii) 처음 식의 x자리에 x', y자리에 $y'-3$를 대입한다.
$$y=2x \rightarrow y'-3=2x' \rightarrow y'=2x'+3$$
이때, x'과 y'은 임의로 만든 기호이므로 일반적으로 변수를 나타내는 기호인 x, y를 사용하면 $y=2x+3$이 된다.

⑩ 이차함수 $y=2x^2$의 그래프를 y축의 방향으로 3만큼 평행이동한 그래프의 식은 처음 식의 x자리에 x', y자리에 $y'-3$을 대입한 다음, 일반적인 변수 기호인 x, y로 바꾼다.
$$y=2x^2 \rightarrow y'-3=2(x'^2), \ \text{따라서} \ y=2x^2+3$$

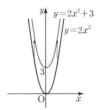

▶ **x축과 y축의 방향으로 평행이동하기**

함수 $y=f(x)$의 그래프의 모든 점을 x축의 방향으로 p만큼, y축의 방향으로 q만큼 평행이동하면 (x, y)의 점들은 각각 $(x+p, y+q)$로 옮겨진다. 이때, 처음 도형의 함수식을 이용하여

$$y=f(x)$$
$$(x+p, y+q)=(x', y')$$
$$\rightarrow x'=x+p, \ y'=y+q$$
$$\rightarrow x=x'-p, \ y=y'-q$$
$$\rightarrow y'-q=f(x'-p)$$

새로운 점들로 만들어진 새로운 도형의 함수식을 구할 때는 원래 식의 x자리에 $x-p$를, y자리에 $y-q$를 대입하면 된다.

예를 들어, 일차함수 $y=2x$의 그래프를 x축으로 4만큼 y축의 방향으로 3만큼 평행이동한 그래프의 함수식은 x자리에 $x'-4$를, y자리에 $y'-3$을 대입한다.

$$y=2x \rightarrow y'-3=2(x'-4) \rightarrow y'-3=2x'-8 \rightarrow y'=2x'-5$$

이때, x'과 y'은 임의로 만든 기호이므로 일반적으로 변수를 나타내는 기호인 x, y를 사용하면 $y=2x-5$가 된다.

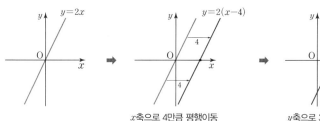

x축으로 4만큼 평행이동 y축으로 3만큼 평행이동

예 이차함수 $y=2x^2$의 그래프를 x축의 방향으로 4만큼, y축의 방향으로 3만큼 평행이동한 그래프의 함수식은 x자리에 $x'-4$, y자리에 $y'-3$을 대입한 다음, 일반적인 변수 기호인 x, y로 바꾼다.

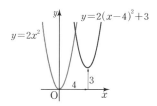

$$y=2x^2 \rightarrow y'-3=2(x'-4)^2$$
$$\rightarrow y'=2(x'-4)^2+3$$

따라서 $y=2(x-4)^2+3$

예제 ○ 이차함수 $y=\dfrac{1}{4}x^2$의 그래프를 y축의 방향으로 $\dfrac{2}{3}$만큼 평행이동하면 이차함수 $y=ax^2+b$의 그래프가 된다고 한다. 이때, a와 b의 값을 구하여라.

풀이 $y=\dfrac{1}{4}x^2$의 그래프를 y축의 방향으로 $\dfrac{2}{3}$만큼 평행이동하면

$y-\dfrac{2}{3}=\dfrac{1}{4}x^2$, 즉 $y=\dfrac{1}{4}x^2+\dfrac{2}{3}$. 따라서 $a=\dfrac{1}{4}$, $b=\dfrac{2}{3}$

🔖 주의점

• 한 점 (x, y)를 x축으로 p만큼, y축으로 q만큼 평행이동할 때 점의 좌표는 $(x+p, y+q)$이고, 함수 $y=f(x)$의 각 점을 x축으로 p만큼, y축으로 q만큼 평행이동할 때의 함수식은 $y-q=f(x-p)$이다.

Ⅱ

포물선 抛物線, parabola

정의 ○ 이차함수 $y = ax^2$의 그래프와 같은 모양의 곡선.

어원 ○ 한자어 포(抛)는 '던지다'를, 물(物)은 '물체'를 뜻한다. 영어 parabola는 '포물선 모양'을 뜻한다. 따라서 포물선이란 물체를 비스듬히 던질 때 물체가 그리는 모양을 말한다.

핵심 ▶ 포물선은 한 점과 그 점을 지나지 않는 직선에서 같은 거리에 있는 점들의 모임이다. 이때, 그 한 점을 포물선의 '초점'이라 하고, 그 직선을 포물선의 '준선'이라고 한다. 포물선의 준선은 대칭축과 수직이다.

▶ 포물선의 모양은 다음 두 가지이다.

(1) 준선이 x축에 평행할 때

초점이 $F(0, p)$, 준선이 $y = -p$, 축이 y축인 포물선의 방정식은 $x^2 = 4py$이다.

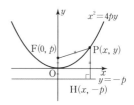

(2) 준선이 y축에 평행할 때

초점이 $F(p, 0)$, 준선이 $x = -p$, 축이 x축인 포물선의 방정식은 $y^2 = 4px$이다.

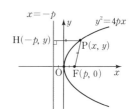

┆· **관련어**
- 이차함수
- 함수
- 함수의 그래프

🔲 **주의점**
- 중학교에서는 포물선을 이차함수의 그래프로 다루는데, 이는 준선이 x축과 평행한 경우, 즉 대칭축이 y축이거나 y축과 평행한 포물선이다.
- 고등학교 수학에서는 포물선의 정의를 '평면 위에서 한 점 F와 그 점을 지나지 않는 한 직선 l이 있을 때, 점 F와 직선 l에 이르는 거리가 같은 점들의 집합'이라고 한다.

○ **포물선의 역사**

포물선은 원, 타원, 쌍곡선과 더불어 원뿔곡선 (또는 원추곡선), 즉 원뿔과 평면이 만나는 곡선 중 하나이다. 포물선이 처음 알려진 것은 고대 그리스의 **메나에크무스**(Menaechmus, BC 380~320)와 **아폴로니우스**(Apollonius, BC 262?~200?)에 의해서이다. 특히, 아폴로니우스는 두 개의 원뿔을 꼭짓점이 맞닿게 세운 후 밑면과 모선이 이루는 각에 평행하게 절단하여 그 단면이 포물선이 되게 만들었다.

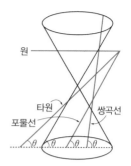

이러한 원뿔곡선은 17세기에 **데카르트**(Descartes, 1596~1650)가 좌표 개념을 도입함에 따라 대수식으로 표현되었다. 미적분이 발달하고 운동의 법칙이 발견되면서 포물선이 움직이는 점의 자취가 된 것이다. 모든 원뿔곡선을 방정식으로 표현하면 이차식이 되기 때문에 원뿔곡선을 이차곡선이라고도 한다.

포물선은 늘인 길이에 따라 스프링에 축적된 에너지의 크기를 나타내거나, 날아가는 포탄의 고도를 이동 거리에 따라 나타낼 때 그려지는 모양이기도 하다. 포물선에는 초점이 있는데, 포물선 모양을 한 안테나는 우주에서 날아온 전파가 안테나에 부딪힌 후 반사되어 한곳에 모이는 초점에 수신기를 달아놓은 것이다.

표준편차 標準偏差, standard deviation

정의 ○ 분산의 양의 제곱근.

핵심 ▶ 표준편차는 자료가 평균으로부터 흩어진 정도를 하나의 숫자로 나타낸 산포도 중
의 하나로, 분산의 양의 제곱근이다.

$$(표준편차) = \sqrt{(분산)} = \sqrt{\frac{(편차)^2의\ 총합}{(도수)의\ 총합}}$$

예 자료: 158cm, 160cm, 155cm, 165cm, 167cm

→ 평균: $\dfrac{158+160+155+165+167}{5} = 161(\text{cm})$

→ 편차: $(-3)+(-1)+(-6)+4+6 = 0$

→ 분산: $\dfrac{(-3)^2+(-1)^2+(-6)^2+4^2+6^2}{5} = 19.6$

→ 표준편차: $\sqrt{19.6}\,\text{cm}$

▶ 표준편차의 특징은 다음과 같다.

① 단위가 원래 자료의 단위와 같다.

② 표준편차가 작으면 변량이 평균에 몰려있고 자료의 분포 상태가 고르다는 것
을 뜻한다.

③ 표준편차가 크면 변량이 평균에서 멀리 흩어져있으므로 자료의 분포 상태가
고르지 않다는 것을 뜻한다.

관련어
· 대푯값
· 분산
· 산포도
· 편차

예제 ○ 다음은 A와 B가 5회에 걸쳐서 본 수학시험 점수이다. 두 사람의 수학시험 점수의 평
균과 표준편차를 각각 구하고, 점수가 더 고른 사람이 누구인지 답하여라.

	1회	2회	3회	4회	5회
A	85점	75점	90점	100점	95점
B	90점	85점	95점	90점	95점

[풀이] A의 평균: $\dfrac{85+75+90+100+95}{5}=\dfrac{445}{5}=89$(점)

A의 표준편차: $\sqrt{\dfrac{(-4)^2+(-14)^2+1^2+11^2+6^2}{5}}=\sqrt{\dfrac{370}{5}}=\sqrt{74}$ (점)

B의 평균: $\dfrac{90+85+95+90+95}{5}=\dfrac{455}{5}=91$(점)

B의 표준편차: $\sqrt{\dfrac{(-1)^2+(-6)^2+4^2+(-1)^2+4^2}{5}}=\sqrt{\dfrac{70}{5}}=\sqrt{14}$ (점)

→ B의 표준편차가 더 작으므로 B의 점수가 A의 점수보다 고르다.

🔲 주의점

• 자료를 분석할 때의 산포도로 분산보다는 표준편차를 더 많이 사용한다.
• 자료의 분석 상태가 고른 편이면 표준편차가 작다.

피타고라스 정리
피타고라스 定理,
Pythagorean theorem

정의 ○ 직각삼각형에서 직각을 낀 두 변의 길이의 제곱의 합은 빗변의 길이의 제곱과 같다는 정리.

어원 ○ 피타고라스는 고대 그리스 수학자의 이름이고, 한자어 정리(定理)는 '참이라는 것이 증명된 명제'를 뜻한다. 영어 Pythagorean은 '피타고라스의'를, theorem은 '증명할 수 있는 일반적인 법칙'을 뜻한다. 따라서 피타고라스 정리는 피타고라스에 의해 참으로 증명된 법칙을 말한다.

핵심 ▶ **피타고라스 정리**

직각삼각형 ABC에서 직각을 낀 두 변의 길이를 각각 a, b, 빗변의 길이를 c라고 하면 $a^2+b^2=c^2$이다.

피타고라스 정리의 역은 다음과 같다.

세 변의 길이가 각각 a, b, c인 △ABC에서 $a^2+b^2=c^2$이 성립하면 이 삼각형은 직각삼각형이다.

▶ **피타고라스 정리의 증명**
피타고라스 정리를 증명하는 방법은 여러 가지이다.
[방법 1] 오른쪽 그림에서

△ABK≡△ACD(SAS합동)

△ABK=△ACK, △ADC=△ADL

따라서 □ACJK=□ADML

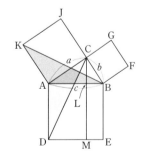

△BAF≡△BEC(SAS합동)

△BAF=△BCF, △BEC=△BLE

따라서 □BFGC=□BLME

□ADEB=□ADML+□BLME=□ACJK+□BFGC

따라서 $c^2=a^2+b^2$

관련어
· 각뿔
· 대각
· 두 점 사이의 거리
· 삼각비
· 제곱근
· 직교

[방법 2] 오른쪽 그림에서 $(a+b)^2=c^2+4\times\dfrac{1}{2}ab$

$a^2+2ab+b^2=c^2+2ab$

따라서 $c^2=a^2+b^2$

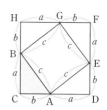

[방법 3] 오른쪽 그림에서 $c^2=(a-b)^2+4\times\dfrac{1}{2}ab$

$c^2=a^2-2ab+b^2+2ab$

따라서 $c^2=a^2+b^2$

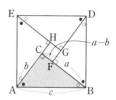

▶ 피타고라스 정리를 이용하면 다음과 같은 도형의 성질을 알 수 있다.

□ABCD에서 두 대각선이 서로 직교하면 $\overline{AB}^2+\overline{CD}^2$ $=\overline{AD}^2+\overline{BC}^2$	□ABCD의 내부에 임의의 점 P가 있으면 $\overline{AP}^2+\overline{CP}^2$ $=\overline{BP}^2+\overline{DP}^2$	△ABC에서 $\angle A=90°$, $\overline{AD}\perp\overline{BC}$이면 ① $bc=ah$ ② $c^2=ax$ $\quad b^2=ay$ $\quad h^2=xy$	△ABC에서 $\angle A=90°$, 점 D와 점 E가 각각 $\overline{AB}$, $\overline{BC}$ 위에 있으면 $\overline{ED}^2+\overline{BC}^2$ $=\overline{BE}^2+\overline{CD}^2$

▶ 피타고라스 정리를 이용하면 삼각형의 높이 h와 넓이 S를 구할 수 있다.

일반 삼각형	이등변삼각형	정삼각형
$h=\sqrt{b^2-(a-x)^2}$ $S=\dfrac{1}{2}ah$	$h=\sqrt{b^2-\left(\dfrac{a}{2}\right)^2}$ $S=\dfrac{1}{2}ah$	$h=\sqrt{a^2-\left(\dfrac{a}{2}\right)^2}=\dfrac{\sqrt{3}}{2}a$ $S=\dfrac{1}{2}ah=\dfrac{\sqrt{3}}{4}a^2$

Ⅱ

▷ 피타고라스 정리를 이용하면 대각선의 길이 l을 구할 수 있다.

직사각형	정사각형	직육면체	정육면체
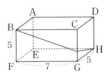			
$l=\sqrt{a^2+b^2}$	$\begin{aligned}l&=\sqrt{a^2+a^2}\\&=\sqrt{2}a\end{aligned}$	$l=\sqrt{a^2+b^2+c^2}$	$\begin{aligned}l&=\sqrt{a^2+a^2+a^2}\\&=\sqrt{3}a\end{aligned}$

▷ 피타고라스 정리를 이용하면 입체도형의 높이 h와 부피 V를 구할 수 있다.

정삼각뿔	정사각뿔	원뿔
$h=\dfrac{\sqrt{6}}{3}a,\ V=\dfrac{\sqrt{2}}{12}a^3$	$h=\sqrt{b^2-\dfrac{a^2}{2}},\ V=\dfrac{1}{3}a^2h$	$h=\sqrt{l^2-r^2},\ V=\dfrac{1}{3}\pi r^2h$

예제 ◑ 오른쪽과 같은 직육면체의 꼭짓점 B에서 겉면을 따라 모서리 CG를 지나 꼭짓점 H에 이르는 최단 거리를 구하여라.

풀이 직육면체에서의 최단 거리는 전개도를 이용하여 구할 수 있다. 최단 거리는 점 B에서 점 H까지의 직선 거리이므로 피타고라스 정리에 따라 계산하면

$$\sqrt{5^2+(7+5)^2}=\sqrt{25+144}=\sqrt{169}=13$$

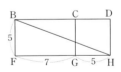

🔶 주의점

• $a^2+b^2=c^2$을 만족하는 세 자연수 a, b, c를 '피타고라스 수'라고 한다.

  예 $(3, 4, 5)$, $(5, 12, 13)$, $(6, 8, 10)$, $(7, 24, 25)$, …

피타고라스 정리의 역사

고대 그리스의 수학자 **피타고라스**(Pythagoras, BC 580?~BC 500?)의 이름이 붙은 '피타고라스 정리'는 그리스인뿐만 아니라 고대 바빌로니아인도 알고 있었다. 고대 바빌로니아 점토판에는

> 직각삼각형에서 한 변이 4이고 빗변이 5이면 다른 한 변의 길이는 얼마인가?

라는 문제가 있다. 그들은 직각삼각형의 세 변이 되는 수들을 기록한 표를 만들기도 했다. 여기에는 3, 4, 5 뿐만 아니라 3456, 3367, 4825와 같은 세 수의 쌍도 있다. 하지만 어떻게 해서 고대 바빌로니아인들이 피타고라스의 세 수를 구했는지는 밝혀지지 않았다. 거대한 피라미드를 만든 고대 이집트에서는 11개의 매듭을 지어 한 끈을 12등분한 다음, 이것으로 길이가 3, 4, 5인 직각삼각형을 만들었다는 기록이 있다.

고대 그리스의 수학자 **디오판토스**(Diophantos, 246?~330?)는 피타고라스 정리에 나오는 세 수가 자연수인 경우 세 수의 쌍을 구하는 법을 알아냈다. 그 방법은 다음과 같다.

먼저 임의의 자연수 a와 b를 정하고
(1) 두 수의 제곱의 차를 구한다. ➡ $a^2 - b^2$
(2) 두 수의 곱을 2배한다. ➡ $2ab$
(3) 두 수의 제곱의 합을 구한다. ➡ $a^2 + b^2$

예를 들어 $a=3$, $b=2$라고 할 때, $3^2 - 2^2 = 5$, $2ab = 2 \times 3 \times 2 = 12$, $3^2 + 2^2 = 13$ 이때, $5^2 + 12^2 = 13^2$이므로 피타고라스 정리가 성립한다.

동양의 경우 중국의 춘추전국시대인 기원전 700년경에 쓰인 것으로 추정되는 《주비산경, 周牌算經》에서 피타고라스 정리를 찾아볼 수 있다. 여기서 '구고'는 직각삼각형, '구'는 직각을 이루는 두 변 중에서 짧은 변, '고'는 직각을 이루는 두 변 중에서 긴 변, '현'은 빗변을 말한다. 나중에는 '구고'라는 단어가 직각삼각형을 의미하는 것이 되기도 했다. 이 책에서는 어떤 직각삼각형의 세 변의 비가 3, 4, 5가 되는 것을 다음과 같이 설명하고 있다.

《주비산경》의 구고현정리

원의 지름이 1이면 원의 둘레는 3이다. 정사각형의 한 변을 1이라 하면 정사각형의 둘레는 4이다. 직각삼각형에서 3을 '구'라 하고, 4를 '고'라고 하는 이유는 원주와 정사각형의 둘레인 3과 4를 대응하기 위한 것이다. 그렇다면 수의 순서로 보아 5를 '현'이라고 하는 것은 당연하다.

즉, 직각삼각형의 세 변이 3, 4, 5인 이유는 수의 순서가 3, 4, 5이기 때문이라는 것인데, 다소 논리적이지 않은 설명이다.

비슷한 시기인 기원전 800년~기원전 600년경의 고대 인더스 문명 유적에서도

정사각형의 대각선을 이용하여 원래 정사각형 넓이의 2배인 정사각형을 만들 수 있다

는 내용이 나온다.

한편, 피타고라스의 세 수를 찾는 다음과 같은 공식을 만든 사람은 인도의 **브라마굽타**(Brahmagupta, 598~668)이다.

$$m, \quad \frac{m^2-n^2}{2n} \quad \frac{m^2+n^2}{2n}$$

할선 割線, secant

정의 ○ 원과 두 점에서 만나는 직선.

어원 ○ 한자어 할(割)은 '쪼개다'를, 영어 secant는 '자르는'을 뜻한다. 수학에서 할선은 원과 두 점에서 만나는 직선을 말한다.

핵심 ▶ **원의 할선과 선분의 길이**

원에서 두 할선의 선분의 길이 사이에는 다음과 같은 관계가 성립한다.

➡ $\overline{PA} \cdot \overline{PB} = \overline{PC} \cdot \overline{PD}$

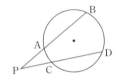

$$\overline{PA} \cdot \overline{PB} = \overline{PC} \cdot \overline{PD}$$

[증명] 점 C와 점 B, 점 A와 점 D를 각각 이으면 △APD와 △CPB가 생긴다. 두 삼각형에서 ∠P가 공통이고, ∠B=∠D(호 AC에 대한 원주각)이므로 △APD ∽ △CPB이다.

따라서 대응변의 길이의 비가 같으므로

$\overline{PA} : \overline{PC} = \overline{PD} : \overline{PB}$, 즉 $\overline{PA} \cdot \overline{PB} = \overline{PC} \cdot \overline{PD}$

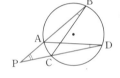

▶ **원의 할선과 접선의 비례 관계**

원에서 접선과 할선의 선분의 길이 사이에는 다음과 같은 관계가 성립한다.

➡ $\overline{PT}^2 = \overline{PA} \cdot \overline{PB}$

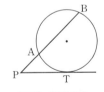

$$\overline{PT}^2 = \overline{PA} \cdot \overline{PB}$$

[증명] 점 A와 점 T, 점 T와 점 B를 각각 이으면 △PAT와 △PTB가 생긴다. 두 삼각형에서 ∠P가 공통이고, ∠PTA=∠PBT이므로 △PAT ∽ △PTB

따라서 대응변의 길이의 비가 같으므로

$\overline{PT} : \overline{PB} = \overline{PA} : \overline{PT}$, 즉 $\overline{PT}^2 = \overline{PA} \cdot \overline{PB}$

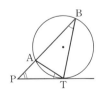

관련어
• 원주각
• 접선
• 현

예제 ○ 다음 그림에서 x의 값을 구하여라.

(1)

(2)

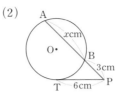

(단, $\overline{\mathrm{PT}}$는 원 O의 접선)

[풀이] (1) $\overline{\mathrm{BA}}$는 지름이므로 $\overline{\mathrm{BA}}=2x$ cm, $\overline{\mathrm{PA}}=(2x+3)$cm이다.

$\overline{\mathrm{PB}}\cdot\overline{\mathrm{PA}}=\overline{\mathrm{PD}}\cdot\overline{\mathrm{PC}}$이므로

$3(2x+3)=4\times10$, $6x+9=40$, $6x=31$, $x=\dfrac{31}{6}$(cm)

(2) $\overline{\mathrm{PT}}^2=\overline{\mathrm{PB}}\cdot\overline{\mathrm{PA}}$이므로 $6^2=3(3+x)$, $36=9+3x$, $x=9$(cm)

🔳 주의점

• 현과 할선의 차이는 다음과 같다.

선분(현)

직선(할선)

• 원과 직선이 한 점에서 만날 때는 '접선', 두 점에서 만날 때는 '할선'이라고 한다.

한 점에서 만날 때 ➡ 접선   두 점에서 만날 때 ➡ 할선

함수 函數, function

정의 ○ 두 변수 x, y에 대해서 x의 값이 변함에 따라 y의 값이 한 개로 정해지는 두 양 사이의 대응이 성립하는 관계.

어원 ○ 한자어 함(函)은 '상자'를, 영어 function은 '기능'이나 '작용'을 뜻한다. 이처럼 함수는 어떤 수를 상자 안에 넣어서 새로운 수가 나오는 작용과 관련된다. 수학에서 함수는 변수 x의 값에 따라 변수 y의 값이 '한 개'로 정해지는 두 양 사이의 대응이 성립하는 관계이다. 이때, 함수는 기호 f를 사용하여 '$y=f(x)$'와 같이 나타낸다.

$$y=f(x)$$

  예 '하루 중에서 밀물 시간 x와 썰물 시간 y의 대응', '자연수 x와 x의 약수의 개수 y 사이의 대응'은 함수 관계이다.

핵심 ▶ 모든 대응이 모두 함수인 것은 아니다. 변수 x의 값 하나에 대응하는 변수 y의 값이 두 개 이상이거나 하나도 존재하지 않는 경우의 대응은 함수가 아니다.

  예 자연수 x와 약수 y 사이의 대응은 함수가 아니다.
    → 자연수 12에 대해 그 약수는 1, 2, 3, 4, 6, 12이므로 여러 개가 대응한다.
    몸무게 x kg인 사람과 발 크기 y cm의 대응은 함수가 아니다.
    → 몸무게가 45 kg인 사람의 발 크기가 한 가지인 것은 아니다.

▶ 대응 중에는 일대일인 경우가 있고 일대일이 아닌 경우가 있다.

일대일인 경우	일대일이 아닌 경우

관련어
• 반비례
• 변수
• 삼각함수
• 순서쌍
• 이차함수
• 일차함수
• 정비례
• 함숫값

▶ 일대일이 아닌 대응 중에는 모든 x가 단 하나의 y에만 대응하는 경우가 있다. 이를 '상수함수'라고 한다.

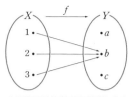

$$f(x)=b\,(b\text{는 상수})$$

▶ 일대일인 대응 중에는 '일대일함수'가 있고 '일대일대응'이 있다.

① 일대일함수

일대일함수는 일대일대응보다 넓은 개념으로 x값이 다르면 y값도 다른 경우를 말한다.

즉, $x_1 \neq x_2$이면 $f(x_1) \neq f(x_2)$

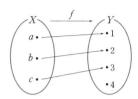

② 일대일대응

일대일함수이면서 정의역과 치역이 서로 일치하는 경우를 말한다.

즉, $x_1 \neq x_2$이면 $f(x_1) \neq f(x_2)$이고, $\{f(x)\,|\,x \in X\} = Y$

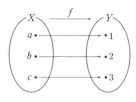

▶ 일대일대응 중에는 $y=f(x)=x$인 경우가 있다. 이것을 '항등함수'라고 한다.

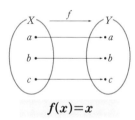

$$f(x)=x$$

▶ 함수는 다음과 같이 분류할 수 있다.

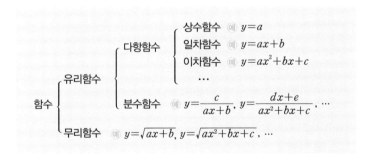

▶ **유리함수**

함수 $y=f(x)$에서 $f(x)$가 x에 대한 유리식일 때, 이 함수를 유리함수라고 한다.

이때, 유리식은 $\dfrac{(\text{다항식})}{(\text{다항식})}$ 꼴을 말하고, 분모가 상수인 경우는 다항식, 분모가 다항식인 경우는 분수식이라고 한다.

① 다항함수

함수 $y=f(x)$에서 $f(x)$의 분모가 상수일 때, 즉 $f(x)$가 x에 대한 다항식일 때 이 함수를 다항함수라고 한다.

예 $y=x$, $y=\dfrac{3x+1}{2}$, $y=\dfrac{-x^2-1}{2}$, $y=3x^3-2$

② 분수함수

함수 $y=f(x)$에서 $f(x)$의 분모가 다항식일 때, 이 함수를 분수함수라고 한다. 이때, 분모는 0이 아니어야 한다.

예 $y=\dfrac{1}{x}$, $y=-\dfrac{2}{x}$, $y=\dfrac{2x+11}{x-1}$, $y=\dfrac{x}{2x^2+5}$

▶ **무리함수**

함수 $y=f(x)$에서 $f(x)$가 x에 대한 무리식일 때, 이 함수를 무리함수라고 한다. 이때, 근호 안은 0 이상이어야 한다.

예 $y=\sqrt{x-2}$, $y=\sqrt{1-4x}$, $y=3\sqrt{4x^3+7x^2}$

예제 ㅇ 다음 그림과 같이 정의된 세 함수 f, g, h가 있다.

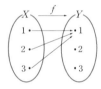 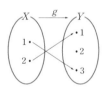

함수 f, g, h 중에서 다음에 해당하는 것을 골라라.

| 일대일함수, | 일대일대응, | 항등함수, | 상수함수 |

정답 일대일함수: g, h 일대일대응: h

항등함수: h 상수함수: f

🔲 **주의점**

• 함수를 나타낼 때 $y=ax$라고 할 수도 있고 $f(x)=ax$라고 할 수도 있다.

함수 개념은 기원전 5세기경 고대 바빌로니아의 천
문학 수표에서 찾아볼 수 있다. 당시에 함수라는 용
어나 그 개념에 대한 논의가 이루어지지는 않았지만,
자연현상에서 변화하는 양의 관계를 표로 만들고 표
의 수치를 통해 그 주기를 관찰하고 운동을 설명한
것은 함수 개념과 연결된다. 고대 바빌로니아인은 당
시에 이미 태양이나 달, 행성 등 천체 운동을 관찰하
고 시간의 함수로 천체 운동을 설명했던 것이다.

함수라는 말을 처음 쓴 라이프니츠

함수는 종종 '상자'에 비유되는데, 이처럼 함수를
상자에 비유하는 것은 중국과 유럽에서 유래되었다.
오래전부터 중국과 유럽에서 유행한 마술 중에 원래의 물건을 다른 물건으로 바로 바
꾸는 상자 마술이 있었다. 예를 들어, '이름이 f인 마술 상자'에 일정한 가치가 있는 물
건을 넣으면 그 가치에 알맞은 돈의 액수가 나온다고 할 때, '모든 물건'이 반드시 '그
물건의 가치에 맞는 돈의 액수'로 나온다는 식이다. 중국인은 이런 관계를 함수라고 보
고 영어의 'function'이라는 용어를 함수(函數; 상자의 수)라고 번역했다.

함수가 이론적으로 정교하게 다듬어지기 시작한 것은 17세기부터이다. 이 시기에는
역학에서 물체의 운동을 나타내는 곡선에 대한 연구가 활발했다. **라이프니츠**(Leibniz,
1646~1716)는 곡선 상의 한 점에서 접선의 길이, 접선, 법선의 길이, 법선 등을 구하
는 일을 함수라고 보았다. 그 후 '대응'으로서의 함수 개념은 프랑스 수학자 **디리클레**
(Dirichlet, 1805~1859)가 도입했다. 그는 유리수는 1에 대응하고 무리수는 0에 대응
하는 함수를 생각했는데, 이것을 '디리클레 함수'라고 한다.

한편, 'function'이라는 용어는 라이프니츠와 **베르누이**(Bernoulli, 1654~1705)의
서신 왕래에서 처음 등장했다. 스위스 수학자 **오일러**(Euler, 1707~1783)는 라틴어
'function'에서 첫 글자 f를 따서 1734년에 처음으로 함수 기호로 $f(x)$를 사용했다.

함수의 그래프 graph of a function

정의 함수 $y=f(x)$를 만족하는 x의 값을 x좌표로 하고 y의 값을 y좌표로 하는 순서쌍 $(x,\ y)$를 좌표평면 위에 나타낸 것.

핵심 어떤 관계를 시각적으로 나타낸 그림을 그래프라고 한다. 함수의 그래프는 'x의 값이 변함에 따라 y의 값이 한 개씩'인 것을 나타낸 그래프를 말한다.
함수의 그래프를 그릴 때에는 x의 값의 범위가 무엇인지에 대해 주의해야 한다. x에 대한 특별한 언급이 없다면 x의 값을 실수 전체로 생각한다.

함수의 그래프 찾기

함수의 그래프의 공통된 특징은 x값 하나에 y값 하나가 대응한다는 것이다. 어떤 그래프가 함수의 그래프인지를 알기 위해서는 그래프 위에 세로선을 그렸을 때 세로선과 그래프가 만나는 점이 한 개인지를 살펴보면 된다.

함수의 그래프 (○)	함수의 그래프 (✕)
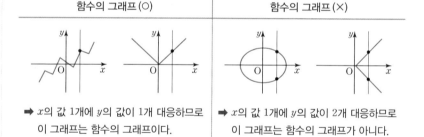	
➡ x의 값 1개에 y의 값이 1개 대응하므로 이 그래프는 함수의 그래프이다.	➡ x의 값 1개에 y의 값이 2개 대응하므로 이 그래프는 함수의 그래프가 아니다.

여러 가지 함수의 그래프

함수를 이루는 식에 따라 다음과 같은 모양의 그래프가 된다.

관련어
- 변수
- 순서쌍
- 이차함수
- 일차함수
- 좌표
- 좌표평면
- 포물선
- 함수

① 항등함수	② 상수함수	③ 일차함수
$y=x$	$y=a$	$y=ax+b$

④ 이차함수	⑤ 분수함수	⑥ 무리함수
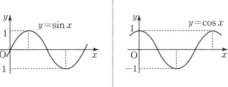		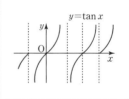

⑦ 사인함수	⑧ 코사인함수	⑨ 탄젠트함수

예제 ○ 다음 중에서 함수의 그래프가 아닌 것은?

①

②

③

④

⑤

[풀이] x의 값 하나에 대응하는 때 y의 값이 한 개가 아닌 그래프(함수의 그래프가 아닌 그래프)는 ②이다.

🟥 **주의점**

• 학교 수학에서 주로 배우는 그래프에는 함수의 그래프와 통계 그래프가 있다.

함수의 그래프	통계 그래프
일차함수의 그래프	원 그래프
이차함수의 그래프	히스토그램
삼각함수의 그래프	도수분포다각형
⋮	⋮

그래프의 역사

위치에 따라 고도를 나타낸 지도는 일종
의 그래프라고 할 수 있다. 지도는 고대에
도 있었지만, 변화하는 양을 시각적으로
나타내기 위해 그림을 사용한 방법은 14
세기에 이르러 등장했다. 프랑스의 주교
였던 **오렘**(Oresme, 1325~1382)은 1360
년경 〈특질과 움직임의 배열에 관한 논문,
Tractatus de latitudinibus formarum〉

오렘 논문 속 '성질의 배열'

에서 하나의 항목 값과 다른 항목 값 사이의 비율의 변화를 측정해 '성질의 배열'이라고
이름 붙이고 이를 직선으로 나타냈다.

다음과 같이 선의 길이나 직사각형의 면적과 같은 기하학적 요소를 변수의 값으로
표현하여, 시시각각 변하는 속도나 거리의 변화와 같은 운동 현상을 시각적으로 나타
내는 방법을 제시한 것이다. 그는 또한 선분을 이용해 주어진 시간 동안 이동한 거리와
일치하는 넓이를 구하기도 했다.

등속도 운동   등가속도 운동

오렘의 이런 아이디어는 **갈릴레이**(Galilei, 1564~1642)의 역학 운동 연구에 밑받침
이 되었으며, **데카르트**(Descartes, 1596~1650)가 좌표평면을 발명한 이후에는 지금
과 같은 함수의 그래프를 그릴 수 있게 되었다.

한편, 17~18세기 영국의 수학자 **뉴턴**(Newton, 1642~1727)은 선은 점의 연속적인
운동, 면은 선의 연속적인 운동으로 생긴다고 생각했고, 이를 바탕으로 미적분을 발
견했다. 함수의 그래프 표현으로 다양한 운동이 수학적으로 분석되었고 나아가 미적분
학의 발달에도 큰 영향을 미쳤다.

함숫값 函數값, value of function

정의 ㅇ 함수 $y=f(x)$에서 x의 값에 따라 하나로 정해지는 y의 값.

핵심 ▶ 함수 $y=f(x)$에서 x의 값에 따라 정해지는 y의 값을 'x에서의 함숫값'이라하고, 기호로는 '$f(x)$'와 같이 나타낸다.

예를 들어, 함수 $y=3x-1$에서 $x=2$일 때의 함숫값은 x자리에 2를 대입한 $f(2)$의 값을 뜻한다. $f(2)=3\times2-1=5$, 따라서 $f(2)=5$이다.

예제 ㅇ 함수 $f(x)=-2x+a$에서 $f(-1)=3$일 때, $f(2)$의 값을 구하여라.

[풀이] 함수식에서 a의 값을 구한 다음 $f(2)$의 값을 구한다.

$f(-1)=3$이므로 $(-2)\times(-1)+a=3$, $2+a=3$, $a=1$

따라서 함수식 $f(x)=-2x+1$이므로 $f(2)=(-2)\times2+1=-3$

관련어
- 변수
- 순서쌍
- 좌표평면
- 함수
- 함수의 그래프

⬛ 주의점

- x와 함숫값 $f(x)$를 서로 짝지어 순서쌍 $(x, f(x))$로 나타낸 것을 좌표평면에 표시하면 함수의 그래프가 된다.

합성수 合成數, composite number

정의 ○ 1과 그 자신 이외의 수를 약수로 가지는 자연수.

어원 ○ 한자어 합(合)은 '합하다'를, 성(成)은 '이루어지다'를 뜻한다. 영어 composite는 '여러 가지의 요소를 함유하는'을 뜻한다. 수학에서 합성수는 여러 수의 곱으로 이루어진 수를 말한다.

핵심 ▶ 합성수는 2개 이상의 소수(素數)의 곱으로 이루어져 있고, 약수는 3개 이상이다.

예 $4=2 \times 2$, $6=2 \times 3$, $8=2 \times 2 \times 2$, $9=3 \times 3$, …

예 4의 약수 → 1, 2, 4로 3개, 6의 약수 → 1, 2, 3, 6으로 4개

▶ 합성수는 소수, 1과 더불어 자연수를 구성한다.

자연수	
1	
소수	합성수
2, 3, 5	4, 6, 8
7, 11, …	9, 10, …

관련어
· 소수
· 소인수
· 소인수분해

예제 ○ 다음 중에서 합성수인 것을 모두 골라라.

> 8,   13,   33,   41,   51,   121

[풀이] 각각의 약수를 구하여 약수의 개수가 3개 이상인 수를 찾으면 된다.

8의 약수: 1, 2, 4, 8   13의 약수: 1, 13

33의 약수: 1, 3, 11, 33   41의 약수: 1, 41

51의 약수: 1, 3, 17, 51   121의 약수: 1, 11, 121

따라서 합성수는 8, 33, 51, 121이다.

주의점
· 1은 합성수가 아니다.

o **합성수의 역사**

역사적으로 합성수에 대한 연구는 합성수를 소수로 분해하는 것이 주를 이루었다. 유클리드(Euclid, BC 300년경)의 《원론, Elements》 제 7권에는 다음과 같은 내용이 나온다.

- 합성수란 1이외의 다른 어떤 수로 잴 수 있는 수이다(정의 13).
- 임의의 합성수는 소수로 분해될 수 있다(명제 31).

소수와 더불어 합성수의 실용성이 주목받게 된 것은 20세기에 들어서이다. 1977년 미국의 MIT에서 컴퓨터를 연구하던 학자들이 합성수를 사용하여 암호를 만들기 시작했다. 그들은 이미 알고 있는 큰 자릿수의 두 소수를 곱해 합성수를 만든 후 이를 암호에 활용했다. 암호를 풀려면 합성수를 이루는 원래의 두 소수를 찾아내야 하는 데 이때 시간이 걸린다. 예를 들어, 887×997을 계산해서 884339를 구하는 것은 금세 할 수 있어도 884339를 두 소수의 곱 887×997로 분해하는 일은 쉽지 않기 때문이다. 요즘에는 계산기나 컴퓨터를 이용하기 때문에 계산의 속도가 빨라지기는 했지만 그래도 아주 큰 수를 소인수분해 하는 데에는 여전히 시간이 많이 걸린다. 130자리의 자연수가 $p \times q$로 소인수분해 된다고 할 때, 이를 슈퍼컴퓨터로 소인수분해 하는 데 걸리는 시간은 약 한 달 정도이고, 400자리의 자연수를 소인수분해 하는 데에는 약 1010년이 걸린다고 한다. 물론 과학의 발달과 더불어 앞으로 그 시간은 점차 줄어들 것이다.

1977년 미국의 MIT에서 연구한 컴퓨터

항 項, term

정의 ○ 수 또는 문자의 곱으로만 이루어진 식.

어원 ○ 한자어 항(項)은 '낱낱의 것'을, 영어 term은 '한계'를 뜻한다. 수학에서 항은 수
와 문자의 곱으로 이루어지는 하나의 덩어리를 말한다.

핵심 ▶ 곱셈은 역수를 사용해 나눗셈으로 바꿀 수 있으므로 (문자)÷(수)도 항이 될 수
있다. 이때, 수는 0이 아니어야 한다. 단, 분수의 분모에 문자가 있을 때는 항이라
고 하지 않는다.

예 $x \div 3 = x \times \dfrac{1}{3} = \dfrac{1}{3}x$ → 항이라고 한다.

$3 \div x = 3 \times \dfrac{1}{x} = \dfrac{3}{x}$ → 항이라고 하지 않는다.

▶ 같은 문자끼리의 덧셈은 곱셈으로 나타낼 수 있고, 곱셈으로 나타내면 하나의 항
이 된다.

예 $x + x + x = 3x$ → 항, $x^2 + x^2 + x^2 + x^2 = 4x^2$ → 항

관련어

· 계수
· 다항식
· 단항식
· 동류항
· 상수항
· 차수

▶ 한 개의 항, 또는 두 개 이상의 항의 합은 다항식이 된다.

예 $2x$와 5의 합 → $2x + 5$ → 다항식

$-4x^3$와 $7x$의 차 → $-4x^3 - 7x$ → 다항식

$\dfrac{1}{2}x^4, 7x, -\dfrac{2}{5}$의 합 → $\dfrac{1}{2}x^4 + 7x - \dfrac{2}{5}$ → 다항식

예제 ○ 다항식 $-\dfrac{4}{7}x^5 - 5x^2 + 2x + 8$에서 항은 모두 몇 개인지 구하여라.

[풀이] 항은 $-\dfrac{4}{7}x^5$, $-5x^2$, $2x$, 8로 4개이다.

🔷 주의점

· 수끼리의 곱셈이나 문자끼리의 곱셈도 '수와 문자의 곱'에 해당하므로 항이 될 수 있다.

예 $1 \times 5 = 5$, $x \times y \times y \times z = xy^2z$

항등식

恒等式, identity

정의 ○ 미지수가 어떤 값을 가지더라도 항상 참이 되는 등식.

어원 ○ 한자어 항(恒)은 '항상'을, 영어 identity는 '자기 자신'을 뜻한다. 따라서 항등식은 양변이 똑같아서 항상 등호가 성립하는 식을 말한다. 이때, 항등식은 등식에 포함된다.

예 $2x+3x=5x$, $(a+b)^2=a^2+2ab+b^2$

예제 ○ 등식 $6x-2a=3(bx-4)$가 x에 대한 항등식이 되게 하는 a, b의 값을 구하여라.

> 풀이 먼저 분배법칙을 사용하여 우변을 정리한다.
>
> $6x-2a=3bx-12$
>
> 이 등식이 x의 값에 관계없이 항상 성립하는 항등식이 되려면 각 항의 계수가 같아야 한다.
>
> 즉, $6=3b$, $-2a=-12$
>
> 따라서 $a=6$, $b=2$

관련어
• 다항식
• 등식
• 방정식

🔅 주의점

• 어떤 등식이 항등식이 되는지 알아보기 위해 모든 수를 대입해서 확인할 수 없으므로 좌변과 우변을 간단히 하여 양변이 똑같은지 확인해야 한다.

해 解, solution (근 根, root)

정의 ● 방정식을 참이 되게 하는 미지수의 값.

핵심 ▶ 방정식이 참이 되게 하는 미지수의 값을 방정식의 해 또는 방정식의 근이라고 부른다.

예 방정식 $2x-1=x+2$에 대하여

$x=3$일 때 (좌변)$=2\times 3-1=6-1=5$, (우변)$=3+2=5$

등식이 성립하므로 $x=3$은 방정식 $2x-1=x+2$의 해(또는 근)이다.

▶ 방정식의 해의 개수는 방정식의 차수와 관련이 있다. 실수 범위에서 일차방정식의 해는 1개이며 이차방정식의 해는 최대 2개이고, 삼차방정식의 해는 최대 3개이다.

관련어
· 근의 공식
· 방정식
· 이차방정식
· 인수분해
· 일차방정식

예 일차방정식 $3x+1=0$의 해는 1개 → $x=-\dfrac{1}{3}$

이차방정식 $x^2-3x+2=0$의 해는 2개 → $x=1$ 또는 $x=2$

삼차방정식 $x^3-6x^2+11x-6=0$의 해는 3개 → $x=1$ 또는 $x=2$ 또는 $x=3$

예제 ● 다음 [ ] 안의 수가 주어진 방정식의 해인 것은?

① $2-5x=3$ [1]　　　② $2x-6=2$ [4]　　　③ $\dfrac{x}{3}-2=0$ [2]

④ $x-1=1-x$ [0]　　　⑤ $3x-1=2(x+1)$ [−1]

풀이 ① $x=1$을 대입하면 (좌변)$=2-5\times 1=-3$, (우변)$=3$ 따라서 $x=1$은 해가 아니다.

② $x=4$를 대입하면 (좌변)$=2\times 4-6=2$, (우변)$=2$ 따라서 $x=4$는 해이다.

③ $x=2$를 대입하면 (좌변)$=\dfrac{2}{3}-2=-\dfrac{4}{3}$, (우변)$=0$ 따라서 $x=2$는 해가 아니다.

④ $x=0$을 대입하면 (좌변)$=0-1=-1$, (우변)$=1-0=1$

따라서 $x=0$은 해가 아니다.

⑤ $x=-1$을 대입하면 (좌변)$=3\times(-1)-1=-4$, (우변)$=2\{(-1)+1\}=0$

따라서 $x=-1$은 해가 아니다.

정답 ②

🔖 주의점

· 방정식의 해(또는 근)을 구하는 것을 '방정식을 푼다'라고 한다.

허근 虚根, Imaginary Root

정의 ● 이차 이상의 방정식의 근 중에서 허수인 근(해)을 지칭하는 말.

어원 ● 허근(虚根, maginary Root)은 허수인 근으로 상상의 근을 뜻한다. 실수를 계수로 하는 이차방정식은 복소수의 범위에서 반드시 근을 갖는데, 이러한 근들 중에서 허수인 근을 '허근'이라고 말한다.

핵심 ▶ 허근을 방정식의 차수와 관련하여 살펴보면 다음과 같다.

① 계수가 실수인 모든 일차방정식의 근은 실수이다. 따라서 일차방정식 중에서 허근을 갖는 경우는 없다.

② 계수가 실수인 이차방정식의 해 중에는 실수인 것도 있고 허수인 것도 있다.

▶ 이차방정식의 근이 실근인지 허근인지를 알려면 근의 공식에서 근호 안의 수 (즉, 판별식 b^2-4ac)가 0 이상인지 0보다 작은지 알아야 한다.

$$b^2-4ac \geq 0 \text{일 때는 실근}$$
$$b^2-4ac < 0 \text{일 때는 허근}$$

관련어

· 근(해)
· 근의 공식
· 복소수
· 실근
· 이차방정식
· 허수

예 $x^2+x+2=0 \rightarrow b^2-4ac=1^2-4\times1\times2=-7<0 \rightarrow$ 허근

실제로 근의 공식에 따라 근을 구하면

$$\rightarrow x=\frac{-b\pm\sqrt{b^2-4ac}}{2a}=\frac{-1\pm\sqrt{-7}}{2}$$

$$\rightarrow x=\frac{-1+\sqrt{7}i}{2} \text{ 또는 } \frac{-1-\sqrt{7}i}{2}$$

예제 ● 이차방정식 $2x^2+4x+3=0$의 근이 실근인지 허근인지 판별하여라.

풀이 판별식 $b^2-4ac=4^2-4\times2\times3=16-24=-8<0$이므로 이 이차방정식은 허근을 갖는다.

⬛ 주의점

· 이차방정식에서만 허근을 구할 수 있는 것은 아니다. 삼차 이상의 방정식의 근 중에는 실근도 있고 허근도 있다.

허수 虛數, Imaginary Number

정의 ○ $a+bi$의 꼴로 나타내어지는 수. (단, a, b는 실수이고, $b\neq0$)

어원 ○ 허수(虛數)는 '실수'의 반대말로 '달리 존재하지 않는 수'라는 뜻이 담겨있다.

핵심 ▶ 허수는 방정식의 해가 항상 존재하기 위해 수의 범위를 복소수로 확장하는 과정에서 만들어졌다. 예를 들어, 이차방정식 $x^2=2$의 해는 $\pm\sqrt{2}$이고, 이 수는 실수이다. 그렇다면 $x^2=-2$의 해는 무엇일까? 허수는 이와 같은 질문에 답하기 위해 만들어진 수 개념이다.

▶ 제곱하여 -1이 되는 수, 즉 $x^2=-1$의 해 중에서 $\sqrt{-1}$을 '허수단위'라 하고, 기호로 i를 사용한다.

$$i^2=-1, \quad i=\sqrt{-1}$$

모든 허수는 허수단위 i로 이루어져 있다.

▶ 복소수 $a+bi$에서 $a=0$이면 $bi(b\neq0)$꼴의 복소수가 된다. 이러한 복소수를 순허수라고 한다.

예 순허수: $7i$, $-6i$, $-\dfrac{3}{11}i$, $\sqrt{13}i$

▶ 허수는 복소수에 포함되며, 순허수를 포함한다.

▶ **허수의 대소 비교**

허수는 서로 크기를 비교할 수 없다. 허수가 실수와 다른 점이 크기 비교를 할 수 없다는 것이다. 따라서 순서를 비교한다든지 측량하기에는 허수가 적합하지 않다. 하지만 사칙연산은 실수와 똑같은 방법으로 한다.

▶ **허수의 성질**

① 순허수를 제곱하면 0보다 작다.

② 허수는 실수와 달리 수직선 위의 점에 대응할 수 없다.

③ 허수는 실수와 달리 크기를 비교할 수 없다.

관련어
· 복소수
· 실수
· 허근

다음을 계산하여라.

$$(1)\ i^4 \qquad\qquad (2)\ (1-2i)^2$$

[풀이] (1) $i^4 = (i^2)^2 = (-1)^2 = 1$

(2) $(1-2i)^2 = (1-2i)(1-2i) = 1^2 - 2i - 2i + 4i^2 = 1 - 4i - 4 = -3 - 4i$

■ 주의점

• $0 \times i = 0$

• a, b가 실수일 때, 복소수 $a+bi$가 실수인지 허수인지는 b의 값에 달려있다. 만약 $b=0$
  이면 이 복소수는 실수이고 $b \neq 0$이면 이 복소수는 허수이다. 예를 들어, 두 복소수
  -3, $1-2i$ 중에서 -3은 실수이고, $1-2i$는 허수이다.

수학사 ○ ## 허수의 역사

허수는 1세기경에 이집트의 알렉산드리아에서 활동하던
그리스 수학자 헤론(Heron, 100년경)이 '사각뿔대의 부피
중에서 불가능한 부피'를 다루면서 처음 발견했다. 아직
음수의 개념이 도입되지 않았던 시대였다.

본격적으로 허수에 대해 논의하고 허수를 음수의 제곱
근으로 여기게 된 것은 16세기에 삼차방정식의 해를 구
하는 과정에서였다. 방정식의 역사는 수의 개념의 발달
과 밀접하며 때로는 수 개념의 발달을 이끌기도 하는데,
허수가 바로 그런 경우였다. 삼차방정식의 해법을 알아

카르다노의 책

내는 과정에서 허수를 발견한 수학자는 이탈리아의 카르다노(Cardano, 1501~1576)이
다. 당시 카르다노가 맞닥뜨린 문제는

10을 두 수로 갈라 곱한 값이 40이 되도록 하시오.

라는 것이었다. 그는 이 문제를 해결하기 위해 한 수를 x, 다른 수를 $10-x$로 하여 서
로 곱했다.

$$x(10-x) = 40$$

그리고 이 이차방정식을 풀어서 $5+\sqrt{-15}$와 $5-\sqrt{-15}$라는 두 수를 구했는데,
아무리 생각해도 이상했다. 카르다노로서는 근호 안에 음수가 있는 게 도저히 이해

할 수 없었지만 분명 더하면 10이 되고 곱하면 40이 되는 신기한 수였다. 그는 음수 -15와 마찬가지로 $\sqrt{-15}$와 같은 음수의 제곱근 역시 전혀 쓸모없는 수로 생각했고, $5 \pm \sqrt{-15}$를 '초궤변적(超詭辯的)'이라고 했다. 허수를 수로 인정한 것은 아니었음에도 그의 책은 허수 계산을 실은 최초의 논문이라는 영예를 안게 되었다.

비슷한 시기, 이탈리아 수학자 봄벨리(Bombelli, 1526~1572) 역시 삼차방정식 $x^3 = 15x + 4$를 풀다가 이상한 점을 발견했다. 자신이 구한 해는 4, $-2 + \sqrt{3}$, $-2 - \sqrt{3}$ 이었는데, 세 근 중 하나인 자연수 4는 타르탈리아(Tartaglia, 1499?~1557)가 발견한 삼차방정식 해법에 따라 풀면 4가 아니라 $\sqrt[3]{2 + \sqrt{-121}} + \sqrt[3]{2 - \sqrt{-121}}$이 되었기 때문이다. 이 수의 정체를 알기 위해 봄벨리는 세제곱을 해서 $2 + \sqrt{-121}$이 되는 수를 $2 + \sqrt{-1}$로 놓고, $2 - \sqrt{-121}$이 되는 수는 $2 - \sqrt{-1}$로 놓은 후 서로 더했다. 그랬더니 계산 과정에서 $\sqrt{-1}$은 사라지고 $(2 - \sqrt{-1}) + (2 + \sqrt{-1}) = 4$가 되었다. 봄벨리는 계산 결과에서는 사라지지만 계산 과정에는 나오는 이 이상한 수 $\sqrt{-1}$을 마치 수처럼 다루었다.

이 가상의 수를 '허수'라고 처음 부른 사람은 17세기 프랑스 수학자 데카르트(Descartes, 1596~1650)이다. 하지만 데카르트에게도 여전히 허수란 '해가 없다.'는 것과 마찬가지 뜻이었다. 독일의 라이프니츠(Leibniz, 1646~1716)는 $\sqrt{-1}$을 "존재하는 것과 존재하지 않는 중간쯤에 놓인 양서류의 일종과 닮았다."라고 했다. 허수가 실수처럼 '실제'의 수로 인정받게 된 것은 수학의 왕이라 불리는 19세기 독일 수학자 가우스(Gauss, 1777~1855)에 의해서이다. $\sqrt{-1}$ 대신 허수단위 i를 처음으로 사용한 사람도 역시 가우스이다.

현대사회에서 허수는 실제로 존재하는 수로 받아들여지고 있다. 허수가 실수만큼 유용한 수임을 인식하기 시작하면서 수학자들은 수가 자연 그 자체가 아니라 인간의 발명품이라는 것을 이해하게 되었다. 현재 과학자와 수학자 들은 허수를 순수수학과 응용수학의 많은 분야를 이해하기 위한 피할 수 없는 도구로 생각하고 있다. 예를 들면, 유체역학과 공기역학의 관련 분야에 허수가 사용된다. 전기공학에서 진동하는 전류를 표현할 때도 허수를 사용하는 등, 허수는 실생활의 자연현상을 설명할 수 있는 효과적인 언어의 역할을 하고 있다.

현 弦, chord

정의 ○ 원 위의 두 점을 이은 선분.

어원 ○ 한자어 현(弦)은 '활시위'를, 영어 chord는 '악기의 줄'을 뜻한다. 수학에서 현은
원 위의 두 점을 이은 선분을 말한다.

핵심 ▶ 양 끝점이 A와 B인 현을 현 AB라고 한다. 현 중에서 가
장 긴 것은 지름이다.

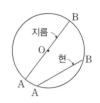

▶ **현의 수직이등분선**

① 원의 중심에서 현에 내린 수선은 그 현을 이등
분한다.

　➡ $\overline{OM} \perp \overline{AB}$이면 $\overline{AM} = \overline{BM}$

② 현의 수직이등분선은 원의 중심을 지난다.

△OAM≡△OBM(RHS합동)

▶ **현의 길이**

① 한 원에서 원의 중심으로부터 같은 거리에 있
는 두 현의 길이는 서로 같다.

　➡ $\overline{OM} = \overline{ON}$이면 $\overline{AB} = \overline{CD}$

② 한 원에서 길이가 같은 두 현은 원의 중심으
로부터 같은 거리에 있다.

　➡ $\overline{AB} = \overline{CD}$이면 $\overline{OM} = \overline{ON}$

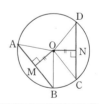

△OAM≡△ODN(RHS합동)

▶ **현과 활꼴**

현과 호로 이루어진 도형을 활꼴이라고 한다.
오른쪽 그림에서 두 개 모두 활꼴이지만 주로 작
은 쪽을 활꼴이라고 한다.

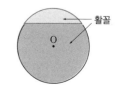

┊ 관련어
· 부채꼴
· 수직이등분선
· 활선

예제 ○ 오른쪽 그림에서 x의 값을 구하여라.

[풀이] 두 현의 길이가 같으므로 원의 중심으로부터 현까지의 거리도 같다. 따라서 $x=12$

⬛ 주의점

• 호는 원둘레의 일부이지만 현은 원 둘레의 일부가 아니다. 또한 호의 길이는 중심각에 비례하지만, 현의 길이는 중심각에 비례하지 않는다.
• 원의 현 중에서 가장 긴 현인 지름과 원둘레와의 비가 바로 원주율인데, 그 값이 무리수이기 때문에 딱 떨어지지 않아서 대략적인 근삿값을 사용할 수밖에 없다.

수학사 ○ **현과 원주율의 역사**

기원전 2000년경 고대 바빌로니아인은 수많은 측정 경험을 통해 원의 지름을 3배하면 대략 원둘레가 된다는 것을 알게 되었다. 또한, 반지름을 아는 원에서 현의 길이가 주어지면 원의 중심에서 현까지의 거리를 구할 수 있었다.

고대 이집트의 경우, 기원전 1650년대의 린드 파피루스 50번 문제는 원의 넓이를 구하는 것이다. 원의 지름이 9khet(고대 이집트 길이 단위, 1khet는 약 52.5 m)일 때의 원형 들판의 넓이를 64setat(고대 이집트 넓이 단위, 1setat는 약 2775.5 m^2)라고 구하고 있다.

고대 그리스인은 고대 바빌로니아인이나 고대 이집트인과 달리 원주율로 근삿값을 사용하지 않고 '원의 둘레와 지름의 비'라고만 했다. 직선으로 이루어진 다각형은 잘 다룬 그들로서는 곡선으로 이루어진 원을 다루는 것이 매우 어려운 일이었기 때문이다. 그러다가 기원전 250년경 시라쿠사에 살던 **아르키메데스**(Archimedes, BC 287?~212)가 고대 그리스인 수학자로서는 드물게 원주율의 근삿값을 구했다. 그는 정다각형을 이용해서 구했는데, 원에 내접하는 다각형과 외접하는 다각형의 둘레를 구하면 그 사이에 끼어있는 원의 둘레도 구할 수 있다고 생각했기 때문이다.

아르키메데스는 원에 내접하고 외접하는 정 96각형을 이용하여 $3\frac{10}{71}<\pi<3\frac{1}{7}$임을 알아냈다.

한편, 3세기경 중국의 유희(劉徽, ?~?) 정 192각형을 이용해서 $3.14024<\pi<3.142754$를 계산했다.

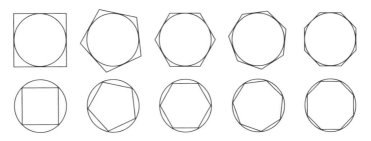

원에 내접하고 외접하는 다각형

　원주율이 분수로 나타낼 수 없는 무리수임을 증명한 사람은 1761년 **람베르트**(Lambert, 1728~1777)였다. 원주율을 π라는 기호로 처음 정한 것은 1706년 영국 수학자 **존스**(Jones, 1675~1749)였고, 이 기호를 널리 알린 사람은 스위스 수학자 **오일러**(Euler, 1707~1783)였다. 1882년 독일의 **린데만**(Lindemann, 1852~1939)은 π가 초월수임을 증명했다. 초월수란 근호와 사칙연산만으로는 그 값을 나타낼 수 없는 수를 말한다.

확률 確率, probability

정의 ○ 모든 경우의 수에 대한 특정 사건이 일어나는 경우의 수의 비율.

어원 ○ 한자어 확(確)은 '확실하다'를, 률(率)은 '비율'을 뜻한다. 또한 영어 probability 은 '일어남직함'이라는 뜻을 가지고 있다. 수학에서의 확률은 각각의 경우가 일어날 가능성이 같은 어떤 실험이나 관찰에서 어떤 사건이 일어날 가능성을 수치화한 것을 말한다.

핵심 ▶ 일어날 수 있는 모든 경우의 수를 n, 특정 사건 A가 일어날 수 있는 경우의 수를 a라고 할 때, 사건 A가 일어날 확률 p는 다음과 같다.

$$p = \frac{(\text{사건 } A \text{가 일어나는 경우의 수})}{(\text{일어나는 모든 경우의 수})} = \frac{a}{n}$$

▶ **수학적 확률**

일어날 가능성이 있는 모든 경우를 수학적으로 계산하여 구한 확률을 말한다. 즉, 실제로 얻은 결과가 아니라 수학적인 계산에 의한 확률이다.

⟋ 동전 2개를 던지는 사건에서 앞면이 2개 나올 확률

동전 2개를 던질 때 일어날 수 있는 모든 경우는 (앞, 앞), (앞, 뒤), (뒤, 앞), (뒤, 뒤) → 4가지

앞면이 2개 나올 경우는 (앞, 앞) → 1가지

따라서 동전 2개를 던져 앞면이 2개 나올 확률 → $\frac{1}{4}$

▶ **경험적 확률**

실제 실험이나 자료를 통해 구한 확률을 말한다.

⟋ 어떤 타자가 10번의 타석에서 안타를 친 경우가 3번이었다.

이 타자가 안타를 칠 확률 → $\frac{3}{10}$

▶ **기하학적 확률**

도형의 넓이로 구한 확률을 말한다. 각각의 사건을 일일이 셀 수 없을 경우에는 넓이의 비를 활용한다.

관련어
· 경우의 수
· 사건

$$(\text{기하적 확률}) = \frac{(\text{사건이 일어나는 부분의 넓이})}{(\text{전체 넓이})}$$

예 똑같이 6등분되어 있는 회전판에 화살을 던졌을 때 그중 한 부분에 들어갈 확률 → $\frac{1}{6}$

▶ **확률의 성질**

어떤 사건 A가 일어날 확률을 p라고 할 때, 다음과 같은 성질이 성립한다.

① $0 \le p \le 1$

② 절대로 일어나지 않는 사건의 확률은 0이다.

③ 반드시 일어나는 사건의 확률은 1이다.

④ 사건 A가 일어나지 않을 확률은 $1-p$이다.

▶ **확률의 연산**

사건 A가 일어날 확률을 p, 사건 B가 일어날 확률을 q라고 할 때

(1) 두 사건 A와 B가 동시에 일어나지 않을 때

사건 A 또는 사건 B가 일어날 확률 → $p+q$

예 두 개의 주사위를 동시에 던져 두 눈의 합이 5가 되는 것을 사건 A라 하고, 두 눈의 합이 10이 되는 것을 사건 B라고 하면

→ 사건 A가 일어날 경우의 수 $(1, 4)$, $(2, 3)$, $(3, 2)$, $(4, 1)$ → 확률 $p = \frac{4}{36}$

→ 사건 B가 일어날 경우의 수 $(4, 6)$, $(5, 5)$, $(6, 4)$ → 확률 $q = \frac{3}{36}$

따라서 사건 A 또는 사건 B가 일어날 확률 → $p+q = \frac{4}{36} + \frac{3}{36} = \frac{7}{36}$

(2) 두 사건 A와 B가 동시에 일어날 때

① 두 사건 A와 B가 서로 영향을 끼치지 않을 때(독립사건)

사건 A와 사건 B가 동시에 일어날 확률 → $p \times q$

예 흰 공 5개와 검은 공 3개가 들어있는 상자에서 공을 한 개씩 두 번 꺼낼 때, 첫 번째 꺼낸 공이 흰 공일 사건을 A라 하고, 꺼낸 공을 다시 넣고 두 번째 꺼낸 공이 흰 공일 사건을 B라고 하자. 꺼낸 공을 다시 넣는 것은 사건 A와 사건 B가 서로 영향을 끼치지 않는 경우이다.

→ 사건 A가 일어날 확률 $p = \frac{5}{8}$, 사건 B가 일어날 확률 $q = \frac{5}{8}$

따라서 사건 A와 사건 B가 동시에 일어날 확률 → $p \times q = \frac{5}{8} \times \frac{5}{8} = \frac{25}{64}$

② 두 사건 A와 B가 서로 영향을 끼칠 때(종속사건)

사건 A가 일어난 경우에 사건 B가 일어날 확률이 r일 때

사건 A와 사건 B가 동시에 일어날 확률 $\longrightarrow p \times r$

예 흰 공 5개와 검은 공 3개가 들어있는 상자에서 공을 한 개씩 두 번 꺼낼 때, 첫 번째 꺼낸 공이 흰 공일 사건을 A라 하고, 꺼낸 공을 다시 넣지 않고 두 번째 꺼낸 공이 흰 공일 사건을 B라고 하자. 꺼낸 공을 다시 넣지 않는 것은 사건 A와 사건 B가 서로 영향을 끼치는 경우이다.

→ 사건 A가 일어날 확률 $p = \dfrac{5}{8}$

→ 사건 A가 일어날 경우에 사건 B가 일어날 확률 $r = \dfrac{4}{7}$

따라서 사건 A와 사건 B가 동시에 일어날 확률 → $p \times r = \dfrac{5}{8} \times \dfrac{4}{7} = \dfrac{5}{14}$

예제 ○ **다음 확률을 구하여라.**

(1) 주사위를 두 개 동시에 던졌을 때 두 눈의 합이 7이 될 확률

(2) 1부터 10까지 숫자 카드 중에서 한 장을 뽑았을 때 13 카드를 뽑을 확률

(3) 오늘 비가 올 확률이 $\dfrac{2}{5}$일 때 비가 오지 않을 확률

[풀이] (1) 모든 경우의 수는 $6 \times 6 = 36$가지이고, 두 눈의 합이 7이 될 경우는 $(1, 6)$, $(2, 5)$, $(3, 4)$, $(4, 3)$, $(5, 2)$, $(6, 1)$로 6가지이므로 확률은 $\dfrac{6}{36} = \dfrac{1}{6}$

(2) 절대로 일어날 수 없는 사건이므로 확률은 0

(3) 비가 오지 않을 확률을 구하려면 1에서 비가 올 확률을 빼야하므로 $1 - \dfrac{2}{5} = \dfrac{3}{5}$

🔊 **주의점**

• 주사위를 한 번 던졌을 때 1의 눈이 나올 수학적 확률은 $\dfrac{1}{6}$이다. 하지만 그렇다고 주사위를 6번 던졌을 때 그중에 1의 눈이 반드시 1번 나오는 것은 아니다.

• 주사위의 각 눈이 나올 가능성은 각각 동등하다. 따라서 주사위를 1000번, 10000번, 100000번, 또는 그 이상 계속 던진다면 각 눈이 나오는 횟수가 서로 비슷해지면서 수학적 확률인 $\dfrac{1}{6}$에 가까워진다. 이것을 '대($大$)수의 법칙'이라고 한다.

수학사 ○ **확률의 역사**

고대에도 확률의 개념은 있었는데 주로 종교와 관련이 있었다. 어떤 중요한 문제에 대해 합리적으로 결정하기 위해 여러 막대기 중 하나를 뽑는 '무작위 추출' 방법을 사용했

는데, 이를 우연에 의한 결과라기보다 신의 뜻으로 받아들였다. 이렇게 발달한 여러 게임이 고대 이집트와 그리스를 거쳐 로마에 전수되었다.

확률에 대한 연구가 본격적으로 시작된 것은 르네상스 이후이다. 지중해를 중심으로 상업과 무역이 활발하게 이루어지고 새로운 무역 상대를 찾아내기 위한 '대항해'시대가 열렸는데, 대서양을 횡단하는 항해는 선원들이나 투자자들에게는 커다란 모험이었다. 이러한 모험이 성공하기 위한 규칙을 찾기 위해 노력하는 과정에서 확률론이 발달하게 되었다.

확률론에 대한 이론적 연구는 평소에 도박을 즐겼던 이탈리아의 **카르다노**(Cardano, 1501~1576)에서 시작되어 **페르마**(Fermat, 1601~1665)와 **파스칼**(Pascal, 1623~1662)과 같은 프랑스 수학자들이 본격적으로 연구했고 스위스 수학자 **베르누이**(Bernoulli, 1700~1782)와 **오일러**(Euler, 1707~1783)가 마침내 완성했다. 확률에 자주 등장하는 흰 돌이나 검은 돌을 꺼내는 문제는 1713년 베르누이가 쓴 《추측술, Ars Conjectandi》이라는 책에서 유래되었다. 그는 이 책에 다음과 같이 썼다.

항아리에 흰 조약돌 3000개와 검은 조약돌 2000개가 숨겨져 있을 때 조약돌의 개수를 알아내기 위해 하나씩 꺼내면서 그 빈도를 조사하다 보면 흰 돌과 검은 돌의 비율이 3 : 2가 될 가능성이 크지 않겠는가?

'대(大)수의 법칙'이라는 용어를 만든 사람은 프랑스 수학자 **푸아송**(Poisson, 1781~1804)이며, 프랑스 수학자 **라플라스**(Laplas, 1749~1827)는 1812년에 쓴 《확률의 해석적 분석, Théorie Analytique des Probabilités》에서 확률의 정의를 "모든 가능한 사례들에 대한 그것의 비율, 즉 분자는 특정 사례에 대한 수이고 분모는 가능한 모든 사례인 분수이다."라고 했다.

기하학적 확률 개념을 소개한 사람은 프랑스 수학자이자 철학자인 **뷔퐁**(Buffon, 1707~1788)이다. 그는 "주어진 원에 임의의 현을 그었을 때, 그 현의 길이가 내접 삼각형의 한 변보다 길어지는 확률을 구하라(일명, 뷔퐁의 바늘 문제)."를 만들었다. 확률의 정의와 본질이 좀 더 명확해진 것은 20세기에 **콜모고로프**(Kolmogorov, 1903~1987)가 공리를 사용해 확률을 정의하고 체계화한 이후이다.

회전체 □轉體, body of revolution

정의 ○ 한 직선을 회전축으로 하여 평면도형을 1회전시켰을 때 생기는 입체도형.

어원 ○ 한자어 회(回)는 '돌다', '돌리다'를, 전(轉)은 '구르다', '움직이다'를 뜻한다. 영어 body는 '입체'를, revolution은 '1회전'을 뜻한다. 수학에서 회전체는 어떤 도형을 1회전하여 얻은 입체도형을 말한다.

핵심 ▶ 회전체는 도형을 회전시킬 때 축이 되는 직선인 회전축과 회전체에서 옆면을 만드는 선분인 모선으로 구성되어 있다.

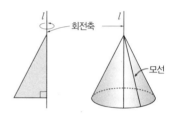

▶ 회전체는 자르는 방향에 따라 다음과 같은 단면이 나온다.

① 회전축에 수직인 평면으로 잘랐을 때, 회전체와 평면이 만드는 단면의 모양은 원이나 도넛 모양이다.

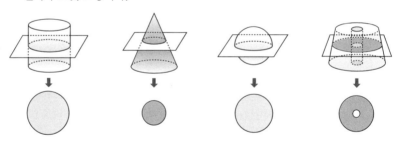

② 회전축을 포함하는 평면으로 잘랐을 때, 회전체와 평면이 만드는 단면의 모양은 대칭축을 기준으로 좌우가 대칭인 도형이다.

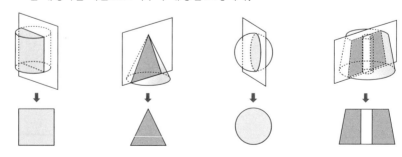

관련어
· 교선
· 구
· 다면체
· 원기둥
· 원뿔
· 원뿔대

③ 비스듬히 잘랐을 때, 회전체와 평면의 교선이 만드는 모양은 곡선이다.

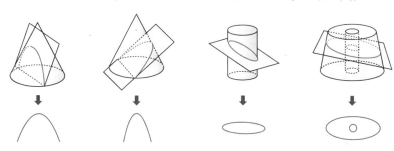

예제 ○ 오른쪽 직사각형을 회전시켜 만든 입체도형의 부피를 구하여라.

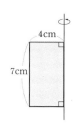

[풀이] 직사각형의 한 변을 축으로 하여 회전하면 원기둥이 된다.

(원기둥의 부피)＝(밑면의 넓이)×(높이)

밑면의 넓이는 $4×4×\pi=16\pi(\text{cm}^2)$, 원기둥의 높이는 7 cm이므로

원기둥의 부피는 $16\pi×7=112\pi(\text{cm}^3)$

🔳 주의점

• 회전체 중에서 구의 단면은 항상 원이다.

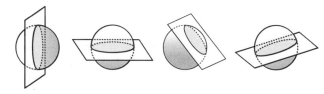

○ **원뿔곡선과 회전체의 역사**

회전체 중에서 원뿔을 자른 단면은 원, 타원, 쌍곡선, 포물선 등의 곡선이 된다. 이런 곡선을 '원뿔곡선'이라고 하는데, 원뿔곡선을 발견한 사람은 기원전 350년경에 활동한 고대 그리스 수학자 **메나에크무스**(Menaechmus, BC 380~320)이다. **플라톤**(Platon, BC 427?~347)의 친구이기도 했던 그는 꼭지각이 직각보다 크거나 직각보다 작거나 직각과 같은 다양한 원뿔을 모선에 수직으로 잘라 원, 타원, 포물선, 쌍곡선 모양을 만들었다. 메나에크모스가 원뿔곡선을 연구하게 된 것은 고대 그리스의 3대 작도 불능 문제를 해결하기 위해서였다고 한다. 직선과 원만으로는 이 문제를 해결할 수 없었기

때문에 이를 해결할 수 있는 다른 곡선에 대한 연구를 하다가 원뿔곡선을 발견하게 되었다.

　유클리드(Euclid, BC 300년경), 아르키메데스(Archimedes, BC 287?~212)와 함께 그리스의 3대 수학자로 불리는 아폴로니우스(Apollonius, BC 262~200)는 소아시아의 페르게에서 태어나 이집트의 알렉산드리아에 가서 유클리드의 제자들과 함께 기하학을 공부했다. 그러면서 유클리드의 책을 토대로 원뿔곡선을 계속 연구했고, 원뿔곡선 이론을 최초로 일반화하여 기원전 230년경에 487개의 정리가 담겨진 《원뿔곡선, Conics》이라는 책을 썼다. 다양한 모양의 원뿔을 사용한 메나에크무스와 달리 아폴로니우스는 한 개의 직원뿔에 대해 자르는 각도를 다양하게 하는 방법으로 원, 타원, 포물선, 쌍곡선을 만들었다.

원뿔의 밑면과 모선이 이루는 각을 θ라 하고,
자르는 면과 원뿔의 밑면이 이루는 각을 φ라고 할 때
// φ, 즉 밑면과 평행하게 자르면 단면은 원. 원은 타원의
특수한 경우이다.
// φ, 즉 자르는 각도가 모선과 밑면이 이루는 각보다 작으면 단면은 타원. 타원은 계란 모양의 폐곡선이다.
// φ, 즉 모선과 평행하게 자르면 단면은 포물선이다.
// φ, 즉 자르는 각도가 모선과 밑면이 이루는 각보다 크면 단면은 쌍곡선이다.

아폴로니우스는 또한 자신의 책에 초점에 대한 내용도 실었다.

타원에는 두 개의 초점이 있는데, 한 초점에서 타원 위의 점과 그 점에서 다른 초점에 이르는 거리의 합이 항상 일정하다. 또한, 쌍곡선에도 두 개의 초점이 있는데 한 초점에서 쌍곡선 위의 점과 그 점에서 다른 초점에 이르는 거리의 차가 항상 일정하다. 포물선 위의 한 점에서는 초점과 한 직선에 이르는 거리가 일정하다.

　원뿔곡선은 행성의 궤도에도 이용되었다. 케플러(Kepler, 1571~1630)는 그의 스승 브라헤(Brahe, 1546~1601)의 방대한 관측 자료를 바탕으로 20년 동안 연구해서 행성의 궤도가 원이 아니라 태양을 한 초점으로 하는 타원이라는 것을 발견했다.

　한편, 고대인들은 구를 비롯한 회전체를 우주와 관련해 사고했다. 고대 그리스 천문학자 히파르코스(Hipparchus, BC 180?~125?)는 하늘이 거대한 축 주위를 회전하는 구로 되어 있다고 생각했고, 알렉산드리아의 천문학자 프톨레마이오스

(Ptolemaeus, A.D. 83?~168?)가 쓴 《알마게스트, Almagest》에는 행성들이 고정된 지구를 중심으로 원을 그리며 움직이는 모형이 실려 있다. 프톨레마이오스의 이 모형이 관측 결과와 딱 맞아떨어졌기 때문에 천체 모형으로 널리 활용되었다. 그로부터 1천년 후인 1543년에 새로운 모형이 등장했다. 폴란드의 천문학자 코페르니쿠스(Copernicus, 1473~1543)가 지구가 아닌 태양을 회전체의 중심에 넣고 지구를 포함한 다른 행성들이 태양 주위를 도는 새로운 모형을 제시한 것이다.

케플러와 그의 스승 브라헤

케플러는 1613년에 있었던 자신의 재혼식 날 피로연에 사용된 포도주 통의 부피를 구하려다 회전체의 부피를 구하는 방법을 발견했다. 상인들이 포도주 통에 든 액체의 양을 정확하게 측정하지 않는 것에 불만을 품었던 그는 상인들이 사용하는 둥근 용기의 모양이 제각각인 것이 그 원인임을 알았고, 이를 계기로 회전체의 부피를 수학적으로 알아내는 방법을 찾게 된 것이다. 그는 포도주 통을 얇은 원으로 잘게 잘라 각 넓이를 더하는 방법으로 회전체의 부피를 구하여 《포도주 통의 입체기하학, Nova stereo-metria oliorum vinariorum》에 실었다.

한편, 프랑스 수학자 파스칼(Pascal, 1623~1662)은 회전체의 겉넓이를 구하는 방법을 연구했다. 그는 며칠 동안 극심한 치통에 시달렸는데, 회전체의 겉넓이를 구하는 문제에 몰두하다 보니 어느새 통증이 씻은 듯이 사라졌다는 것이다. 이 경험을 통해 파스칼은 수학을 연구하는 것이 신의 계시라고 생각했다고 한다.

회전체의 부피를 구하는 방법에 대한 연구는 '미분과 적분'으로 연결된다. 독일 수학자 라이프니츠(Leibniz, 1646~1716)는 1637년경에 한 곡선의 접선을 찾는 연구를 하다가 곡선의 접선을 찾는 것(미분)이 곧 곡선의 넓이와 부피를 구하는 문제(적분)의 역이라는 것을 깨달았다. 그리고 1680년에는 함수 개념을 사용하여 곡선의 호의 길이를 구하는 공식과 회전체의 부피를 구하는 법을 알아냈다.

히스토그램 histogram

정의 ○ 도수분포표를 직사각형으로 나타낸 그래프.

핵심 ▶ 도수가 어떻게 분포되어 있는지를 쉽게 알 수 있게 하기 위해 계급과 도수를 직사각형의 가로와 세로로 나타낸 그림을 히스토그램이라고 한다.

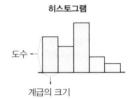

히스토그램을 그릴 때는 먼저 좌표평면에 각 계급의 양 끝 값은 가로축에, 도수는 세로축에 나타낸 다음, 각 계급(계급의 크기)을 밑변으로 하고, 도수를 높이로 하는 각각의 직사각형을 그린다.

▶ 히스토그램의 특성은 다음과 같다.

① 자료의 분포 상태를 한눈에 쉽게 알 수 있다.

② 각 직사각형의 높이는 그 계급의 도수에 정비례한다.

③ 직사각형의 개수는 계급의 개수와 같다.

④ 각 직사각형의 넓이를 모두 합한 것은 (계급의 크기)×(도수의 총합)과 같다.

$$(직사각형의\ 넓이의\ 합) = \{(각\ 계급의\ 크기)×(그\ 계급의\ 도수)\}의\ 합$$
$$= (계급의\ 크기)×(도수의\ 총합)$$

▶ 오른쪽 표를 이용하여 히스토그램을 만드는 과정은 다음과 같다.

우리 반 학생들의 하루 동안의 게임 시간

시간(분)	학생 수(명)
0 이상 ~ 20 미만	4
20 ~ 40	8
40 ~ 60	6
60 ~ 80	4
80 ~ 100	3
합계	25

│·관련어
· 계급
· 도수분포다각형
· 도수분포표
· 변량
· 줄기와 잎 그림

[1단계] 도수분포표를 보고 좌표평면의 가로축에 계급의 양 끝 값을, 세로축에 도수를 쓴다.

[2단계] 계급의 크기를 밑변으로 하고 도수를 높이로 하는 직사각형을 그린다.

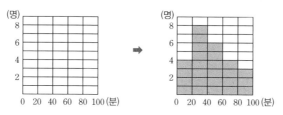

▶ **히스토그램과 막대그래프의 차이**

히스토그램은 직사각형들이 서로 붙어있고 막대그래프는 각각 떨어져있다. 그 이유는 히스토그램의 자료는 20 이상 30 이하의 실수와 같은 연속적인 변량이고, 막대그래프의 자료는 '20, 25, 30'과 같이 낱낱이 떨어진 이산 변량이거나, 색깔이나 이름처럼 숫자가 아닌 경우를 나타낸 것이기 때문이다.

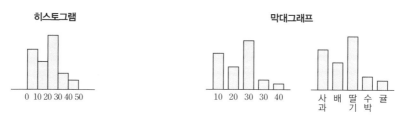

▶ 히스토그램에서 계급의 크기를 점점 줄이면 다음과 같이 된다.

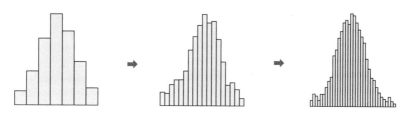

예제 ○ 오른쪽 그래프는 우리반 학생들의 수면 시간을 히스토그램으로 나타낸 것이다. 수면 시간이 8시간 이하인 학생이 몇 명인지 구하여라.

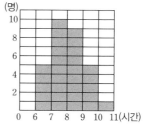

[풀이] 히스토그램에서 6시간 이상 7시간 미만인 계급의 직사각형과 7시간 이상 8시간 미만인 계급의 직사각형의 높이를 더하면 된다.

따라서 5+10=15(명)

■ 주의점

• 막대그래프에서는 각 막대의 위치를 바꿀 수도 있지만, 히스토그램에서는 막대의 순서
를 바꿀 수 없다.

히스토그램의 역사

통계 그래프와 함수 그래프에 대한 여러 가지 아이디어가 생겨난 것은 16세기 이후이
다. 히스토그램은 근대 통계학의 아버지라고 불리며 도수분포표를 만든 벨기에의 케틀
레(Quetelet, 1796~1874)가 최초로 만들었다.

크림전쟁 기간 동안 터키에서 종합병원 간호사로 근무한 영국의 **나이팅게일**
(Nightingale, 1820~1910)은 원 그래프의 초기 모형을 만들었다. 그녀는 달을 의미하
는 12개의 부채꼴로 이루어진 그림표를 만들었는데, 이는 군인들의 죽음을 막을 수 있
는 위생 정책의 중요성을 강조하고 공공 의료 정책에 영향을 주기 위함이었다. 통계를
가장 중요한 과학으로 생각하고 이를 효율적으로 활용한 나이팅게일은 여성 최초로 미
국통계협회의 외국인 명예 회원이 되었다.

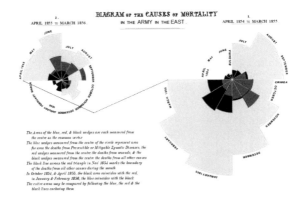

19세기 최고의 통계 그래프인 나이팅게일의 장미 도표

기타

x절편

x截片, x-intercept

정의 ○ 함수의 그래프가 x축과 만나는 점의 x좌표.

어원 ○ 한자어 절(截)은 '끊다'를, 편(片)은 '조각'을 뜻한다. 영어 intercept는 '가로 막는 것'을 뜻한다. 수학에서 x절편은 x축을 끊어 조각내게 하는 것과 관련된 것으로 그래프가 x축과 만나는 점에서 x좌표를 말한다.

핵심 ▶ **일차함수 $y=ax+b$에서 x절편 구하기**

일차함수 $y=ax+b$에서 x절편은 그래프가 x축과 만나는 점의 x좌표이다.

일차함수 $y=ax+b$의 그래프가 x축과 만나는 점은 $y=0$일 때의 x값이므로 함수식의 y자리에 0을 대입하여 x의 값을 구하면 된다.

$$y=ax+b(a \neq 0) \rightarrow 0=ax+b \rightarrow x=-\frac{b}{a} \rightarrow x\text{절편은 } -\frac{b}{a}\text{이다.}$$

예 일차함수 $y=\frac{2}{3}x-4$에서 $0=\frac{2}{3}x-4$, $x=6 \rightarrow x$절편은 6이다.

▶ **일차함수 $y=ax+b$의 그래프에서 x절편 구하기**

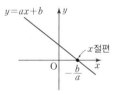

일차함수 $y=ax+b$의 그래프가 x축과 만나는 점의 x좌표가 x절편이다.

따라서 그래프가 x축과 만나는 점의 x좌표를 찾으면 된다.

관련어
- 기울기
- 일차함수
- 직선의 방정식
- y절편

예제 ○ 일차함수 $y=-2x+k$의 그래프에서 x절편이 $\frac{1}{6}$일 때, 상수 k의 값을 구하여라.

[풀이] x절편이 $\frac{1}{6}$이므로 점 $\left(\frac{1}{6}, 0\right)$을 $y=-2x+k$에 대입하면

$-2 \times \frac{1}{6}+k=0$, $k=\frac{1}{3}$

🔴 주의점
- x절편을 말할 때 등호를 사용하여 '$x=-\frac{b}{a}$'라고 하면 안 된다. 'x절편은 $-\frac{b}{a}$이다.' 라고 해야 한다.

y절편 y截片, y-intercept

정의 ○ 함수의 그래프가 y축과 만나는 점의 y좌표.

어원 ○ 한자어 절(截)은 '끊다'를, 편(片)은 '조각'을 뜻한다. 영어 intercept는 '가로 막는 것'을 뜻한다. 수학에서 y절편은 y축을 끊어 조각내게 하는 것과 관련된 것으로 그래프가 y축과 만나는 점에서 y좌표를 말한다.

핵심 ▶ **일차함수 $y=ax+b$에서 y절편 구하기**

일차함수 $y=ax+b$에서 y절편은 그래프가 y축과 만나는 점의 y좌표이다.
일차함수 $y=ax+b$의 그래프가 y축과 만나는 점은 $x=0$일 때의 y값이므로 함수식의 x자리에 0을 대입하여 y의 값을 구하면 된다.

$$y=ax+b \ (a\neq0) \rightarrow y=a\times0+b \rightarrow y=b \rightarrow y\text{절편은 } b\text{이다.}$$

예 일차함수 $y=4x-1$의 그래프에서 $y=4\times0-1 \rightarrow y$절편은 -1이다.

▶ **일차함수 $y=ax+b$의 그래프에서 y절편 구하기**

일차함수 $y=ax+b$의 그래프가 y축과 만나는 점의
y좌표가 y절편이다.
따라서 그래프가 y축과 만나는 점의 y좌표를 찾으
면 된다.

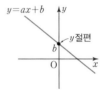

관련어
• 기울기
• 일차함수
• 직선의 방정식
• x절편

예제 ○ 다음 일차함수의 그래프 중에서 y절편이 가장 작은 것은?

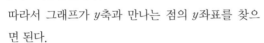

① $y=\dfrac{1}{2}x+4$ ② $y=3x-2$ ③ $y=8x$ ④ $y=x-1$ ⑤ $y=x-\dfrac{8}{3}$

풀이 y절편을 각각 구하면 ① 4, ② -2, ③ 0, ④ -1, ⑤ $-\dfrac{8}{3}$이므로 가장 작은 것은 ⑤이다.

⊙ 주의점

• y절편을 말할 때 등호를 사용하여 '$y=b$'라고 하면 안 된다. 'y절편은 b이다.'라고 해야 한다.

참고문헌

- 강윤수, Chae, Jeong-Lim(2010), 〈유리수 개념에 대한 대학생들의 이해와 추론〉, 《한국학교수학회논문집》, 13(3), p. 483~498.

- 김경희, 김부윤(2000), 〈유리계수 다항방정식의 해법에 대한 고찰〉, 《한국수학교육학회지 시리즈 E. 수학교육 논문집》, 10(1), p. 351~379.

- 김민경(2007), 〈고대 바빌로니아 Plimpton322의 역사적 고찰〉, 《한국수학사학회지》, 20(1), p. 45~56.

- 김수금, 유시규, 김선배(2014), 〈창의적 융합교육을 위한 무게중심 프로그램 개발과 적용사례 연구〉, 《수학교육학연구》, 24(3), p. 333~357.

- 김남희(1997), 〈변수개념의 교수학적 분석 및 학습-지도 방향 탐색〉, 서울대학교 박사학위 논문.

- 김남희 외(2006), 《수학교육과정과 교재연구》, 경문사.

- 김성준(2004), 〈대수의 사고 요소 분석 및 학습-지도 방향 탐색〉, 서울대학교 박사학위 논문.

- 김용운(2013), 《김용운의 수학사》, 살림.

- 김용운, 김용국(2007), 《재미있는 수학여행, 기하의 세계》, 김영사.

- 김용운, 김용국(2007), 《재미있는 수학여행, 수의 세계》, 김영사.

- 김용운, 이소라(2009), 《청소년을 위한 한국 수학사》, 살림math.

- 김종명(2010), 〈고대 인도 수학의 특징〉, 《한국수학사학회지》, 23(1), p. 41~52.

- 김진용(2014), 《수학과 문명의 스케치》, 경문사.

- 김홍종(2009), 《문명, 수학의 필하모니》, 효형출판.

- 나카다 노리오(2011), 《사회와 수학》, 이상구, 김호순 옮김, 경문사.

- 다음백과사전(100.daum.net)

- 데이비드 M. 버튼(2013), 《수학의 역사·입문-상, 하》, 허민 옮김, 교우사.

- 두산백과사전(www.doopedia.co.kr)

- 레오나르드 플로디노프(2002), 《유클리드의 창: 기하학 이야기》, 전대호 옮김, 까치.
- 레이먼드 플러드, 로빈 윌슨((2015), 《위대한 수학자의 수학의 즐거움》, 이윤혜 옮김, 베이지북스.
- 모리스 클라인(2005), 《수학, 문명을 지배하다》, 박영훈 옮김, 경문사.
- 박민아, 선유정, 정원(2015), 《과학, 인문으로 탐구하다》, 한국문학사.
- 배종수, 신항균, 전인호(2010), 《현대수학의 이해》, 경문사.
- 샌더슨 스미스(2002), 《수학사 가볍게 읽기》, 황선욱 옮김, 한승.
- 시바타 도시오(2001), 《미적분에 강해진다》, 임승원 옮김, 전파과학사.
- 안소정(1996), 《우리 겨레 수학이야기》, 도서출판 산하.
- 앤 루니(2008), 《수학오디세이》, 문수인 옮김, 돋을새김.
- 오미진(2012), 〈도형의 닮음 단원에 대한 교과서 분석 및 학생들의 오개념 유형에 관한 사례 연구〉, 이화여자대학교 석사학위 논문.
- 우정호(1998), 《학교수학의 교육적 기초》, 서울대학교 출판부.
- 이상구(2013), 《한국 근대 수학의 개척자들》, 사람의 무늬.
- 이우영 엮음(2007), 《유클리드 기하학과 비유클리드 기하학》, 경문사.
- 이종희(2002), 〈원뿔곡선 이론의 발달〉, 《한국수학사학회지》, 15(1), p. 69~81.
- 일본 뉴턴프레스 엮음(2009), 《Newton Highlight 허수란 무엇인가?》, 뉴턴코리아.
- 일본 뉴턴프레스 엮음(2010), 《Newton Highlight 0과 무한의 과학》, 뉴턴코리아.
- 일본 수학 세미나 편집부(2000), 《100인의 수학자》, 류시구 옮김, 도서출판 의제.
- 임정대(1991), 《현대집합론》, 경문사.
- 장혜원(2006), 《청소년을 위한 동양 수학사》, 두리미디어.
- 장혜원(2010), 《수학박물관》, 성안당.
- 정동명 외(2004), 《실해석학 개론》, 경문사.

· 정상모(2000), 《논리적 사고의 작은 길잡이》, 담론사.

· 조지 폴리아(1986), 《어떻게 문제를 풀 것인가》, 우정호 옮김, 천재교육.

· 존 더비셔(2011), 《미지수, 상상의 역사》, 고중숙 옮김, 승산.

· 최병철(2006), 〈음수 개념의 이해에 관한 교수학적 분석〉, 서울대학교 박사학위 논문.

· 칼 B. 보이어, 유타 C. 메르츠바흐(2000), 《수학의 역사 상, 하》, 양영오, 조윤동 옮김, 경문사.

· 케이스 데블린(1998), 《수학으로 이루어진 세상》, 석기용 옮김, 에코리브르.

· 콘스탄스 리드(1997), 《영부터 무한대까지》, 허민 옮김, 경문사.

· 피터 벤틀리(2013), 《수의 비밀》, 신항균 옮김, 경문사.

· 하워드 이브스(2003), 《수학의 위대한 순간들》, 허민, 오혜영 옮김, 경문사.

· 하워드 이브스(2005), 《수학사》, 이우영, 신항균 옮김, 경문사.

· 허양순, 김원경(2003), 〈0의 탄생과 발전〉, 《한국수학교육학회지 시리즈 E. 수학교육 논문집》,
  15(1), p. 293~298.

· 홍성사(2005), 《수학과 문화》, 도서출판 우성.

· Bednarz, N., Kieran, C., & Lee, L.(1996), Approaches to algebra : Perspectives for research
  and teaching, Dordrecht : Kluwer Academic Publisher.

· Lin, Y. & Lin, S. T.,(1974), 《Set Theory》,, Houghton Mifflin Company.

· NCTM(1969), 〈Historical Topics for the Mathematics Classroom〉, 《31Yearbook》, NCTM.

영역별 용어 찾아보기

1판 1쇄 발행일 2016년 12월 12일
1판 4쇄 발행일 2024년 5월 20일

지은이 강미선·송정화·백희수

발행인 김학원
발행처 (주)휴머니스트출판그룹
출판등록 제313-2007-000007호(2007년 1월 5일)
주소 (03991) 서울시 마포구 동교로23길 76(연남동)
전화 02-335-4422 **팩스** 02-334-3427
저자·독자 서비스 humanist@humanistbooks.com
홈페이지 www.humanistbooks.com
유튜브 youtube.com/user/humanistma **포스트** post.naver.com/hmcv
페이스북 facebook.com/hmcv2001 **인스타그램** @humanist_insta

편집주간 황서현 **편집** 최윤영 홍민영 **디자인** 유주현
조판 홍영사 **용지** 화인페이퍼 **인쇄** 청아디앤피 **제본** 민성사

ⓒ 강미선·송정화·백희수, 2016

ISBN 978-89-5862-577-3 03410